알면 더 맛있는 집밥 속 과학

곽재식의 먹는 화학 이야기

알면 더 맛있는 집밥 속 과학

곽재식의 먹는 화학 이야기

곽재식 지음

북바이북

들어가는 말

2020년 초, 모두가 걱정하던 대로 코로나19 바이러스가 국내에도 퍼져나가기 시작했다. 확진자가 두 명이 나왔다, 열 명이 나왔다라고 말하는 소규모였지만, 그런 만큼 모든 여론이 민감하게 반응했고 바이러스 발달의 초기였기에 병의 치명도를 높게 평가하는 의견이 주류였다. 이 때문에 사람들이 많이 이용하는 다양한 시설이 활동을 중단하거나 원격 비대면 방식으로 형태를 바꾸어 운영되기 시작했다.

그때 나는 매주 일요일이 되면 어디든 가족들과 함께 나들이를 가보자는 계획을 실행에 옮기고 있었다. 그런데 갑자기 바이러스 때문에 어디든 나가 놀기가 어려워졌다. 이번 주에는 아무 데도 갈 수 없겠다고 하니, 가족들의 실망이 대단했다. 나는 어떻게든 그 실망을 달랠 만한 임시방편 활동을 개발해야 했는데, 그때 얼

렁뚱땅 생각해낸 것이 뭐든 이런 요리를 만들어보자고 제안하면 내가 주도하고 다른 사람들이 힘을 합해서 최대한 그 요리를 만들어보기 위해 노력하는 일종의 도전 놀이를 해본다는 것이었다. 요리하는 과정에서 이런저런 궁리를 함께하기도 하고, 어려운 작업을 힘을 모아 해내기도 하면, 결과야 어찌 되었든 시간이라도 잘 가지 않겠냐는 생각에서 떠올린 계획이었다.

첫주에 시작한 것은 그냥 평범한 재료를 이용해서 적당히 모양을 갖춘 도시락이었다. 내가 만든 결과가 딱히 좋지는 않았지만 그래도 그 정도는 해볼 만하다고 생각했다. 얼마 지나지 않아 도전 과제는 거침없이 자유롭게 발전했다. 김밥을 싸본다는 제법 그럴듯한 도전이 등장했는가 하면, 그런 것을 내가 만들 수 있으리라고 생각하지도 못했던 케이크나 빵도 제안되었다. 나중에는 '몬스터 컵케이크'라든가, '토끼 공주 케이크'같이 이름만 들어서는 그게 뭔지 아무도 알 수 없지만, 어쨌든 최대한 상상력을 발휘해서 그 제목에 어울릴 만한 모양을 만들어야 하는 과제가 등장하기도 했다.

당연히 제대로 만들 수 있는 것이 많지는 않았다. 특히 초창기에는 더욱더 그랬다. 그렇지만 나는 세 가지 정도의 규칙을 가지고 계속해서 요리에 도전했다. 첫째는 하여튼 매주 한 번씩은 의뢰를 받아서 하고 어떻든 결과를 낸다는 것이다. 둘째는 아무리 황당한 의뢰라도 하여튼 결정되면 가장 엇비슷하게라도 흉내 내기 위해 애쓴다는 것이다. 셋째는 완벽한 재료를 구해서 진짜 좋은 요리를 하기 위해 너무 애쓰지 않고, 최대한 집 근처 동네 가게에서 쉽게 구할 수 있는 재료들만을 어떻게든 조합해서 그럭저럭 할 수 있는 최선의 결과를 완성하기 위해 이리저리 궁리하고 노력한다는 것이었다. 규칙을 지키면서 하다 보니, 어떨 때는 우스꽝스러울 정도로 실패하기도 했고, 아주 간혹은 꽤 그럴듯한 결과가 나와 스스로 놀랍고 뿌듯할 때도 있었다. 예를 들어, 한번은 "붕어빵을 만든다"는 의뢰를 받았는데, 붕어빵 틀도 없고 그걸 구울 가스레인지도 없었다. 그래서 일단 가게에서 무를 산 다음에 무를 숟가락으로 파서 붕어빵 모양처럼 만들고 거기에 풀빵 반죽을 부은 뒤 전자레인지로 그걸 굽는 방법을 생각해 그대로 시도한 적이 있었다. 그 결과, 의외로 정말 붕어빵 비슷한 모양이 나와서 다 같이 흥분했던 기억이 난다.

나는 이것이 코로나19 시대를 지나온 기록이 될 수도 있다고 생각해서, 요리가 완성되면 그 사진을 찍어 "곽재식의 일요요리!"라는 제목으로 매주 SNS에 올렸다. 처음에는 "곽재식의 일요망요리!"라는 제목으로 올렸는데, 그 제목이 껄끄럽다는 지적이 있어서 몇 주 후에는 평범하게 "곽재식의 일요요리!"로 바꾸어 꾸준히 올리기 시작했다. 터무니없이 망한 요리가 너무 웃긴 꼴로 나오는 일이 잦은지라 그 모습을 재미있어하는 분도 계셨고, 의외로 간혹 괜찮은 결과가 나왔을 때, "저 양반이 무슨 대단한 요리사일 리도 없는데 어찌 저런 것을 만들었을까, 무슨 비결이 있나" 싶어 관심을 가지신 분도 계셨다. 그러다 보니 조금씩 관심을 모으게 된 것 같다. 민망한 일이지만 최근에는 낯선 분을 만나면, "일요요리, 매주 잘 보고 있습니다"라는 말씀을 듣기도 한다.

이 책은 그렇게 요리를 하는 가운데 내가 생각한 재미날 만한 이야깃거리를 모은 책이다. 생업으로 하는 일이 환경공학이고 오랜 시간 화학 회사에서 일했던지라, 주로 요리와 관련된 화학 이야기를 뼈대로 삼았다. 애초에 요리는 불을 이용해 익히고, 칼로 자르면서 여러 성분이 든 양념을 더해 재료의 성질을 다양하게 바꾸는 과정이므로, 그 핵심이 한 성분을 다른 성분으로 바꾸는 화학반응을 이야기할 수밖에 없다. 그러니 요리는 곧 '먹는 화학'이라고 해도 과장이 아니다.

하지만 이 책의 내용 전반은 너무 어려운 화학반응 해설에 집중하기보다는 화학을 중심으로 요리에 직간접적으로 관계가 있을 만한 여러 가지 지식을 읽기 편하도록 엮어본 것에 가깝다. 그렇게 다양한 관점에서 이야기를 엮었을 때, 평범하게 지나가는 일상의 모든 순간 속에 다양한 분야의 지식이 모여 있고, 과학기술의 원리와 연구 과정도 함축되어 있다는 사실이 더 잘 드러나리라 생각했다.

아닌 게 아니라, 요리는 일상생활에서 과학 실험과 비슷한 일을 가장 가깝게 해볼 수 있는 기회다. 서로 다른 재료를 사용하고,

재료의 양을 조절하고, 재료를 사용하는 방식을 바꾸어갈 때, 어떻게 결과가 바뀌는지, 왜 바뀌는지 궁리하고 따져가며 가장 좋은 답을 찾아나가는 방식은 전형적인 과학기술 연구의 절차와 흡사하다. 실제로 세월이 지나면서 신제품이라고 나오는 요리 기구들을 보면, 기술적으로 신기한 것들이 굉장히 많다. 도대체 어떻게 해서 전자레인지는 불을 뿜지도 않고 열을 내뿜는 곳도 없는데 음식을 익힐 수 있을까? 어떻게 스테인리스강 재질로 만든 칼은 철로 만들었는데도 물속에서 녹슬지 않을까? 이런 부류의 여러 궁리와 고민을 탐구한 기록과 그 답을 읽기 좋게 풀어본 결과가 이 책이라고 보면 되겠다.

비록 요리책 비슷한 것을 쓰기는 했지만, 요리사로서의 내 실력은 변변찮은 수준이다. 요리 자체에 대해서는 어떤 방법이 더 좋다거나, 이 방법이 옳다고 말할 자격조차 없다. 그러므로 감히 이 책에 실린 요리 지식이 맞고, 다른 요리 전문가들의 지식은 옳지 않다는 주장을 할 입장은 전혀 되지 못한다. 진정한 요리 지식과 더 믿음직한 가르침이라면 요리를 전문으로 하신 많은 분의 말씀을 따르는 편이 백번 옳다. 이 책은 그저 여러 사람이 모여, 이런저런 말을 나누며 재미나게 같이 음식을 만드는 중에 듣고 즐기는 이야기 정도로 생각해주시면 좋으리라 생각한다.

매주 꼬박꼬박 올려온 "곽재식의 일요요리!"는 한 주도 빠짐없이 계속해온 결과 최근에 100회를 지나게 되었다. 요즘에는 요리 사진이 올라오는 것을 보시고는, 그냥 평화롭고 즐거운 휴일이라는 느낌이 드는 것만으로도 좋다고 응원해주시는 분도 계신다. 감사한 일이고, 그런 만큼 이 책에 담은 여러 이야기가 그에 대한 보답이 될 수 있기를 기원한다.

2022년, 서울 지하철 3호선에서

곽재식

차례

8. 빵: 주방에서 키우는 사람을 닮은 생물

9. 볶음밥: 전자총으로 연구하는 5000년 전의 밥

10. 카르보나라: 생명의 비밀

11. 냉면: 현대 요리 과학의 기적

12. 피자: 코뿔소의 뿔을 만드는 심정으로

곽재식의
먹는 화학
이 야 기

01 떡볶이

매운맛에 숨겨진 진화의 비밀

추억의 매운맛

내가 처음 양념 치킨을 먹어본 것은 초등학교 1학년이나 2학년 때쯤이 아니었나 싶다. 특히 기억에 남는 건 외가댁에서 먹었던 양념 치킨이다. 친척 아이들이 이곳저곳에서 왔다고 외숙모께서 양념 치킨을 하나 사 오신 것 같았는데, 맵고 달고 짭짤하고 바삭하면서도 기름진 고기의 맛이 풍성한 것이 정말 맛있었다. 그런데 한두 조각 먹으니 너무 매워서 자꾸 물을 마시게 되었다. 어린 내가 먹기에 쉬운 음식은 아니라 곧 포기했다.

분명히 맛있기는 했다. 밥상머리에서 맵다고 난리를 치면서 굳이 먹어야 하는 음식은 아니었지만 맛있다는 생각만은 아주 선명하게 남아 있었다. 그러다 얼마 후 별로 할 일 없는 오후에 주방 한구석에 양념 치킨이 그냥 굴러다니는 모습을 발견했다. 양념 치킨은 탐스럽게도 많이 남아 있었다. 검붉은 양념이 물엿 느낌으로 찐득하니 발려 있었고 거기에 "내가 바로 양념이다"라고 외치듯 눈에 잘 뜨이는 깨와 으깬 땅콩도 점점이 흩뿌려져 있었다.

어른들은 양념 치킨은 애들이 먹는 것이라고 생각해서 별로 먹지 않았고, 애들은 나 빼고는 다들 어째 반찬 투정을 하는 빼빼 마른 사람들뿐이었는지, 양념 치킨이 남아돌고 있었던 것이다.

"그거 너무 많이 남았네. 너 먹어라."

지나가던 외할머니께서 그렇게 말씀까지 하셨다.

지금도 내가 갖고 있는 나쁜 버릇인데, 할 일 없이 심심하면 뭔가를 먹으면 재미있겠다는 생각을 자주 한다. 그때도 마찬가지였다. 할 일 없는 지금이라면 저 양념 치킨을 좀 무리해서 먹어도 좋다고 생각했다.

결국 나는 젓가락을 구해 와서 자리를 잡고 앉아 치킨 조각을 하나둘 집어 먹기 시작했다. 역시 매웠다. 물을 먹어가며 먹었다. 그런데도 멈추지 못하고 계속 먹었다.

먹다 보니 먹은 직후에 매운맛이 남는 것이 괴롭기는 하지만, 어쩐지 먹는 동안에는 그렇게 맵다는 감각을 강하게 느끼지는 못한다는 생각이 들었다. 연속으로 계속해서 치킨을 먹으면 그러는 동안은 매운 느낌을 피할 수 있다고 보고 실행에 옮겼다. 정말로 매운 치킨을 먹는 동안은 딱히 괴로움이 크게 안 느껴졌다. 그래서 나는 치킨을 쉼 없이 계속 먹었다. 그러고 있으니 희미하게 마음 한편에서 죄책감을 닮은 감정이 일었다.

치킨을 배불리 먹고 나서 이제 그만 먹겠다고 멈추자, 혀에는 엄청난 괴로움이 몰려들었다. 물을 벌컥벌컥 마셨는데도 고통이 가시지 않았다. 내가 괴로워하는 꼴을 보고, 어머니께서는 충고해 주셨다.

"물을 삼켜서 마시지 말고, 입에 물고 있어라."

그 방법도 별 소용이 없었다. 물을 입에 머금고 있으면 물도 곧 뜨뜻해지면서 혀를 안정시켜주는 힘을 곧 잃는 것 같았다. 그나마 그렇게 물을 마시다가 차가운 물이 혓바닥에 흐르는 동안에는 통증이 별로 안 느껴진다는 사실을 알게 되었다. 나는 허겁지겁 수돗가로 가서 비닐 호스를 수도관에 연결하고 물을 틀었다. 그러곤 뿜어져 나오는 물줄기에 한참 입을 대고 있었다. 곧 온몸이 다 젖었다. 초등학교 1학년짜리 어린이가 그러고 있는 모습을 보고 친척들이 웃기다고 생각했는지 한심하다고 여겼는지 모르겠다.

그게 매운 음식에 대해 내 머릿속에 강하게 새겨져 있는 첫 기억이다. 그 기억이 더 선명해져서 오늘날까지 남아 있는 데에는 이유가 있다. 그날이 내가 '매운 음식이라도 먹는 도중에는 그래도 별로 안 맵다'라는 위험한 생각을 품었던 첫날이고, 그 후 그 위험한 생각을 활용해 스스로 내 혓바닥을 괴롭힌 일이 몇 번이나 더 이어졌기 때문이다.

얼마 지나지 않아 그런 일이 한 번 더 찾아왔다. 이 사건은 내가 살던 아파트 같은 동 아래층에 살던 충희라는 이름의 친구와 연결되어 있다. 충희는 똘똘하고 온갖 스포츠에 굉장히 뛰어난 친구였다. 나는 좀 엉성하고 모든 스포츠에 약한 어린이였기에, 우리는 서로를 보완하는 듯한 느낌으로 친해졌다.

충희와 나는 괜히 축지법을 개발해보겠다는 취지에서 갖가지 이상한 자세로 걷는 실험을 하면서 "이렇게 하면 보통 걸음걸이보다 더 빨리 걸을 수 있는 것 같다"며 논 적도 있었다. 오늘따라 그날이 괜히 기억난다. 걷고 뛰는 것을 잘하던 충희의 실력과 어디선가 이상한 책에서 축지법을 익힌 사람이 있다는 잡다한 이야기를 읽었던 내 생각이 합쳐져서 그런 놀이를 하며 시간을 보내게 되었던 것 같다.

충희의 어머니께서는 떡볶이를 굉장히 잘 만드셨다. 우리 어머니가 만드신 떡볶이도 나는 좋아했다. 하지만 충희 어머니께서 만드신 떡볶이는 훨씬 굉장했다. 어느 친구 집을 가든 부모님들께서 만드시는 음식은 식당에서 파는 음식보다는 좀 맛이 없다는 것이 그 시절 내 입맛이었는데, 충희 어머니의 떡볶이는 예외였다. 여느 분식집 떡볶이보다도 훨씬 훌륭했다.

단, 충희 어머니가 만들어주신 떡볶이는 무척 매웠다. 천천히 조금만 먹으라는 깊은 뜻으로 그렇게 만드셨는지 모르겠다. 아니면 그 맵다는 점이 맛의 비밀과 상관이 있을지도 모른다. 매운 것을 별로 잘 먹지 못하는 당시의 나는 먹고 나면 떡 하나만 집어 먹어도 물을 한 모금 마시고 매운맛이 가실 때까지 한참을 쉬어야 할 지경이었다. 그런데 그렇게 쉬는 것을 참기 어려울 정도로 떡볶이는 맛있었다. 눈앞에서 탱탱한 떡볶이가 붉고 끈끈한 양념 속에서 빛을 내뿜듯 제 모습을 뽐내고 있는데, 맵다는 이유로 그냥 보기만 하면서 기다린다는 것은 초등학교 1학년 어린이의 인내력이 감당하기 힘든 일이었다.

또한 매운맛이 가실 때까지 기다린다는 행위는 아주 주관적인 일이다. 몸속에 매운맛 감지기가 따로 있어서 그것이 100을 넘으면 과열된 것이고 수치가 85 아래로 떨어져야만 다시 떡볶이 하나를 더 먹을 수 있다는 형태의 객관적인 행위가 아니다. 맵다고 혓바닥을 괴로이 움직인 다음 물을 마시고 얼마 지나지 않아 '이만하면 버틸 만한 것 같은데, 그냥 하나 더 집어 먹지 뭐' 하는 마음이 그제야 생겨난다.

그러다 보면 떡볶이를 집어 먹고 다시 집어 먹을 때까지 쉬는 간격은 갈수록 점점 짧아진다. 결국 나는 양념 치킨을 먹다가 했던 생각을 다시 떠올렸다. 먹는 도중에는 매운맛이 덜 느껴진다는 생각의 마수. 거기에 걸려들 지경으로 떡볶이를 줄기차게 먹게 되었다. 매운맛이 혀 위에 눈덩이처럼 쌓여가는데, 연속으로 떡볶이를 먹었다.

결국 나는 그 매운 떡볶이를 단숨에 해치우고야 말았다. 다 먹고 나서는 매운맛을 견디다 못해 비참하도록 많은 양의 물을 들이켰고 말이다. 집에는 수도꼭지에 연결하는 비닐 호스가 없었던 까닭으로 외가댁에서 개발했던 입에 찬물을 계속 뿌린다는 방법을 사용하지도 못했다. 수도꼭지 앞에 입을 들이대기 위해 이상하게 몸을 꼰 채 엎드리는 수치스러운 모습을 연출했을 뿐이다.

그런 자세로는 몸을 오래 유지할 수가 없어서, 하는 수 없이 계속 물을 먹었는데 더 이상 물을 먹지 못할 정도가 돼서도 매운맛이 입에서 불타고 있어서 한탄의 소리를 내지를 정도로 매웠던 기억이 난다. 이제야 알게 된 사실이지만, 고추의 매운맛 성분들 중에는 물보다는 기름에 더 잘 녹는 것도 있기 때문에, 기름 성분이 든 음식, 예를 들면 아이스크림 등을 혀에 묻혀 헹구는 것이 매운맛을 줄이는 데 도움이 된다고 한다.

한국인이 본격적으로 매운맛을 즐기기 시작한 시점

원래 떡볶이는 이런 음식이 아니었다. 지금 떡볶이라고 하면 한국인 누구나 붉은 고추 양념에 뒹굴고 있는 탱탱하고 길쭉한 떡들이 이리저리 서로를 베고 누워 있는 모양을 가장 먼저 떠올릴 것이다. 이렇게 빨간색의 매운 떡볶이가 개발된 것은 아직 100년도 되지 않는다. 한국의 긴 역사 중에서도 매운 떡볶이의 탄생은 대한민국 시대에 진입한 후로 보는 것이 중론이다.

음식에 대해 글을 쓰는 여러 사람이 전 국민이 매운 떡볶이를 친숙하게 여긴 것은 1960년대 후반 내지 1970년대에 들어서가 아닐까 추측하기도 한다. 지금은 빨간색 떡볶이가 한국인의 대표 음식으로 뿌리 내린 것은 물론이고 이웃 나라인 중국이나 일본에서 한국적인 특색이 강하게 드러나는 간식거리로 꽤 알려져 있다. 이런 아주 한국적인 음식이 한반도에 자동차, 비행기, 라디오 방송이 등장한 것보다 오히려 나중에 나타났을 가능성이 높다는 이야기다.

지금도 맛있는 떡볶이라고 하면 서울의 신당동 떡볶이를 자주 이야기한다. 그 때문인지 많은 매체에서는 신당동에서 떡볶이 장사를 시작한 마복림 선생이 1950년대 초 빨간 고추 양념 떡볶이를 한국사 최초로 발명했다고 소개하기도 한다.

마복림 선생 이전에는 빨간 고추 양념 떡볶이를 판매한 사람이 전국에 단 한 명도 없었다고 확신할 수 있는가, 라고 하면 장담할 수 없는 문제이기는 하다. 하지만 마복림 선생이 빨간 떡볶이를 만들어 처음 판매하기 시작하기 직전 무렵만 하더라도, 떡볶이라고 하면 간장 양념을 기본으로 하는, 요즘은 궁중떡볶이라고 부르는 음식에 가까운 것이 중심이었다는 점은 거의 확실하다. 즉, 떡볶이라는 이름의 음식이 세상에 등장한 역사는 빨간 고추 양념 떡볶이보다도 훨씬 앞선다. 궁중떡볶이 형태의 음식이 먼저 등장하고 그것이 마복림 선생을 필두로 하는 대한민국 시대의 요리사들에 의해 개량되면서 현재의 매콤한 떡볶이가 탄생되었다고 보는 편이 옳다.

조선 시대 말에 나온 조리서 『규곤요람』 같은 책에는 떡볶이를 한글과 한문으로 기록하면서 병자, 병적餠炙이라고 썼던 기록이 보인다. 그 이전의 기록들을 보다 보면 정확히 어떤 음식인지 알 수는 없지만, 떡볶이를 표기하는 데 썼던 "병적"과 똑같은 한문 단어인 "병적"으로 표기한 음식을 먹었다는 사실도 확인된다. 병적이라는 말을 글자 그대로 풀이하면 떡을 구웠다거나 떡으로 전을 만들었다는 뜻이다. 요즘도 길거리 음식 중에 떡을 꼬치 같은 데 끼워서 구운 뒤 설탕이나 소스를 발라 먹는 음식이 있는데, 아마 초창기 병적이라는 음식이 그와 비슷했을 가능성도 있다고 본다. 상상해보자면 처음에는 병적은 그냥 단순한 떡꼬치, 떡부침 정도였는데, 거기에 발라 먹는 소스가 중요해지면서, 소스에 아예 떡을 담근 채로 나오는 형태의 음식이 등장했고, 그게 지금의 떡볶이와 닮은 음식이 출현한 계기였을 수도 있다는 생각이 든다.

『규곤요람』은 1896년에 나온 책이다. 여기에 나와 있는 떡볶이는 고추 양념이 없는 대신 쇠고기를 썰어 넣어 같이 볶는 것을 중요하게 여기고 있다. 이후의 떡볶이 요리법도 대체로 다르지 않다. 물론 시대와 조리법에 따라 변화는 어느 정도 나타난다. 쇠고기 대신에 해삼을 썰어 넣은 떡볶이 조리법을 본 기억도 난다.

그러나 이 무렵의 떡볶이에도 고추 양념을 듬뿍 뿌리는 방법은 주류로 등장하지 않았다.

여기에는 몇 가지 이유가 있다. 그중 내가 가장 중요한 이유라고 생각하는 것은 한국에 지금과 같은 고추가 보급된 시대부터가 별로 오래되지 않았다는 점이다.

고추의 매운맛은 어쩌다 보니 요즘은 한국인의 상징처럼 생각되기도 한다. 일본인은 매운 고추를 잘 안 먹는데 한국인들은 고추를 잘 먹다 보니, 일제강점기를 지나고 광복을 맞이하는 과정에서 그런 차이점을 강조하다가 매운 고추가 한국인의 상징이 된 것 같다는 생각도 해본다.

사실 현대의 고추와 같은 식물을 한국인이 이렇게 가까이서 자주 보게 된 것은 조선 시대, 그중에서도 조선 후기의 일이다. 2000년대 후반에 몇몇 학자가 조선 전기 이전에도 고추가 있었다는 학설을 발표한 적이 있다. 그러나 아직도 이러한 의견이 정설로 인정받고 있는 것 같지는 않다. 아마도 조선 전기에 사람들이 고추라고 부르던 식물이 있었다고 하더라도, 그것은 지금의 고추와는 꽤 다른 식물이었을 가능성이 높지 않을까 짐작해본다. 어쩌면 산초 가루 같은 맛을 내는 다른 매운 향신료 식물을 예전에는 고추라고 불렀을지도 모른다.

현재 세상에 퍼져 있는 고추는 원래 멕시코를 비롯한 아메리카 대륙에서 자라나던 식물이 아메리카 대륙과 유럽이 교역하는 과정에서 전 세계로 퍼진 것이라고 보기 때문이다. 아메리카 대륙을 탐험한 인물로 가장 유명한 콜럼버스가 고추를 신기한 식물이라고 유럽에 가져왔다는 이야기는 여기저기에서 인용되고 있다. 그렇다면, 고추가 아메리카 바깥으로 퍼진 시기는 콜럼버스를 시작으로 유럽인이 아메리카로 본격적으로 건너간 1492년 이후라는 이야기가 된다.

아메리카인이 일찌감치 고추를 대량으로 먹었다는 것은 널리 인정되고 있다. 아메리카에 야생 상태의 고추에 가까운 식물이 발견되고 있으므로, 그런 야생 고추를 심어서 농작물로 키운 곳도 아메리카부터였다는 생각도 충분히 해볼 수 있다. 멕시코를 비롯한 아메리카 지역의 음식들은 예로부터 지금까지 매운 고추 양념을 많이 사용하는 것으로 잘 알려져 있었다.

2007년 미국 학자들은 남아메리카 에콰도르에서 6000여 년 전 만들어진 것으로 추정되는 토기를 분석해서 그 시대에 고추 농사가 이루어졌을 가능성이 높다는 점을 추측했다. 식물의 몸속에 있는 규소체phytolith라는 것은 아주 미세한 이산화규소이기에 모래알과 비슷한 성분이다. 그래서 시간이 오래 흘러도 잘 변질되지 않는다. 규소체는 식물의 종류와 습성에 따라 조금씩 다른 모양으로 나타나기에, 연구팀은 에콰도르의 고대 토기 속에 박힌 식물에서 흘러든 규소체들을 찾아내어 그 모양을 현미경으로 섬세하게 관찰했다. 그 결과 규소체들이 농작물로 재배한 고추에서 흘러 들어왔을 가능성이 높다고 판정했다.

현재 널리 인정되는 설은 유럽인이 아메리카에서 발견한 고추를 여기저기 팔고 다니다가 16세기 무렵 일본에도 그것을 팔았고, 이것이 다시 16세기 말 이후 조선으로 건너왔다는 추측이다. 일본인과 자주 거래하던 조선 시대 부산 초량의 상인들은 이렇게 입수한 고추를 전국에 퍼뜨렸을 것이다.

그러고 나서도 처음 고추의 용도는 음식 양념보다는 약재, 그것도 매운맛으로 어떤 강한 충격을 주는 무서운 약재로 팔렸던 것 같다. 『지봉유설』과 같은 17세기 초에 나온 책에는 지금의 고추로 보이는 식물이 '남만초南蠻草'라는 이름으로 기록되어 있는데, 여기에는 남만초를 잘못 먹으면 죽을 수도 있다고 나와 있다. 아무래도 매운맛이 너무 강한 식물이다 보니, 멋모르고 많이 먹고 고생한 사람이 있어서 그런 악명이 퍼지지 않았나 싶다.

고추는 빨간 고추, 초록 고추, 노란 고추, 주황 고추 등 여러 색깔로 열리는데, 그렇기 때문에 옛날에는 알록달록한 고추를 꽃처럼 감상하기 위해 기르는 사람들이 있었다는 말도 있다. 그러다가 세월이 흐르는 사이에 점차 맛이 강한 고추를 조금씩 양념으로 활용하기 시작했고 그것이 점점 전국 각지로 퍼져나갔던 것으로 보인다.

한국 음식의 대표로 손꼽히는 김치만 하더라도 조리법 기록들을 보면 조선 중엽까지 주류는 고추로 발갛게 양념을 하기보다는 지금의 물김치나 동치미에 가까웠다. 그러다가 고추가 퍼져나가면서 19세기경에 이르러 점차 맵고 붉은 김치가 큰 인기를 끌기 시작했던 것으로 보인다.

이런 변화는 특이한 현상이었다. 조선보다 먼저 고추를 도입했다고 짐작되는 일본에서는 조선만큼 고추 양념이 인기를 끌지 못했다. 그 때문에 일본에는 역으로 고추는 조선에서 건너왔다거나, 일본 사람들이 조선 사람들에게 고추를 독약으로 쓰려고 가져갔는데, 조선 사람들은 기백이 대단해서 그걸 그냥 양념으로 먹고 있더라는 식의 전설이 생기기도 했다.

그럴 만도 했다. 고추는 사실 한반도나 일본 같은 동아시아 지역에서 그렇게 키우기 쉬운 작물이 아니다. 너무 추우면 자라지 못하고, 비를 맞으면 맛없어지는 작물이 고추다. 겨울이 돌아올 때마다 온도가 훅 내려가고, 여름에는 많은 비가 쏟아지기도 하는 한국 날씨에 고추는 적합한 작물이 아니었다. 역시 고추는 멕시코 같은 곳의 좀 건조하고 뜨거운 땅에서 잘 자랄 작물이었던 것 같다. 그렇다 보니 고추는 많은 인기를 얻기 전까지는 한국에서 그렇게 싸게 구할 수 있는 재료도 아니었을 것이다.

그런 가운데에서도 한국인이 고추 맛을 좋아하면서 수요가 생기니까 고추 재배에 도전하는 사람이 점차 늘어났고, 그러다 그나마 한국에서 그런대로 잘 자라는 품종도 등장하면서 서서히 고추가 퍼져나간 듯하다. 이렇게 생각하면, 현대 한국인의 입맛과 그 입맛에 맞는 음식을 먹고야 말겠다는 한국인들의 의지야말로 날씨와 풍토를 초월해서 고추를 자리 잡게 한 원동력이다. 결국 21세기 현대의 한국인들은 1년에 6만 톤에서 7만 톤에 이르는 엄청난 양의 고추를 생산하게 되었다. 그렇게 되는 과정에서 점점 고추를 많이 쓰는 방향으로 요리의 경향도 변화했을 거라고 추측해볼 수 있다.

현대 떡볶이의 탄생

전설처럼 전해지는 이야기에 따르면, 1950년대 초 마복림 선생은 중국 음식점에 갔다가 짜장면의 소스 재료인 춘장에 우연히 떡이 빠진 것을 보고, 그 떡을 건져서 먹어보게 되었다. 그때 마복림 선생은 무엇인가 강한 맛을 가진 소스를 넣어서 떡볶이 같은 음식을 만들면 새로운 맛이 탄생할 거라고 생각했다. 그렇게 해서 매운맛이 나는 고추 양념 떡볶이가 개발되었다. 바로 현대 떡볶이의 탄생이다.

요즘은 신문 기사 등을 통해 널리 퍼진 이야기다. 그 시점이 1953년이라는 말도 꽤 도는 편이다. 어떤 기사를 보면, 애초에 춘장 소스로 만든 떡볶이를 만들 생각이 더 강했는데, 춘장은 너무 비싸다 보니 다른 재료를 이것저것 생각하다가 고추장을 사용하게 되었다고도 한다. 그렇게 보면 요즘 분식집에서 유행하는 짜장 떡볶이는 어쩌면 고추 양념 떡볶이보다도 더 정통 원조에 가까운 음식인지도 모른다.

이후 1960~1970년대 정부에 의해 쌀을 좀 덜 먹고 값싼 밀가루를 많이 먹자는 '혼분식 장려 운동' 정책이 시행되면서 떡볶이가 점점 더 인기를 얻게 된다. 밀가루로 만든 밀떡이 떡볶이의 주재료로 전국의 학교 앞 분식집에 자리 잡았기 때문이다. 1980년대에 이르자 떡볶이는 전 국민이 사랑하는 간식 위치에 도달한다. 그 시간 동안 떡볶이 조리법이 동네마다 조금씩 달라지기도 했고 여러 종류의 떡볶이가 등장하기도 했다. 요즘 집에서 떡볶이를 만들 때에는 고추장도 고추장이지만 고춧가루를 이용해서 매운맛을 쉽게 조절하는 방법이 더 많이 퍼져 있는 것 같다.

나 역시 떡볶이를 만들 때 고춧가루를 중시한다. 프라이팬에 물에 넣고 거기에 고추장, 간장, 설탕, 고춧가루, 대파를 썰어 넣고 끓이면서 먼저 소스를 만든다. 잠시 후 그 안에 떡볶이와 어묵을 넣어서 같이 끓이면 떡볶이를 완성할 수 있다. 더 달게 하고 싶을 때는 설탕을, 더 짜게 하고 싶을 때는 간장을 더 넣고, 더 맵게 하고 싶을 때는 고춧가루를 더 넣는다. 좀 과하다 싶거나 국물이 너무 적다 싶으면 물을 좀 더 넣으면 된다. 물을 좀 많이 넣었다 싶어도 걱정할 필요는 없다. 오래 끓이면서 물이 다 수증기로 변해 날아가버리고 졸아들 때까지 기다리면 된다. 그렇게 생각하면 부담 없이 쉽게 만들 수 있는 음식이 떡볶이다.

떡볶이 만들 때 유의해야 할 점을 굳이 말해본다면, 설탕이 좀 들어간다는 점, 파를 좀 많이 넣고 어묵 맛이 잘 우러나면 더 맛있다는 정도다. 나는 이 정도 떡볶이라면 충분히 만족한다. 만약 좀 재주가 있는 사람이라면 여기에 다른 여러 재료를 추가하거나 더 복잡한 방법으로 요리해서 더욱 그럴듯한 떡볶이를 만들 수 있을 것이다.

나는 떡볶이나 고추 양념을 한 김치의 역사가 생각보다 오래되지 않았다고 해서 우리의 전통이 아니라거나, 가치가 없다고 여기거나, 혹은 그 사실을 지적하는 것이 떡볶이에 대한 어떤 공격이 된다는 생각에는 반대한다. 한국인이 개발하고 우리 사이에 퍼져서 굳건히 자리 잡은 개성 있는 문화인 만큼, 오래되지 않았다 해도 현대 한국인의 문화로 존중받을 가치는 있다.

요즘 한국인은 외국에서 민주주의를 사랑하여 민주 국가를 만든 사람들, 한류 텔레비전 연속극과 K팝 대중가요로 친숙한 사람들로 받아들여진다고 한다. 그런 것들도 다 20세기 이후에 탄생하여 요즘에 자리 잡은 한국 문화의 특징이다. 그렇다면, 고추로 만든 매운 음식을 좋아하는 것이 비교적 최근에 자리 잡은 한국인의 특징이자 전통이라 해도 문제가 될 것은 없다고 생각한다. 오히려 어쩌면 태평양 건너 머나먼 에콰도르 인근 지역 사람들이 맨 먼저 발견했을지도 모르는 고추라는 작물을 기꺼이 받아들여서, 한국 음식에 맞추어 다양하게 활용하고 응용했다는 사실이야말로, 한국 문화가 빠르게 발전하고 유연하게 변해나갈 힘이 있다는 점을 상징한다고 생각한다.

안타까운 이야기는 따로 있다. 한국의 고추 중에 특히 유명한 것으로 청양고추라는 품종이 있다. 청양고추를 개발한 사람들 중 가장 잘 알려진 이는 유일웅 박사다. 그는 1980년대 초, 일본의 카레 공장 같은 곳에서 고추 속에 든 매운 성분을 추출하고 싶어 한다는 소식을 듣고, 그런 외국 회사에 수출하고자 하는 목적으로 청양고추를 개발했다고 한다. 그 후 정작 일본에서는 청양고추에 별 관심을 갖지 않게 되었고, 그사이에 점차 한국 사람들이 스스로 청양고추를 그대로 식재료로 활용하게 되었다고 한다. 그러다 보니 어느새 청양고추가 한국의 대표 고추로 자리 잡았다.

그러나 청양고추 씨앗 품종의 재산권을 갖고 있던 회사는 경제 사정이 어려울 때 이리저리 팔리게 되었다. 자연히 청양고추 씨앗을 만들어 팔 권리도 이 회사 저 회사로 팔렸다. 그러다가 외국 회사로도 권리가 넘어갔고, 그 외국 회사가 또 다른 외국 회사에 팔리기도 했다. 결국 지금은 독일의 한 화학 기업 그룹이 청양고추 씨앗의 권리를 갖고 있으며, 이 회사의 본사는 멀리 독일 레버쿠젠에 있다.

가끔 한국에서 어느 지역이 청양고추를 대표하는 동네냐를 두고 서로 경쟁이 벌어져 화제가 될 때가 있는데, 청양고추 씨앗의 주인을 따져보자면, 좀 이상하긴 하지만 독일 레버쿠젠이야말로

청양고추는
대한민국것!
Nein!
청양고추 씨앗 재산권은
독일에 있다고!

청양고추의 고장이라고 해야 할지도 모른다.

왜 울면서 떡볶이를 먹을까

떡볶이는 맛이 너무 강하고 그에 비해 영양분은 탄수화물 외에는 부족하기 때문에 딱히 건강식은 아니다. 그렇지만 적어도 사람의 감각을 사로잡을 만한 면은 다 갖추고 있는 음식이라는 점을 부정할 수 없다. 배를 채울 수 있는 떡의 풍부함에, 허기지고 피로한 사람의 본능을 자극하는 단맛이 있고, 육상 동물이 항상 섬세하게 느끼기 마련인 짠맛도 강한 음식이다. 거기에 어묵에서 우러나온 감칠맛이 있는 데다, 그 모든 것을 휘감아주면서 강렬한 감각을 퍼부어주며 후련함을 주는 매운맛도 들어 있다. 무슨 갈비찜이나 생선회 같은 음식에 비하면 떡볶이는 값도 싼 편이라서 부담 없이 먹기 좋다.

이러니, 뭔가 답답할 때면 언제 먹어도 떡볶이는 기본은 하는 음식이다. 무언가 먹고 받을 수 있는 즐거움을 한 뭉텅이 던져주는 음식이 바로 떡볶이라고 말하고 싶다.

도대체 사람들은 왜 떡볶이 같은 매운맛을 좋아할까? 매운맛은 사실 다른 맛과는 좀 달라서 통증이나 뜨거움을 느끼는 감각과 연결되어 있다. 너무 매운 음식을 먹으면 큰 괴로움을 느끼는 이유가 바로 그 때문이다. 매운맛의 이런 독특한 특징 때문에 데

이비드 줄리어스라는 미국 생물학자는 사람이 매운맛을 어떻게 느끼는지를 조사해서 그것이 혓바닥에 있는 TRPV1이라고 하는 아주 작은 부위들과 관련이 있다는 사실을 알아냈다. 그는 그 연구 결과를 발전시켜 사람이 감각을 느끼고 신경과 뇌가 움직이는 방식이 어떠한지 더 깊이 알아냈다. 줄리어스는 그 공적으로 2021년에 노벨 생리의학상을 받기까지 했다.

줄리어스의 연구만 생각한다면, 매운맛은 뜨거운 것을 만지거나 쓰라려서 아픈 느낌이 드는 것과 비슷한 감각이다. 오히려 피해야 하는 위험한 감각이다. 틀린 말은 아니다. 분명히 너무 매운 맛은 괴로워서 피해야 할 필요도 있다.

고추 입장에서 생각해보자. 원래 고추가 매운맛을 갖게 된 이유를 따져보자면, 그런 괴로움을 주는 맛을 갖고 있으면 동물들을 괴롭힐 수 있으니, 고추가 먹히지 않게 된다는 장점이 있다. 동물들이 고추를 먹지 않게 되면 고추 속 씨앗이 파손되지 않고 잘 퍼질 수 있다. 그러면 고추는 자기 후손들을 많이 퍼뜨릴 수 있다. 이 후손들은 부모로부터 매운맛을 물려받았을 것이고 그러면 다른 식물보다 더 후손을 널리 퍼뜨릴 수 있게 된다. 그런 식으로 고추는 매운맛을 가질수록 번성해서 퍼지며 점점 더 맵게 진화할 수 있다.

과학자들 사이에 퍼져 있는 재미있는 이야기로, 새들은 고추의 매운맛을 잘 느끼지 못하는 경향이 있다는 조사 결과가 있다. 소나

말 같은 동물과 달리 새들은 으깨어 먹는 이빨이 없다. 부리만 있을 뿐이어서 고추를 먹더라도 그 씨앗까지 파괴하지는 못한다. 그렇기 때문에 굳이 새들까지 고추가 매운맛으로 공격할 필요는 없다.

도리어 새들이 고추를 먹다가 이리저리 날아다니며 고추 씨앗을 흩뿌리고 다니면 씨앗은 먼 곳으로 퍼질 수 있다. 그러면 고추는 다양한 곳에서 살게 된다. 그런 생물은 생존과 번성에 유리하니 그 방향으로 진화가 일어난다. 홍수나 가뭄으로 한 동네가 망한다 해도 다른 지역에 사는 것들은 멸종되지 않고 살아남는다. 그렇게 해서 다시 자손을 이어나갈 수 있다.

이렇게 보면, 고추는 들짐승의 강한 어금니 이빨은 씨앗이 부서질 수 있어서 싫어하지만 새의 부리는 좋아하여, 새에게는 별맛이 없지만 들짐승에게만 매운맛이 느껴지는 성분을 품도록 진화했다고 이야기를 만들어볼 수 있다. 고추가 애초에 그런 특이한 성분을 만들어야겠다고 의지를 갖고 연구를 통해 몸속에서 그런 성분을 만들어낸 것은 아니라고 해도, 항상 환경에 적응하는 습성을 골라 키우는 진화의 원리가 저절로 고추를 그렇게 만들었다.

여기에서 단 한 가지 예외는 사람이다. 무슨 이유인지 사람이라는 동물은 고추가 매워서 괴로운데도 그것을 꾹 참고 씹어 먹는 습성이 있다. 떡볶이의 매운맛은 그 강렬한 느낌으로 단맛과 짠맛을 더 강하게 느껴지게 해서 맛을 돋운다는 식의 생각을 해볼 수도 있기는 하다. 또 다른 이유로 사람이 매운맛의 고통을 꾹

와 TRPV1을 자극하는
달고 짜고 매운맛!

참을 동기가 생겼다는 이론을 제기하는 학자들도 있다. 일부러 무서운 공포 영화를 보는 것과 비슷한 심리 때문에 굳이 괴로움이 느껴지는 매운맛을 좋아할 때가 있다고 설명하기도 한다.

또 다른 학자들은 매운 재료가 들어간 음식은 잘 상하지 않는 경향이 있다는 점에 주목한다. 이 학자들은 그 때문에 매운맛이 썩은 음식, 상한 음식의 맛과 반대라는 느낌을 주게 되었고 긴 세월이 지나는 동안 사람은 무심코 매움을 상쾌함과 비슷하게 느끼게 되었을 거라고 본다. 그래서 매운맛을 즐길 수 있다는 것이다.

확실한 것은 아직은 잘 모르는 일이지만, 고추 입장에서 보면 이 역시 좋은 진화의 방향이다. 무슨 이유이든 한국인이나 멕시코인처럼 매워하면서도 고추를 즐겨 먹는 사람들이 많아지면 그 사람들은 고추 농사를 많이 지을 것이다. 비록 사람들이 고추로 요리를 만들어 먹는 동안 고추 씨앗을 다 씹어 먹어서 파괴할지는 모르지만, 그보다 훨씬 많은 양의 고추를 농업 기술을 이용해 잔뜩 심어 여기저기에서 기를 것이다. 그렇게 되면 매운맛을 참으며 먹는 사람들의 과학기술을 빌어서 고추는 더 넓은 곳에 더 많은 자손을 퍼뜨리며 자라날 수 있게 된다.

★★★ 시식평: 먹을 때는 몰랐는데 먹고 보니 맛있었던 것 같다.

02

깻잎무침

깻잎 향에서 피어오르는 진화의 흔적

피에르 마뇰 선생의 과

깻잎과 큰 상관이 있는 이야기는 아니지만 깻잎이 어떤 식물에서 나오는지를 따질 때 알아두면 괜찮은 이야기이니까 우선 매그놀리아 이야기부터 해보려고 한다. 〈매그놀리아〉라는 할리우드 영화도 있고, 매그놀리아 픽처스 영화사라는 곳도 있지만, 매그놀리아라는 말은 원래 '목련'이라는 뜻이다.

매그놀리아라는 이름은 약간 이상한 느낌을 준다. 친숙하게 볼 수 있는 꽃 이름치고 뭔가 길고 어려운 말이다. 영어로 장미는 로즈, 백합은 릴리인데, 길거리에서는 대개 장미나 백합보다도 더 쉽게 볼 수 있는 목련을 왜 영어로는 매그놀리아라고 할까? 무슨 라틴어로 만든 학술 전문 용어 같은 이름 아닌가? 길 가다가 목련을 보고, 목련을 영어로 뭐라고 할까 싶어 사전을 찾아보고, 매그놀리아라니, 말이 좀 어렵네 하고 그냥 그런가 보다 넘어갈 수도 있겠지만 왜 그런지 생각해보자면 과연 궁금하지 않은가?

그 이유는 유럽에서 목련은 그렇게까지 흔한 생물이 아니었기 때문이다. 한국에서는 목련이 곳곳에 있고, 다른 아시아 지역에도 목련과 그 비슷한 생물들이 많이 퍼져 있다. 무슨 이유인지 유럽에는 목련이 그렇게 많지 않다. 어쩌면 목련의 습성이나 퍼져나가기 시작한 시기와 관계가 있는지도 모르겠다. 목련은 꽃이 피는 생물 중에서는 굉장히 초기에 등장한 편이다. 그래서 목련에는 아주 원시적인 꽃의 습성을 찾아볼 수도 있다고 한다. 공룡이 살던 시대에는 꽃을 피우는 습성을 가진 꽃들이 많지 않아서 나무와 풀이 피어난 풍경도 지금과는 무척 달랐는데, 목련은 그나마 공룡 시대 후반에 등장한 꽃이다.

유럽 사람들은 목련을 신항로 개척 시대 초기가 되어서야 유럽 바깥에서 처음 공식 발견했다. 그래서 유럽 학자들이 먼 외국 땅에서 처음 발견한 신비로운 생물이라고 생각하고 학문 연구의 관점에서 이름을 붙였다. 생물의 학술적인 명칭인 학명은 라틴어에 넣어 썼을 때 어울리도록 라틴어 단어처럼 만드는 관례가 있었다. 목련의 이름도 라틴어 느낌이 나는 "마그놀리아"라는 말을 붙였고, 그 말이 그대로 목련을 뜻하는 단어로 쓰이게 된 것이다.

생물학의 이런 이름 붙이기 관례는 수백 년이 지난 21세기인 지금도 꿋꿋하게 남아 있다. 현재 세상에는 라틴어라는 언어를 일상생활에서 그대로 쓰는 사람은 거의 없다. 그런데도 굳이 생물의 이름을 학술적으로 붙일 때에는 라틴어와 아무 상관 없는 나라의 아무 상관 없는 생물이라도 굳이 라틴어 느낌으로 말을 만들어 쓴다.

예를 들어 한국의 경기도 화성에서 화석으로 발견된 공룡에도 "코레아케라톱스 화성엔시스"라는 이름이 붙었다. 말을 보면 대충 알 수 있듯이 뜻은 그냥 한국의 화성에서 발견된 공룡이라는 뜻이다. 이 공룡 모습은 화성시의 마스코트로 쓰이고도 있다. 그런 만큼 그냥 "화성이"라든가, "화성룡" 같은 이름을 붙이면 훨씬 쉽게 들렸을 것이다. 그런데도 굳이 라틴어 단어 모양을 갖춘 이름을 어떻게든 만들어 쓰는 것이 생물학계의 관례다.

그렇다면 목련을 뜻하는 마그놀리아라는 학명에는 도대체 무슨 뜻이 있을까? 이 말 자체에 특별한 뜻은 없다. 마그놀리아란, 사람 이름에서 따온 말이기 때문이다. 당시 프랑스의 식물학자 중에 피에르 마뇰Pierre Magnol이라는 사람이 있었는데 이 사람에 대한 존경의 의미로 그의 성인 마뇰에서 따온 이름을 만들되, 그 말을 라틴어 느낌이 나도록 살짝 변경하여 마그놀리아라는 말을 만든 것이다. 그러니까, 목련을 뜻하는 영어 단어, 매그놀리아에 무슨 뜻이 있다면 그냥 프랑스의 학자 마뇽 선생님 꽃, 마뇽꽃 정도의 의미라고 풀이해볼 수 있다.

그렇다면 피에르 마뇽은 왜 위대한 식물학자로 존경을 받았을까? 마뇽은 처음으로 식물을 과family라는 단위로 분류해보겠다는 생각으로, 식물을 비슷한 것들끼리 묶는 방법을 시작했던 사람이다. 마뇽의 연구 전까지만 해도, 그냥 식물, 동물이 이런저런 종류가 있다는 정도를 알고 있었고, 신기하게 생긴 생물을 발견하면 놀랍다는 정도로 연구했지, 그런 생물들을 조직적으로 분류해나가고, 어떤 생물들끼리는 더 가깝고 더 먼지는 많이 연구되지 않고 있었다. 그런데 마뇽은 비슷한 생물끼리를 하나의 과라는 단위로 묶어보면서, 생물의 공통점과 차이점, 계통과 변화를 따지는 연구를 크게 발전시킨 것이다. 지금은 여우, 승냥이, 개를 모두 갯과 동물로 분류하고, 호랑이, 사자, 고양이는 모두 고양잇과 동물로 분류한다는 식의 발상이 일반인에게도 친숙하다. 목련에 이름을 남긴 피에르 마뇽이 없었다면 그런 발상은 등장하지 못했을 것이다.

만약 생물의 가깝고 먼 것을 따지는 분류 방법이 잘 발전하지 못했다면, 어쩌면 생물의 진화 연구도 훨씬 늦어졌을지도 모른다. 현대 생물학과 의학에서 진화는 중요한 뼈대를 이룬다. 우리는 생물이 진화 과정을 거쳐 긴 세월 조금씩 달라지고, 여러 다른 생물로 갈라지며, 환경에 적응하고 변화해나간다는 사실을 알고 그 틀에 따라 생물을 연구한다.

이런 분석을 해내려면, 고양이와 호랑이와 사자는 비슷하니까 거슬러 올라가면 같은 뿌리를 갖고 있는 동물이었을 것이고, 세 가지 동물의 공통 조상이 오랜 세월에 걸쳐 다른 방식으로 적응하면서 조금씩 변화했을 거라는 생각을 할 수 있다. 즉, 깊은 숲속에서 다른 짐승을 사냥하며 사는 방식으로 살아남은 동물은 호랑이가 되었고, 초원을 누비며 살기에 적합한 방법을 찾아 적응해 살아남은 동물은 사자가 되었고, 사람 곁에서 재롱을 부리며 사는 것을 생존법으로 찾아 그에 적합하게 진화한 동물은 고양이가 되었을 것이다.

이렇게 하나의 조상 동물이 각자 고양이, 호랑이, 사자로 진화했다고 생각할 때 여러 생물을 분석해서 같은 고양잇과라는 단위로 분류해보는 방식의 연구는 큰 단서가 되었을 것이다.

다시 깻잎 이야기로 돌아가서, 한국에서는 깨라고 하면 들깨와 참깨, 두 가지를 생각한다. 들깨와 참깨를 찬찬히 분석해보면 두 생물은 서로 얼마나 비슷할까? 얼마나 가까운 생물로 분류해볼 수 있을까?

참깨와 들깨 중에서 잎을 먹는 것은 들깨다. 참깻잎은 먹지 않는다. 한국에서 같은 깨라는 말이 들어가 있어서 비슷한 식물 같지만, 참깨와 들깨는 어마어마하게 다르다. 얼마나 다르냐 하면, 아예 과가 다르게 분류될 정도로 다르다.

참깨의 과와 들깨의 과

동물과 식물의 분류법은 좀 다르지만 좀 더 가깝게 느낄 수 있도록 동물에 견주어 비교해보자.

개들은 품종과 관계없이 모두 개종species이라는 한 가지로 분류된다. 심지어 늑대와 개도 서로 다른 종으로 엄격하게 구분하기 어렵다. 무시무시한 사냥개와 주인에게 꼬리 치는 요크셔테리어는 그냥 다 같은 종이다. 그 차이는 생물의 세계에서는 크지 않다. 사람으로 치면, 같은 사람이지만 어떤 집안 사람들은 유독 키가 크고, 어느 집안 사람들은 유독 노래를 잘하더라 하는 정도의 차이가 있을 뿐이다.

종보다 하나 더 큰 분류로는 속genus이라는 기준이 있다. 속은 비슷한 종들을 묶어놓은 분류다. 가끔 미국 영화를 보면 황야를 뛰어다니는 조그마한 늑대 비슷한 동물로 코요테라는 것이 나온다. 코요테는 개속에 속하지만 개종으로 분류되지는 않고 코요테 종으로 분류된다. 그래서 개와 종은 다르지만 속은 같은 동물이다. 그 정도의 관계가 속이 같은 정도로 가까운 짐승이라는 이야기다.

보통 어떤 생물의 학명을 붙일 때 해당되는 속과 종을 성과 이름인 듯 차례로 쓴다. 예를 들어, 개라는 동물의 공식적이고 학술적인 세계 공용 명칭인 학명은 카니스 루푸스Canis lupus이고, 코요테의 학명은 카니스 라트란스Canis latrans라고 부른다. 둘 다 카니스라는 속의 이름으로 시작한다. 같은 카니스속, 즉 갯속에 속한다는 사실을 학명을 보고 바로 알 수 있다. 이렇게 보면, 학명을 붙이는 관습은 유럽에서 시작되기는 했지만, 동아시아식으로 성을 먼저 부르고 이름을 부르는 느낌과 좀 더 비슷하다. 참고로 피에르 마뇰의 성에서 따왔다는 목련의 정식 학명은 마그놀리아 코부스Magnolia kobus다. 그러니까, 목련은 마그놀리아속에 속하고 목련과 비슷한 마그놀리아속으로 분류되는 다른 종이 더 있을 거라는 사실을 이름만 보고도 짐작할 수 있다.

속보다 더 큰 분류가 바로 마뇰이 사용했던 과라는 분류다. 여우, 승냥이, 개는 서로 다른 동물이라는 느낌이 많이 들지만, 그래도 비슷한 점이 많다는 느낌이 든다. 세 가지 동물은 갯과로 분류된다. 과가 같다는 것은 그 정도의 분류다. 과보다도 한 단계 더 큰 분류가 목order이다. 개는 식육목에 속하고, 사람은 영장목에 속한다.

식육목이라는 분류에는 개라는 과뿐만 아니라 고양잇과, 곰과, 족제빗과, 스컹크과 같은 여러 가지가 속해 있다. 그러니까, 곰과에 속하는 북극곰과 갯과에 속하는 개는 같은 식육목이기는 하지만, 곰과와 갯과로 분류될 정도로 다르다.

들깨와 참깨가 같은 목이지만 과가 다른 정도로 다르다는 것은 그 정도의 차이다. 즉, 들깨와 참깨의 차이는 북금곰과 개가 다른 만큼 다르다고 할 수 있다. 비슷비슷한 깨 종류라고 그냥 친구처럼 여기기에는 굉장히 먼 사이다.

식물에서 과가 다르다는 것은 친숙한 식물을 기준으로 생각하면 더욱 충격적으로 많이 다른 느낌이다. 예를 들어 도시의 인도 길가 사이에 심심하면 돋아나는 잡초들은 대체로 볏과에 속하는 것이 많다. 밥을 짓고 김밥을 만드는 그 쌀이 나오는 벼와 여러 잡초들이 같은 과에 속한다는 이야기다. 볏과에는 잡초와 벼가 속해 있을 뿐만 아니라 사탕수수, 옥수수, 대나무도 속해 있다. 숲을 이루며 높다란 키로 펼쳐져 항상 새파란 색을 뽐내는 기개를 자랑하며 대쪽 같다고 하는 그 대나무와 길가의 잡초와 한식의 친숙한 재료인 쌀과 이국적인 열대 식물로 설탕을 뽑아내는 사탕수수는 아주 다른 형태의 식물 같지만, 그래도 그 세부적인 특성을 분석해보면 볏과라는 하나의 과로 분류된다. 그런데 참깨와 들깨는 그렇지 않다. 참깨와 들깨는 쌀과 사탕수수가 다른 것 이상으로 더 많이 다르다고 해도 과장은 아니다.

다르다는 생각을 하고 가만 살펴보면, 참깨와 들깨의 차이점은 쉽게 확인할 수 있다. 작은 씨앗을 수확해서 거기에서 기름을 짜기에 좋다는 활용도, 실용적인 사용 방식에 공통점이 있기 때문에 한국에서 참깨와 들깨에 비슷한 이름이 붙은 것 같다. 그렇지만, 겉모습만 봐도 두 식물의 다른 점은 확연하다.

참깻잎과 들깻잎을 나란히 놓고 보면, 한식을 즐겨 먹는 사람이면 딱 보기만 해도 뭘 먹을 수 있는 잎인지 바로 알 수 있다. 들깻

역시 깨 하면
한국인 입맛에
딱 맞는 들깨!
무슨 소리냥?
깨 하면 산화방지력이
강한 참깨다!
들깨
참깨

잎은 우리가 잘 아는 바로 그 깻잎 모양이다. 잎이 넓적하게 생겼고, 잎의 가장자리가 톱니 모양을 이루고 있다. 냄새를 맡아보면 먹어본 사람은 쉽게 기억할 수 있는 향도 바로 느껴진다.

참깻잎에는 이런 특징이 없다. 잎이 넓적하지도 않고 톱니 모양도 없이 그냥 매끈하다. 냄새를 맡아봐도 깻잎 향이 나지 않는다. 참깨라는 이름에 “참”이라는 말이 붙어 있으니까, 얼핏 생각하면 참깨는 진정한 좋은 깨이고, 들깨는 그냥 들에서 막 자라나는 야생의 거친 깨라는 식으로 착각하기 쉽다. 그렇다면 그냥 깻잎이라고 부르는 것도 진정한 깨인 참깻잎이 아닐까 생각할 수도 있지만, 딱 봐도 그렇지 않다. 두 식물은 그런 관계가 없다. 그냥 확 다른 식물이다.

참깨에 “참”이라는 말이 들어 있는 것은 어쩌면 기름을 짜기에는 참깨가 조금 더 좋기 때문 아닐까 상상도 해본다. 들기름이 참기름보다 떨어지는 기름은 아니다. 들기름은 참기름과는 다른 향이 있어서 적절히 사용하면 참기름으로는 흉내 낼 수 없는 대단히 멋진 맛을 낼 수 있다. 다만 참기름과 들기름의 성분을 화학실험으로 분석해보면, 참기름에는 들기름과 다르게 산화를 방지하는 물질이 훨씬 더 많이 포함되어 있다.

세상의 모든 화학반응을 크게 두 가지로 본다면 산화반응과 환원반응으로 나뉜다. 그래서 산화반응 중에도 별별 다양한 화학반응이 있고, 환원반응이라는 것도 그만큼 다양하다. 대개 요리에서 자연스럽게 일어나는 화학반응에서 산화반응이라는 것은 그냥 가만히 재료를 놓아두었을 때 공기 중의 산소 기체와 화학반응을 일으켜 다른 물질로 변화하는 것을 말한다.

그러므로 참기름에 산화 방지제가 많이 들어 있다는 것은 참기름은 그냥 가만히 방치해두었을 때 일어나는 화학반응을 막아내는 성분이 있다는 뜻이다. 참기름은 오래 보관할 때, 산소와 접촉해서 원래와는 다른 물질로 변해버리는 현상이 들기름에 비해 덜 일어난다. 그렇다면 오래 보관하며 두고두고 요리에 사용하기에는 들기름보다는 참기름이 훨씬 좋다는 말이 된다.

현대에는 들기름을 철저히 밀폐해서 차가운 냉장에 보관해둘 수 있기에 들기름도 옛날보다는 훨씬 오래간다. 하지만 옛날에는 화학반응으로 식재료가 변화하는 것에 대한 지식이 부족하고, 냉장고도 없었으므로 참기름이 들기름보다 훨씬 오래가는 편리한 기름이었다. 그러니, 비슷한 느낌의 깨 모양 씨앗에서 짜는 기름 중에 좋은 것을 참기름, 참깨라고 부르고 아닌 것을 들기름이라고 부르게 된 것 아닐까?

식물이 갖고 있는 기름 성분은, 결국 식물이 자라나면서 잎에서 광합성으로 만든 영양분을 몸속에서 화학반응을 일으켜 다른 물질로 바꾸어 만든 것이다. 광합성으로 탄생하는 가장 간단한 물질이 포도당일 텐데, 식물이 이걸 그대로 몸속에 저장하면 그냥 과일 속 단맛 성분 비슷한 당분이 된다. 포도당을 그대로 저장하지 않고, 차곡차곡 오래 저장할 수 있는 물질로 변화하는 화학 반응을 일으켜 훨씬 더 큰 덩어리로 붙어 있는 모양이라고 할 수 있는 물질을 만드는 경우도 있는데, 이런 성분 중에 대표적인 것이 사람이 먹을 수 있는 전분이다.

포도당이나 전분 같은 성분을 재료로 식물은 더욱 복잡한 물질을 만들기도 한다. 몸을 이루는 기본 재료인 단백질 성분을 만들기도 하고, 나무 형태로 자라나는 식물은 리그닌lignin이라고 하여 딱딱한 목재 재질 성분의 기초가 되는 물질을 만들어내기도 한다. 공기의 바람을 타고 돌아다니는 이산화탄소 성분과 물, 그리고 햇빛으로 만든 재료를 식물은 자기 몸속에서 이리 굴리고 저리 굴려서 하늘 높이 솟는 거대한 나무를 이루는 튼튼한 재질을 만든다는 뜻인데, 그냥 산에 널려 있는 나무라고 하더라도 도대체 무슨 화학으로 저런 재질이 저렇게나 많이 생겨날 수 있었을까를 생각해보면, 산도 나무도 무척 신기한 것이다.

그런데 들깨와 참깨는 나무 성분을 만드는 대신에 기름 성분을 만드는 화학반응을 하도록 진화한 생물이다. 잎에서 광합성으로 만든 영양분을 몸속에서 이리 굴리고 저리 굴려서 결국 기름을 만든다. 이런 기름은 대체로 씨앗을 자라나게 하는데 유용한 물질로 쓰일 수가 있다는 장점이 있을 것이라 추측된다. 그러니 원래는 참깨, 들깨 속의 기름도 생명이 진화하여 환경에 적응할 수 있는 그들의 장점이자 특기였을 것이다.

사람은 참깨의 기름을 뽑아내어 식재료로 사용하기 때문에, 참깨를 일부러 기르며 최대한 깨에 기름이 많이 생기도록 만든다. 참깨의 경우, 몸체를 마지막까지 최대한 잎이 달린 채로 유지시켜야 잎 속에 있는 갖가지 성분이 깨 속의 기름을 많아지게 하는 데 사용된다고 한다. 그래서 기름을 짜내는 것이 최고의 목적인 참깨의 경우에는 자를 때에도 잎이 붙은 채로 수확하고, 말릴 때에도 잎까지 같이 말리는 경우가 많다고 한다. 그렇다 보니 참깨의 잎은 싱싱할 때 따로 떼어내서 사용할 수 있는 기회가 적다.

만약 참깻잎을 좀 떼어내서 사용해도 기름을 수확하는 데 별 문제가 없었다거나 참기름이 가장 쓰기 좋은 기름의 대접을 받지 않았다면, 참깨의 잎도 어딘가 활용될 기회를 많이 찾았을지도 모른다. 특히, 나물 음식, 쌈 음식을 많이 먹는 한국인이라면, 잎을 먹을 수 있는 참깨 종을 진작에 개발했을 수도 있다.

아닌 게 아니라 잎을 먹는 들깨의 경우, 두 품종으로 개발되고 있다. 잎을 따 먹기 좋은 종과 기름을 짜기 좋은 종으로 아예 나누어서 말이다. 농가에서 들깨를 심을 때에도 목적에 따라 품종을 골라 심는다. 보통, 잎을 따 먹기 좋은 품종을 잎들깨, 기름을 짜기 좋은 품종을 종실들깨라고 한다. 한식의 기본 반찬 중 하나에 속하는 깻잎무침에서부터, 쌈 채소로 사용하는 깻잎, 향신료처럼 여러 가지 찌개나 요리에 잘라 넣는 깻잎까지, 한식 문화가 발달하면서 깻잎의 수요는 점점 더 늘고 있다. 그에 비해, 요리용 기름은 콩기름이나 카놀라유 등이 더 주류가 되었다.

그렇다면, 깻잎이 점점 더 가까워지고 기름은 점점 더 멀어진 느낌이라고 할 수도 있지 않을까? 지금으로부터 1000년 정도 지난 미래가 되면, 들깨가 더 많이 소비되어 들깨를 그냥 깨, 내지는 깻잎깨라고 부르고, 참깨는 반대로 기름깨 같은 식으로 부르게 되어 이름이 바뀔지도 모른다.

그 좋은 깻잎 향

깻잎이 맛있는 이유는 특유의 향긋함 때문이라고 생각한다. 그럴 수밖에 없는 것이 들깨는 꿀풀과Lamiaceae로 분류된다. 꿀풀과에 속하는 식물 중에는 향이 강한 것이 많다. 박하, 바질, 오레가노, 로즈마리 같은 향기가 강한 식재료들이 모두 꿀풀과에 속한다.

이런 식재료들은 향기가 매우 강해서 음식에 살짝 독특한 냄새를 더하거나, 음식에서 거부감이 갈 만한 냄새를 덜 느껴지게 하는 용도로 뿌리는 경우가 많다. 이런 재료를 향신료라고 한다. 꿀풀과 식재료 중에는 소위 허브herb라고 부르는 재료가 많다. 파스타나 피자 같은 이탈리아 요리를 만들면, 바질이나 오레가노 같은 향신료를 서너 번 톡톡 가루처럼 뿌리는 정도로 사용한다.

한식에서는 괴상하게도 향신료 같은 식물인 깻잎을 그냥 통째로 뜯어서 잎 전체를 다 쌈으로 먹어버린다. 객관적으로 가만히 느껴보자면 들깨 향은 결코 다른 향신료에 비해 약하지 않다. 독특한 냄새가 강하게 피어올라, 꿀풀과 식물의 대표라고 말하기에도 부족함이 없다.

그 때문인지 깻잎을 식재료로 먹는 나라는 많지 않다. 한식에 익숙하지 않은 사람은 깻잎 쌈에서 너무 이상한 맛이 난다고 생각한다거나, 깻잎으로 만든 음식의 향이 지독해서 견딜 수 없어하기도 한다. 향신료처럼 살짝 가미하면 향긋하겠지만, 통째로 먹는 건 과격하게 느껴져 꺼리는 사람들도 있다. 그런 과감함이 한식에서는 일상이다.

깻잎을 식재료로 쓰는 나라가 전 세계에 한국 외에는 없다고 할 수는 없다. 또한 들깨와 종은 다르지만 속은 같은 식물인 차조기의 경우, 일본 음식에서도 가끔 활용된다. 그렇지만, 깻잎이 식생활에 이렇게나 친숙하게 퍼져서 누구나 가깝게 느끼고, 전국에서 널리 재배되는 지역이라면 역시 한국이 대표적이다. 깻잎무침은 양념 속에 뭉쳐 있어서 낱장이 잘 떨어지지 않을 때가 있는데, 옆 사람이 떼기 좋으라고 잡아주기도 한다. 이게 어떤 상황인지, 어떤 느낌인지 한식을 먹는 사람은 다 안다. 이 때문에 일전에 인터넷에서 논쟁이 벌어진 기억이 있다. 만약 내 애인과 친구가 함께 밥을 먹는데, 친구가 깻잎 떼는 것을 애인이 도와주는 게 과도하게 친밀하냐 아니냐가 주제였다. 한식에 친숙한 사람들이라면 그게 어떤 논쟁인지 더 이상의 설명 없이도 바로 이해할 수 있을 정도로 깻잎 향은 한식에 많이 스며 있다.

깻잎 향도 피톤치드일까? 깻잎에서 향을 내는 물질이 무엇인지 알려면 우선 깻잎에서 그 물질만을 잘 뽑아내 분석해야 한다. 이런 성분들을 잘 녹여내는 성질이 있는 물질, 그러니까 잘 용해할 수 있는 용매를 구해서 거기에 깻잎을 집어넣고 잘 섞는다. 그러면 깻잎에서 냄새를 내는 원인 성분들이 충분히 녹아 나온다. 그 녹은 액체를 분석해서 정체가 무엇인지 알아낸다.

이런 부류의 성분 분석을 위해 가장 흔히 택하는 방법은 GC, 그러니까 "기체 크로마토그래피chromatography"다. 크로마토그래피는 색깔을 보는 방법이라는 뜻인데, 원래 예전에는 분필 같은 곳에 물질이 자연스럽게 흡수되어 번지면 그 색깔을 나타내는 색소 부분이 분리되면서 여러 가지 색깔로 나뉘어 보인다고 해서 생긴 말이다. 지금은 여러 가지로 섞인 물체가 다른 물질 틈바구니를 지나면서 분리되는 과정을 이용해 분석하는 방식을 대개 다 크로마토그래피라고 부른다.

깻잎 향기를 분석하기 위해 기체 크로마토그래피를 할 때에는 크로마토그래피라고는 해도 분필을 사용하지도 않고 색소가 분리되는 모습이 나타나지도 않는다. 대신 기체 크로마토그래피라는 말대로, 우선 깻잎 향기를 녹인 물을 장비에 달린 오븐으로 잘 데워서 기체로 변해 솔솔 피어오르게 해야 한다.

그러면 깻잎 속 온갖 성분이 뒤섞인 기체가 장비 속의 기다란 관 속으로 들어간다. 예전에는 분필 모양의 기둥으로 크로마토그래피 실험을 했기 때문에, 지금도 이 관을 흔히 칼럼column이라고 부른다. 관 속에는 기체가 통과하기에는 걸리적거리는 물질들이 일정하게 가득 차 있기 때문에 기체가 술술 들어가지는 않는다. 그래서 일정한 속도로 바람을 불어넣어 강제로 관 속에 깻잎 속 성분들을 쑤셔 넣어준다. 바람도 그냥 보통 공기를 쓰지는 않고, 다른 화학물질과 화학반응을 일으키지 않고 그냥 불어넣기만 할 수 있는 헬륨 등의 물질을 이용한다. 이렇게 하면, 깻잎 성분은 서서히 관 속을 통과한다. 그 관의 끄트머리에는 무슨 물질이든 튀어나오면 열이나 전기의 미세한 변화를 통해 확인할 수 있는 장치가 달려 있어서, 뭔가가 관을 다 통과하고 튀어나오면 바로 알 수가 있다.

몇 개 안 되는 원자가 붙어 있는 물질들은 쑥쑥 관을 잘 통과해서 금방 바깥으로 튀어나온다. 원자가 많은 숫자로 붙어 있는 물질들은 관 속을 비집으며 통과해 나오는 데 오래 걸린다. 이 시간의 차이를 보고 도대체 무슨 물질이 튀어나왔는지 판단한다. 예를 들어, 술의 중요한 성분인 에탄올을 가져와서 실험해봤는데, 25분 만에 관을 통과해서 튀어나왔고, 이후 깻잎 성분으로 실험을 했더니 역시 정확히 25분 만에 관을 통과해 튀어나온 성분이 있다면, 깻잎에는 에탄올이 들어 있다고 추측할 수 있다는 뜻이다.

깻잎 속 성분을 밝히는 실험을 처음 해본 학자들은 주로 일본 과학자들이다. 페릴알데히드perillaldehyde나 페릴라 케톤perilla ketone 같은 물질이 특징적인 성분으로 발견되었다고 한다. 그렇지만, 우리나라에서 쌈으로 먹는 깻잎을 한국 학자들이 분석해본 결과, 페릴알데히드보다는 페릴라 케톤 성분이 훨씬 잘 관찰된다고 한다. 그러니까 페릴라 케톤이야말로 깻잎의 독특함을 상징하는 물질이라 할 만하다.

페릴라 케톤은 말이 어려운데, 들깨를 학명으로 페릴라 프루테스켄스Perilla frutescens라고 하기 때문에 그 뜻은 들깨에서 온 케톤 물질이라는 뜻이다. 아마 깻잎에 친숙한 한국인 학자들이 처음 발견했다면, 그냥 깻잎향, 내지는 깻잎향 케톤 정도의 이름을 붙였을지도 모르겠다. 케톤은 산소 원자가 케톤이라고 부르는 방식으로 물질에 붙어 있는 형상이 있다는 뜻이다. 전체적으로 보면, 페릴라 케톤은 탄소 원자 10개, 수소 원자 14개, 산소 원자 2개가 붙어서 떠다니는 물질 덩어리다. 물은 산소 원자 1개와 수소 원자 2개가 붙어 있는 물질이니, 물보다 대략 아홉 배 정도 많은 원자들이 붙어서 다니는 모양의 물질이다.

페릴라 케톤은 테르페노이드terpenoid로 분류되는 물질이고, 테르페노이드란 테르펜terpene이라는 이름으로 분류되는 여러 종류의 물질이 변형된 것을 말한다. 이렇게만 이야기하면 그게 다 무슨 소리인가 싶겠지만, 테르펜은 소나무 등에서도 흔히 발견되는 물질이다. 소나무에서 뽑아낸 기름 중에 그림을 그린다든가 하는 용도로 자주 쓰이는 것으로 우리나라에서 보통 테르빈유, 테레빈유라고 부르는 게 있는데 테르펜과 뿌리가 같은 말이다.

소나무에서 발견되는 가장 간단한 테르펜에 속하는 물질이 피넨pinene이다. 소나무의 상큼한 향기에 기여하는 물질이기도 하다. 피넨은 흔히 피톤치드라고 하여, 나무들이 뿜어내면서 주위 다른 생물에게 영향을 미치는 물질로 분류되기도 한다. 요즘 숲속의 피톤치드는 대개 숲에 놀러 간 사람에게는 뭔가 좋은 일을 해주는 물질로 언급되는 경우가 많다. 하지만 원래 나무들은 그 냄새를 싫어하는 해충이나 동물을 쫓는다는 장점 때문에 그런 물질을 만들어내는 습성으로 진화했다고 보아야 맞을 것이다.

그렇다면, 깻잎이 페릴라 케톤 같은 특이한 물질을 뿜어내는 이유도 어느 정도 상상해볼 수 있다. 먼 옛날, 해충을 쫓기 위한 목적으로 해충들이 싫어하는 단순한 피넨 같은 테르펜을 뿜어내는 어떤 식물이 있었다고 생각해보자. 어쩌면 소나무나 그 비슷한 다른 식물의 습성을 이어받은 식물인지도 모른다. 이 식물이 여러 곳에 퍼져 자라나는 사이에, 그 자손 중 하나가 돌연변이를 일으켜 몸속에 좀 이상한 효소 하나가 생겨나는 일을 겪는다. 이 효소는 테르펜과 화학반응을 일으켜 테르펜을 살짝 다른 물질로 바꾸어주는 역할을 하게 된다. 그렇게 탄생한 물질은 조금 다른 향기를 품게 된다. 이런 일이 여러 차례 반복되면 향기는 점점 더 특이하게 바뀌어간다. 그러다 보니, 어떤 식물은 향기가 너무 강해서 못 먹겠다 싶은 성분을 내뿜게 되기도 한다. 그런 것들 중 하나가 테르펜이 변형된 테르페노이드의 일종인 깻잎 성분, 즉 페릴라 케톤일 것이다.

실제로 해외에서는 가축이 깻잎을 잘못 먹고 중독되었다는 보고가 나오기도 한다. 한국 농민들 사이에도, 비록 효과가 완벽하지 않더라도 밭에서 자라나는 작물들을 동물이 뜯어 먹지 못하게 막으려고 향이 강한 깻잎을 밭 주변에 둘러 심으면 좋다는 이야기가 있다. 그 말이 맞는다면, 들깨가 들판에서 피어난다고 해도 냄새가 지독해 동물들이 뜯어 먹지 않는다는 뜻이다. 그렇다면, 확실히 그 강한 향기는 깻잎이 몸을 지키는 데 유리하기는 하다. 우연히 페릴라 케톤을 만드는 습성을 갖게 된 식물은 동물들이 주위 다른 식물들을 뜯어 먹는 사이에도 살아남을 거라는 뜻이다.

그런 식물이 더 번성해 자손을 퍼뜨릴 것이다. 페릴라 케톤을 잘 만드는 습성이 강할수록 더 살아남아 더 번성한다고도 예상해 볼 수 있다. 그러면 페릴라 케톤을 만드는 습성은 대대로 세월이 지나며 더욱 발달한다. 결국 식물은 페릴라 케톤을 만드는 것이 주특기로 진화해 들깨라는 식물이 된 것 아닐까?

이런 상상이 사실이라면, 깻잎에서 나오는 성분 물질이 갖고 있는 원자들이 이리저리 붙어 있는 모양에도 수억 년간 깻잎이라는 식물이 환경에 맞춰 살기 위해 이리저리 버티며 진화해온 흔적이 있는 셈이다.

이야기가 여기서 끝이라면, 한국인들이 깻잎의 천적이라는 뜻이 될 것이다. 하지만 강한 양념이 많고 화끈하게 매운맛을 좋아하는 한식에서는 향이 강한 깻잎도 통째로 먹는 것이 자리 잡았고, 덕분에 깻잎은 농사 지을 만한 가치를 인정받게 되었다. 덕분에 현재 한국인들은 어느 지역보다 열심히 일부러 깻잎을 심고 있다. 예를 들어, 충남 금산은 특히 깻잎을 많이 기르는 지역으로 2017년에는 1년간 9000톤 이상의 깻잎이 생산되었다고 한다. 온갖 복잡한 화학반응을 일으키는 방법을 몸속에서 긴 세월 개발하며 진화해서 기이한 향을 뿜어내는 습성을 갖게 된 깻잎에게는 꽤 보람 있는 일 아닌가 싶기도 하다.

마지막에 참깨를 뿌려야 제맛

깻잎무침은 깻잎으로 만들 수 있는 대표적인 한식 반찬이다. 간장에 파, 양파, 고추를 잘게 썰어 넣고 간 마늘, 액젓과 설탕을 넣어 만든 양념을 숟가락으로 깻잎 한 장 한 장에 바른 뒤에, 그걸 층층이 쌓아놓는 방식으로 만들 수 있다. 설탕이 생각보다 좀 들어간다는 것과 너무 심하게 짤 것 같으면 물을 조금 넣는다는 정도만 생각하면 크게 어렵지 않게 만들 수 있다. 내가 좋아하는 맛이 나도록 원하는 맛의 재료를 좀 더 많이 넣고 싫어하는 재료는 좀 덜 넣으면 된다. 만든 뒤에 바로 먹어도 맛있지만, 역시 깻잎무침은 며칠쯤 숙성되어야 제맛이 나는 법이고 그때 달라붙은 깻잎을 한 장씩 떼어내는 재미도 있다.

하나 얄궂은 것은, 들깨와 참깨가 그렇게 다르다고 길게 이야기를 했는데 들깻잎으로 만드는 깻잎무침에는 하필 참깨를 좀 뿌려야 맛있다는 점이다.

★★★ 시식평: 현재 숙성 중.

한국 고양이라면
자, 한 장 떼어내거라.
내 고향은
사바나다.

03

양파튀김

1971 튀김 시대의 서막

콩기름의 멋

튀김을 할 때에는 콩기름이 많이 쓰이는 편이다. 한국인이 좋아하는 기름이라면 역시 참기름이고, 요즘에는 올리브기름도 인기가 있지만 이런 기름들은 특유의 향이 너무 강하다. 재료의 맛을 살리면서 바삭한 재질의 음식을 만드는 것이 목적인 튀김에는 적합하지 않을 때가 많다.

올리브기름 향을 일부러 배어들게 하는 요리를 만들고 싶다면 그 기름에 재료를 튀기는 것도 나쁜 생각은 아니다. 반대로 올리브기름 향과 어울리지 않는 음식을 그렇게 만들면 망한다. 참기름은 값도 비싸거니와 고소한 향이 너무 강해서 재료의 맛을 심하게 바꾸어놓는다. 그래서 참기름을 튀김에 쓰기는 너무 무리다. 한국인은 거의 반사적으로 참기름 냄새를 맛있다고 느끼지만, 그 향은 굉장히 강하다. 참기름 향에 익숙하지 않은 다른 나라 사람들이 그것을 매우 괴상하고 견디기 힘든 냄새라고 여기는 경우도 흔하다. 그러니 튀김에는 냄새가 약한 콩기름이 유리하다.

콩기름은 그 외에, 발연점smoke point이 높다는 장점도 있다. 한국에 "불난 집에 기름을 끼얹는다"는 속담도 있듯이 기름은 대체로 산소 기체와 결합하는 화학반응을 잘 일으키는 물질이다. 동시에 기름에 뜨거운 열을 가해서 온도를 높이다 보면, 기름이 저절로 파괴되면서 연기가 나오는 현상이 일어난다. 이런 현상이 일어나는 온도를 발연점이라고 한다. 즉 열을 많이 받아서 기름이 발연점 이상의 온도가 되면 연기가 나기 시작하고 그러면 향도 이상해지기 쉽고 더 이상 튀김 용도로 기름을 쓸 수가 없다. 그런 상태에서는 몸에 좋지 않은 성분이 많이 생기기 시작한다는 보도도 최근에는 여기저기에서 나오고 있다.

튀김 요리에서는 뜨거운 온도로 재료를 요리하는 것이 중요할 때가 많다. 발연점이 너무 낮으면, 다시 말해, 온도가 별로 높지도 않은데 기름이 파괴되면 높은 온도에서 요리를 할 수가 없다. 참기름은 발연점이 160도 정도밖에 되지 않는다. 지지고 볶는 요리를 하다 보면 자칫 연기로 변할 수 있다는 이야기다. 그렇기 때문에 아주 뜨거운 요리를 하면서 참기름을 쓸 때에는 막판에 맛을 내기 위해 살짝 넣는 정도에 그쳐야 한다. 아예 지지고 볶는 작업을 하지 않는 비빔밥이나 나물 무침 같은 데에 참기름을 쓰는 것이 더 좋은 생각이다. 올리브기름은 대개 참기름보다는 발연점이 더 높기는 한데, 그래도 콩기름에 미칠 바는 아니다.

콩기름의 발연점은 200도 이상으로 보는 것이 보통이다. 덕분에 200도의 온도로 재료를 튀기는 동안에도 연기가 생기지 않고 원래 노리던 맛 그대로의 결과를 만들어낼 수 있다. 마침 콩기름은 가격도 비싸지 않은 편이다. 이 때문에 시중에서 요리용으로 판매되는 식용유 중에 주류를 차지하는 것도 콩기름이다. 한국의 콩기름 제조 회사들은 콩을 대량 재배하는 해외에서 콩을 사다가 한국 공장에서 기름을 만들 때가 많다. 이 작업을 위해서 미국 같은 농업 대국에서 생산되는 콩은 물론, 한국의 지구 정반대편에 있는 아르헨티나나 브라질에서 생산된 콩도 한국 회사들이 많이 수입해 사용한다.

그러니까 분식집에서 맛있는 오징어튀김을 먹거나, 아니면 제사상에 올라가는 전이나 부침개를 만들 때, 의외로 그 요리의 핵심이 되는 기름 원료는 태평양 건너 남아메리카의 들판에서 자라던 콩에서 건너왔을 확률이 꽤 높다. 이야기를 만들어보자면, 아마존강의 날씨가 나빠 콩 농사가 잘되지 않으면 서울 한정식집에서 만드는 산적이 맛없어질 수 있다는 뜻이다.

이렇게 말하고 그냥 넘어가려고 하면, 화학을 알지 못하고서는 이해하기 어려운 점이 한 가지 마음에 걸린다. 도대체 무슨 수로 콩에서 기름을 짜내는 것일까?

튀김과 기름의 탄생

돼지고기 삼겹살을 굽고 있다 보면 기름이 무척 많이 나온다는 생각이 절로 든다. 조금 섬세하게 맛을 느끼는 사람은 우유나 요거트를 마실 때에도 꽤 많은 끈끈한 기름 성분이 있을 것 같다는 감촉을 느낄지도 모르겠다. 그런데 콩밥이나 콩자반을 먹을 때, 콩 속에 기름이 많이 있다는 느낌이 드는가? 적어도 나는 그런 느낌을 받은 적이 없다. 콩을 그냥 먹을 때는 그것이 그렇게 기름진 음식이라는 느낌이 바로 드는 정도는 아니다. 심지어 콩을 갈아서 가공해서 만든 두부나 비지를 먹을 때에도 거기에 기름기가 많다는 느낌을 받는 사람은 별로 없을 것이다. 오히려 두부는 담백한 음식의 대표로 자주 언급된다.

그렇다면 도대체 콩을 어떻게 하기에 거기에서 기름을 뽑아낼 수 있단 말인가? 실제로, 근대 화학 기술이 도입되기 전에는 한국에서 콩기름을 지금처럼 편하게 많이 구하기도 어려웠다. 옛 요리책을 보아도 콩기름은 쉽게 눈에 뜨이지 않는다. 조선 후기의 여성 실학자로 잘 알려진 이빙허각 선생의 저서 『규합총서』를 보면 참기름, 들기름 만드는 방법에서부터, 아주까리기름, 차조기

기름, 목화씨기름, 심지어 수박씨기름과 봉선화씨기름도 언급되어 있지만 콩기름 짜는 방법은 별도의 항목으로 편성되어 있지 않다. 콩에서 기름을 짜내고 그것을 일상 음식을 만드는 데 쓸 수 있다는 생각을 하기가 어려웠기 때문일 것이다.

그러고 보면, 옛 한국 음식 중에는 많은 튀김 요리 자체가 상대적으로 적었다는 생각도 든다. 이 역시 어쩌면 현대의 콩기름처럼 싸고 질 좋은 기름을 많이 구할 방법이 흔하지 않았기 때문이었을지도 모른다. 그나마 고려 시대에는 기름 요리가 어느 정도 발달했던 것 같다. 전통적인 한국 과자 중에 유밀과는 기름에 볶거나 튀기는 형태로 만드는 과자인데, 『고려사절요』의 기록을 보면 1192년에 사람들이 유밀과를 너무 사치스럽게 많이 만들어 먹는다고 하여 조정에서 금지한다는 명령을 내린 적이 있기 때문이다. 아닌 게 아니라, 유밀과의 "유油" 자도 기름이라는 뜻의 한자를 사용한다.

조선 중기의 작가 허균은 죄를 받아 먼 곳으로 쫓겨나 귀양살이를 하는 중에 『도문대작』이라는 글을 썼는데 여기에도 유밀과가 나온다. 『도문대작』은 벌 받는 신세에 옛날 서울에서 부유하게 살던 시절을 그리워하면서 맛있게 먹던 음식을 정리해놓은 글이다. 우스꽝스러워 보이는 신세 한탄 글이라고도 할 수 있으나, 시간이 흐르자 그 내용은 500년 전 한식에 대해 알 수 있는 좋은 자료로 널리 연구되고 있다. 이 글에서 허균은 유밀과는 잔치와 손님 대접 또는 제사용 과자라고 언급했다. 맛있지만 귀한 음식이라는 뜻일 것이다. 그러면서 그는 약과, 대계大桂, 중계과中桂果, 홍산자紅饊子, 백산자白饊子, 빙과氷菓, 과과瓜菓, 봉접과蜂蝶菓, 만두과饅頭菓 등이 있다고 소개했다.

고려 시대에 기름을 먹는 문화가 발달했음을 볼 수 있는 다른 기록도 있다. 『고려사절요』에는 묘청이라는 사람이 신비로운 현상을 경험했다면서 사람들을 부추겨 조정을 휘어잡으려는 꾀를 내는 장면이 묘사되어 있다. 묘청은 제자 백수한 등과 함께 떡 속에 기름을 넣은 뒤에 그 떡을 개천의 물속에 집어넣고 그 후, 시간이 지남에 따라 기름이 물에 새어 나오도록 했다. 그 때문에 수면이 기름에 의해 무지갯빛으로 반짝이자 묘청 일행은 "저 안에 용이 살고 있는데 용이 침을 흘리고 있는 것이다"라고 주장했다. 정말 저 안에 용이 사는가 싶어 조정 신하들과 임금도 술렁술렁했을지 모른다. 그때 기름 짜는 일을 하는 사람이, 기름을 물에 넣으면 저런 빛이 나온다고 말하는 바람에 묘청의 주장이 힘을 잃게 되었다고 한다.

신채호 선생 등의 학자는 당시 묘청의 활동을 한국사에서 매우 중요한 사건이라고 평가했다. 이것이 정치적으로 여파가 큰 사건이었을 뿐만 아니라, 한국에서 유교 문화와 유교 문화가 아닌 문화가 충돌한 끝에 결국 유교 문화가 승리한 결정적인 전환점이라고 해설했다.

그렇게 정치와 문명에 큰 영향을 끼친 사건이라는 점을 떠나서, 그 와중에 나와 있는 기름과 식생활 문화에 대한 이야기도 굉장히 중요한 정보로 보인다. 1130년대 당시에, 저런 마술쇼 같은 것을 펼칠 수 있을 정도로 많은 기름을 이용해 떡을 만들 수 있었으며, 한편으로는 기름 짜는 것이 자기 직업인 사람이 있었다는 사실도 짐작해볼 수 있다. 그렇다면, 적어도 고려 전기에 기름을 이용하는 여러 음식이 상당히 발달했을 가능성은 충분해 보인다. 신문 기사에 실리는 글들을 읽다가, 고려 시대에는 불교 문화가 발달하는 바람에 사람들이 고기를 먹지 않으려고 했고, 그렇다 보니까 고기는 아니면서 맛있는 음식을 더 다양하게 만들어 먹기 위해 기름을 이용한 고소하고 바삭한 음식이 대거 개발된 것 아닌가 하는 해석도 읽은 기억이 난다. 그렇다고 해도 여러 가지 튀김 요리가 성행할 정도로 기름을 구하기는 어려웠을 것 같다는 것이 내 추측이다.

한참 뒤 조선 후기의 기록이기는 하지만, 조선 시대의 유밀과 요리법을 보면 기름을 그렇게 많이 사용하는 것은 흔치 않아 보인다. 기름에 튀긴다기보다는 부치거나 볶는 정도에 가깝다. 기름을 조금 쓰면서 만드는 유밀과 등이 언급된 자료들이 자주 보이는 것을 보면, 역시 본격적인 튀김 요리는 근대가 되기 전에는 드물었던 것 같다. 지금이야 전국 어느 전통 시장을 가든, 고추나 오징어 같은 것을 튀겨놓은 음식이 한국인의 입맛에 너무나 친숙하지만,

그런 음식이 지금처럼 많이 퍼지려면 역시 콩에서 기름을 쉽게 짜내어 많은 양을 구할 수 있는 새로운 기술이 등장해야만 했다.

콩이 아니라 올리브처럼 기름을 좀 쉽게 짤 수 있는 작물에서 얻는다면, 그 방법이 그렇게까지 복잡하지는 않다. 올리브 열매를 맷돌 같은 곳에 잘 갈아서 으깨어 즙을 만든 뒤, 강한 힘으로 천 위에서 꾹꾹 짜고 거기에서 배어 나오는 국물을 모으면 된다. 이 국물을 그대로 올리브기름으로 쓸 수는 없고, 거기에서 수분, 그러니까 물을 빼내고 기름만 남겨놓아야 한다.

기름은 물보다 가볍기 때문에 유리병 같은 곳에 넣어놓고 가만히 오래 놓아두면 기름이 위쪽으로 뜬다. 그 부분만 따로 빼내면 가장 간단히 올리브기름을 얻을 수 있다. 숟가락으로 윗부분에 뜬 기름을 조금씩 떠내도 좋다. 분별 깔때기separatory funnel 같은 기구를 이용해서 위아래로 층이 나뉜 물질에서 아래쪽 물질만 조금씩 따라 버릴 수도 있다. 주사기를 이용해 위에 뜬 기름만 뽑아내는 식으로 올리브기름을 얻는 사람도 있다고 들었다.

전문적으로 올리브기름을 만드는 곳에서는 원심분리기 같은 장비를 이용하여 향 좋은 기름 성분만 뽑아내기도 한다. 이 역시 기본적으로는 무게의 차이, 정확히 말하자면 같은 부피에서 무게가 다르다는 차이, 즉 밀도의 차이를 이용해서 기름만 뽑아내는 방법이다.

말이 나온 김에 조금 살펴보자면, 사실 기름이 물보다 가볍다

물은 아주 작은 입자로
돼 있지만 모이면
기름보다 치밀하고
촘촘해진다고!
냐냐옹.

는 것도 신기한 현상이다. 물을 확대해서 보면 아주 작은 물 입자, 그러니까 물 분자가 모여 있는 것이다. 물 분자는 잘 알려져 있다시피 H2O이므로, 수소 원자 둘과 산소 원자 하나로 되어 있다. 이 정도면 물 분자는 아주 단순하고 매우 작은 크기의 입자다. 수소는 세상에서 가장 가벼운 원자이고, 산소 원자는 그보다야 무겁지만 대신에 하나밖에 들어 있지 않다. 물 분자 하나의 길이를 실제로 재어본다고 해도 1000만분의 1밀리미터 단위로 재야 할 만큼 극히 짧은 길이다.

그에 비해, 우리가 흔히 기름이라고 부르는 물질은 그보다 훨씬 거대한 덩어리로 되어 있다. 예를 들어 휘발유에 들어 있는 옥탄octane(옥테인)의 경우, 그 입자 하나는 탄소 원자 여덟 개와 수소 원자 열여덟 개로 되어 있다. 물 분자 하나보다 옥탄 분자가 여섯 배는 더 무겁다. 그런데도 물에 휘발유를 넣어보면 휘발유가 물 위에 뜬다. 그 까닭은 물은 비록 분자 하나하나는 가볍고 작지만 모아놓으면 치밀하고 촘촘히 붙기 때문이다. 물 한 숟갈을 떠보면 그 안에 옥탄보다 훨씬 더 많은 개수의 물 분자가 들어 있고, 그 때문에 같은 부피에서 물이 기름보다 더 무거워지는 것이다.

이런 성질은 물의 독특한 특징이다. 물 정도 되는 작고 가벼운 물질이라면 사실 액체로 모여 있지 않고 분자 하나하나가 이리저리 날아다니는 기체가 되는 것이 정상이다. 정말 그랬다면 일상생활에서는 물보다 수증기만을 주로 보게 되었을 것이다. 현실 세계에서 물 분자들은 그렇게 떨어져서 날아다니지 않고, 애틋함이라도 있는 것처럼 한군데에 서로서로 옹기종기 꼭 붙어서 액체 상태가 되어 있다. 그래서 바닷가에 가면 수증기 구렁텅이가 모여 있는 것이 아니라 액체인 물이 모여서 출렁이고 있다. 이것을 짧게 설명하자면, 물의 전기적 극성이라는 성질 때문인데, 너무나 흔하고 맑게만 보이기 때문에 별 특징이 없을 것 같지만, 물은 이상한 성질을 많이 갖고 있다.

기름과 물을 분리할 때 무게의 차이를 이용하는 것 말고 끓이는 방법도 있다. 음식에 사용하는 기름은 대부분 물보다 더 높은 온도에서 끓기 때문에, 열을 가해주면 잘만 하면 물이 먼저 끓어오를 것이다. 그런 상태를 유지하면, 물은 수증기로 변해서 모두 날아가고 기름만 남게 할 수 있다. 『증보산림경제』 같은 조선 시대 책에도 참기름을 짤 때 물을 끓여서 졸여 없애는 방법으로 순수한 기름을 얻는 방법이 기록되어 있다. 혹시 참기름을 굉장히 쉽게 구할 수 있었거나, 한반도에서도 올리브 같은 식물을 많이 재배할 수 있었다면, 예전부터 기름이 흔해서 한식에도 다양한 튀김 요리가 몇백 년 전부터 유행했을까?

콩에서 기름을 얻을 때에는 지금까지 설명한 것과 같은 방법만으로는 부족하다. 불가능하지는 않지만, 현재 우리가 넉넉하게 튀김에 사용하는 것처럼 많은 콩기름을 쉽게 얻을 수는 없다. 콩 속의 기름 성분은 튼튼하고 깊게 박혀 있어서, 단순히 콩을 갈고 짜서 누르는 정도로는 충분히 빠져나오지 못한다. 그렇기 때문에 콩기름을 짤 때에는 이런 옛 방식과는 완전히 다른 방법을 개발할 필요가 있다.

콩기름 짜는 비법

하얀 모래와 소금 가루를 누가 실수로 섞어놓았다고 해보자. 이것을 다시 분리하려면 어떻게 해야 할까? 조그마한 핀셋을 들고 두 가루를 나눈다고 해도 비슷한 모양 때문에 실수할 가능성이 상당하다. 확대경이나 현미경으로 보면서 긴 시간 동안 힘들게 작업한다면 모를까 이런 식으로는 분리해내기가 어렵다.

모래는 물에 잘 녹지 않지만, 소금은 잘 녹는다. 다시 말해 소금과 물은 용해도solubility의 차이가 있다. 이 차이를 이용하면 모래와 소금을 분리할 수 있다. 섞여 있는 가루를 모두 충분한 양의 물에 집어넣고 녹이면, 그중 소금은 완전히 물에 녹아 눈에 보이지 않게 사라질 것이다. 그에 비해 모래는 녹지 않고 그대로 남는다. 모래가 완전히 가라앉은 후에 위에 남아 있는 물만 잘 떠 오면, 그 물에는 소금만 들어 있다. 아니면 그냥 거름종이, 촘촘한 천, 혹은 다른 필터로 모래를 다 걸러내서 없애도 좋다. 물에 녹은 소금은 거름종이에 걸리지 않고 통과한다. 그렇게 해서 모래가 없는 소금물을 구한다. 이후 소금물을 바짝 말리거나 끓여서 물을 다시 다 날려 보내면 그릇 바닥에는 소금만 남는다. 섞인 모래에서 소금을 분리해낸 것이다.

콩기름을 뽑아낼 때는 바로 이 방법을 이용한다. 콩의 기름이 아닌 다른 부분들이 모래 역할이고, 콩에 든 기름 성분이 소금 역할이다. 그러므로 소금이 물에 잘 녹는 것처럼, 기름을 아주 잘 녹일 수 있는 물질, 그러니까 기름의 용해도가 매우 높게 나타나는 용매solvent를 구해야 한다. 그 용매에 콩을 잘 섞어준다. 가공 방법에 따라서는 어느 정도의 온도를 맞춰주는 것이 좋을 수도 있고 적절하게 콩을 갈아주는 것이 필요할 수도 있다.

이후, 용매 물질에 콩 속 기름 성분이 다 녹아 나올 때까지 기다린다. 그 후에 남아 있는 콩 부스러기들은 걸러낸다. 마지막으로, 기름을 품고 있는 용매를 말리면 된다. 콩기름은 물보다 높은 온도에서 끓는다. 콩기름이 쉽게 안 끓는다는 뜻이다. 그렇기 때문에 잘 마르는 성질이 있는 물질, 다시 말해 휘발성이 있는 용매를 이용해 콩기름을 녹여냈다면, 약간만 덥혀줘도 용매만 먼저 날아가버리고 콩기름은 그대로 남을 것이다.

이 방식을 사용하면 대량의 콩기름을 쉽게 얻을 수 있다. 핵심은 좋은 용매를 선택하고, 그 용매를 다루는 기술을 개발하는 것이다. 콩기름 성분을 아주 잘 녹여내면서도, 나중에 말려서 날려 보낼 때는 우리가 얻고자 하는 기름은 날아가지 않도록 조금만 더워져도 자기만 쉽게 날아가는 용매를 골라서 사용해야 한다.

현대의 콩기름 제조사들은 이런 용매를 용케 찾아내서 그 용매로 기름을 녹여 콩기름을 얻는다. 덕택에 중국같이 콩이 많이 나는 나라에서는 연간 1000만 톤이 훌쩍 넘어가는 어마어마한 양의 콩기름을 생산한다. 한국에서는 동해 가스전이라는 바다 한가운데에 있는 시설에서 초경질유라고 하는 석유를 캐냈는데, 여기서 캐낸 석유의 양 전체보다도 중국에서 만드는 콩기름의 양이 훨씬 더 많다. 요즘에는 콩기름 이외의 다른 기름을 대량 생산할 때에도 이와 비슷한 방식을 사용하는 경우가 많다.

실제로 콩기름을 대량 생산해보면 말처럼 쉽지는 않다. 우선 성능이 좋은 용매를 택해 기름을 잘 녹여낼 수 있는 장치를 들여와 돌려야 한다. 또 기름이 용매에 녹아난 후에는 완벽하게 용매를 날려 보내는 기술을 섬세하게 개발해야 한다.

만약 용매를 충분히 제거하지 못하면 그렇게 만든 콩기름은 먹을 수 없다. 자칫 잘못하면 이 과정에서 콩기름의 맛과 향이 잘 살지 못할 가능성도 있다. 그러므로 어떤 물질을 이용해서, 어떤 온도, 어떤 압력, 어느 정도의 시간을 거쳐서, 공기와의 접촉은 얼마나 이루어지게 할지를 섬세하게 관리해야 한다. 그 모든 과정이 언제나 변함없이 철저하게 이루어지도록 해야 품질에 문제가 없는 콩기름이 일정하게 생산된다. 그러려면 노동자들이 기술을 잘 이해하고 정성을 기울여 시설을 잘 관리하는 것도 중요하다. 콩기름 999병을 쑥쑥 잘 뽑아내는 설비를 갖추고 있더라도, 잠깐 실수가 있어 1000병 중에 한 병 정도는 용매가 너무 많이 남아 있는 제품이 나와 유통될 가능성이 있다면, 그 회사의 기름은 먹을 수 없을 것이다.

한국에서 처음으로 콩기름을 대량 생산한 공장은 1971년 지금의 경상남도 창원인 진해에서 가동되었다. 신문 기사의 보도를 보면, 다른 기름을 제조하던 경험이 있던 업체에서 1960년대 말에 먼저 작은 규모로 콩기름을 생산해보았고, 이후 창원에 대규모 공장을 지어 본격적인 대량 생산을 개시한 것이라고 한다.

쉽지는 않았다. 외국에서 생산에 필요한 기계를 들여오는데, 기계를 싣고 오던 배가 침몰하는 바람에 고생한 일도 있다고 한다. 그러나 결국 공장은 성공을 거두었고, 바로 그때부터 한국인은 싸고 질 좋은 기름을 식용유라는 이름으로 얼마든지 소비할 수 있게 되었다.

그전에도 각종 튀김 음식이나 치킨 같은 것들이 없지는 않았을 것이고, 수입 콩기름이 들어온 적도 있으며, 광복 전에는 콩기름을 만들던 공장이 북한 지역에서 가동되기도 했다. 그러나 나는 1971년의 현대식 콩기름 대량 생산 공장이 준 충격이 굉장했다고 본다. 수천 년간 튀김에 덜 친숙했던 한국인의 간식 문화, 음식 문화가 완전히 뒤집힌 결정적인 계기라고도 생각한다.

지금은 너무 긴 세월이 지나서, 처음 콩기름을 생산한 창원의 공장은 사라졌고, 근처는 아파트 단지와 상가가 된 것으로 보인다. 그곳이 한국 콩기름의 발상지이고, 좀 과장해서 말하자면 모든 현대 한국 튀김 요리의 고향과 같은 곳이라는 점을 아는 사람도 많지는 않은 것 같다.

나는 과거를 기리는 의미에서 그곳에 식용유 기념 동상 같은 것을 하나 세워두고, 그 인근을 온통 튀김 가게가 가득하며, 기름을 이용해서 만드는 각종 부침개, 과자, 어묵, 유밀과 등도 잔뜩 판매하는 튀김의 성지, 튀김 거리로 개발하면 재미있지 않을까 하는 생각도 가끔 해본다.

양파튀김의 바삭한 맛

간편하게 할 수 있는 튀김으로 내가 종종 만드는 것으로는 치킨 너깃이 있다. 진짜 치킨 너깃은 아니고 튀김 닭을 먹고 싶은데 간단하게 만들기 위해서 내가 대충 비슷하게 만들어 먹는 것으로, 닭고기를 썰어서 부침개처럼 부쳐서 만드는 것이다. 보통 닭가슴살로 만드는데, 닭가슴살 살코기를 치킨이라고 하기에는 약간 얇다 싶게 썰어서 튀김옷을 입혀서 부치면 된다. 튀김옷은 부침가루와 튀김가루를 섞은 가루에 소금, 후추로 간을 한 뒤 물로 반죽해 만든다. 닭가슴살에 튀김옷 반죽을 묻힌 뒤에, 보통 부침개 부칠 때보다는 조금 많다 싶은 기름에 충분히 익도록 잘 부치면 완성이다.

만들기도 간편하고 살코기밖에 없어서 먹기도 간편하다. 바비큐 소스 같은 것을 묻혀서 먹어도 어울리고, 양념치킨 소스를 묻혀서 먹어도 어울린다.

더욱 간단한 것으로는 양파튀김도 있다. 단, 이번에는 진짜 튀김이므로 기름을 잔뜩 사용할 각오를 해야 한다. 말 그대로 양파를 튀기면 되는데, 딱히 튀김옷을 복잡하게 준비할 필요도 없다. 그냥 소금 간을 해서 풀어놓은 날달걀에 양파를 담갔다가 거기에 빵가루를 충분히 묻히면 끝이다.

그것을 온도가 뜨거워진 많은 양의 기름 속에 푹 잠길 정도로 담가서 튀긴다. 잘 익어서 색깔이 먹음직스럽게 변할 만큼 바싹 튀겨지면 건져낸다. 그게 끝이다. 소스를 준비하는 것도 간단하다. 그저 케첩뿐이라도 훌륭하다.

이런저런 튀김을 만들다 보면, 더 바삭하게 튀기기 위해 여러 가지 궁리를 하게 된다. 반죽을 너무 많이 휘젓지 않도록 조심하라거나 찬물로 반죽하면 좋다는 방법은 여기저기에서 자주 언급되어 있다. 나는 찬물로 반죽을 하려다가 오히려 어디인가에서 균형이 어긋나 망한 적도 있기는 하다. 그러나 반죽을 너무 많이 저으면 안 된다는 점은 꼭 준수하고 있다. 떡이야 오래 주물럭거리면 글루텐이 많이 엮여 들면서 쫄깃해지지만, 튀김이라면 반죽이 너무 끈끈해질 경우 바삭한 질감이 사라질 우려가 있다는 말이 있다. 나는 그 말이 그럴듯하다고 생각한다.

그러고 보면, 기름에 음식을 튀기면 바삭하고 맛있어진다는 것도 무척 신기한 일이다. 뜨거운 물 속에 튀김옷을 입힌 양파를 넣어서 익힌다고 해보자. 그 양파가 바삭한 치킨처럼 되겠는가? 전혀 아니다. 양파는 오히려 푹 젖어들 것이고 눅눅하고 축 처진 채로 익을 것이다. 양파 주변을 감싼 튀김옷 역할을 하는 것들이 입안에서 가늘게 바스라지는 재질로 변하지 않을 것이다. 대신 그냥 삶아져서 물렁하고 쫄깃한 재질로 변하거나 풀어 헤쳐질 것이다. 그러나 뜨거운 기름에 양파를 넣으면 그런 일이 생기지 않고 튀김이 된다. 도대체 기름은 물과 무엇이 다르길래 이런 환상적인 변화가 생겨나는가?

가장 쉬운 설명은 기름의 온도가 물이 끓는 온도보다 더 높기 때문에, 재료 속의 수분이 끓어서 기체로 변해 튀어나오게 된다는 것이다. 높은 온도의 기름에 튀기면 일단 더 튀김이 바삭해지기 쉬운 것도 바로 이 때문이다. 양파에 들어 있는 많은 수분이 뜨거운 기름 때문에 곳곳에서 단숨에 끓어오른다는 이야기다. 양파를 감싸며 구석구석 기름이 파고들어 오면, 결국 수분은 수증기로 변해 바깥으로 튀어 나간다. 수증기는 보글거리며 터지고 그러면서 양파 주변 곳곳에 거품을 만들면서 재질을 온통 이리저리 부풀리고 쪼개지게 만든다. 그와 동시에 뜨거운 온도는 양파튀김의 재료를 그대로 굳어지게 한다. 수분은 날아가고 나머지 부분은 딱딱해진다. 결국 바삭한 형태로 질감이 변한다.

이때 다시 한번 물이 극성 분자라는 사실이 역할을 한다. 만약 물이 끓어오르며 재료에 거품을 만들어주는 현상이 일어나려 해도, 물과 기름이 섞일 수 있다면, 기름 속에 물이 섞여 원래대로 돌아가는 부분도 생길 것이다. 그러면 바삭함은 떨어질 수 있다. 그러나 물은 극성 분자다. 물을 이루고 있는 아주 작은 물 알갱이 하나에 (+) 전기를 띠는 부분과 (-) 전기를 띠는 부분으로 전기가 좀 나뉘어 있다. 그렇기 때문에 전기를 띤 자기들끼리 서로 (+) 전기와 (-) 전기가 달라붙는 힘으로 뭉치려고 한다. 그러나 기름에는 그런 성질이 없다. 기름은 전기가 거의 고르게 퍼져 있는 편이다. 그래서 굳이 물에 달라붙으려고 할 이유가 없고, 그 때문에 물과 기름은 서로 잘 섞이지 않는다.

사람 사이에도 교류가 너무나 잘 이루어지지 않을 때, "물과 기름처럼 잘 섞이지 않는다"는 말을 할 때가 있다. 어찌 보면 그 까닭은 물이 전기의 힘으로 자기들끼리 너무 잘 붙기 때문이다. 반대로 생각해보면, 세상 만사가 꼭 잘 섞여야만 하는 것은 아니다. 튀김은 오히려 섞이지 않아야 튀김만의 멋진 맛이 생긴다. 섞이지 않기 때문에 끓어오르며 튀어나오는 수분과 기름은 그대로 분리된다. 수증기로 변한 물은 바깥으로 날아가고, 튀김을 건져내어 기름을 털어내면 수분이 빠져 바삭해진 재료의 재질만 남는다.

사람이 바삭한 튀김 맛을 특별히 좋아하는 이유에 대해서는 2012년에 미국 서던캘리포니아 대학교의 존 앨런 선생이 특히 재미난 주장 한 가지를 발표해서 많은 관심을 받은 적이 있었다. 이것 역시 한번 깊이 연구해볼 만한 주제다. 왜 사람은 굳이 바삭한 튀김을 더 좋아할까?

바삭한 촉감이 주는 무슨 특별한 장점이 있는가? 바삭하다고 해서 딱히 더 영양분이 많이 포함되어 있거나, 사람에게 감동을 줄 이유는 없는 것 같다. 왜 우리는 음식이 바삭하면 더 좋고 더 맛있다는 본능적인 느낌을 받을까? 바삭하면 좋다는 이런 이상한 평가 기준은 도대체 누가, 왜, 언제부터 우리의 감각에 심어주었을까?

앨런은 그 이유를 바로 우리의 먼 조상이었던 동물이 딱히 먹을 것이 없을 때, 씹으면 바삭하게 으스러지게 마련인 딱정벌레 종류의 곤충을 먹고 살던 습성이 남아 있기 때문일 수도 있다고 주장했다. 편식하는 어린이도 좋아하기 마련인 바삭한 튀김을 좋아하는 감각과 꽤 많은 사람이 음식으로 먹기에는 징그럽다고 생각하기 마련인 딱정벌레의 맛이 사실은 이어져 있다는 말이다.

아프리카 대륙의 어느 들판을 어슬렁거리며 살던 배고픈 사람의 조상 동물을 한번 상상해보자. 먹을 것이 없는 이 종족은 나무에 열리는 달콤한 과일 같은 것을 최고의 별미로 생각하여 그런 당분이 많은 먹이를 찾아 이리저리 떠돌아 다니고 있다. 그 종족

중에 한 명은 아주 무던한 식성을 갖고 있어서 풀밭에 가끔 보이는 딱정벌레를 잡아먹는 것을 즐긴다. 딱히 맛이 없고 크게 달콤하지 않은 먹이라도 바스락거리며 입안에서 부서지는 맛을 좋아하는 이상한 감각을 유독 강하게 갖고 있기 때문이다. 그래서 이 동물은 달콤한 과일만 찾아다니는 것이 아니라, 딱정벌레도 잘 잡아먹고 산다. 그 덕분에 딱정벌레 속에 있던 단백질을 많이 먹어서 몸도 튼튼해지고 결국 과일을 찾아낼 때까지 더 잘 버틴다. 다른 맛은 별로 없고 징그럽게 생긴 먹이라도 바스락거리는 식감 덕택에 잘 잡아먹었기에, 이 동물은 건강하게 오래 살면서 더 많은 자손을 남기고 번성한다.

이 동물의 후손들은 부모를 닮은 식성을 갖고 있어 바스락거리는 맛을 좋아하는 습성이 있다. 그 후손들 역시 다른 종족이 먹을 것이 없어 멸망할 때에도 딱정벌레를 감자칩처럼 집어 먹으며 살아남는다. 그렇게 살아남은 후손이 바로 지금의 우리라는 이야기다.

현대의 튀김은 잘못하면 과식하게 되거나, 맛있다고 막 만들어 먹으면 자칫 몸에 해로운 성분을 먹게 될 위험이 있다고 지적받기도 하는 음식이다. 이렇게 보면, 현대의 튀김은 풍요 때문에 너무 많이 먹는 바람에 위험할 수도 있는 음식이다. 그 풍요의 음식이 먼 옛날 배고픈 동물이 벌레라도 잡아먹던 빈곤의 습성과 직결되어 있다니. 그 때문에라도 더 관심이 갈 만한 학설이다.

끝으로 양파튀김 이야기가 나온 김에 흔히 경험할 수 있는 양

바사삭
?!
바사삭
?
소리가
같다냥.

파의 재미난 성질 한 가지만 더 언급해보려고 한다.

양파는 본래 약간 매운 식재료다. 특히 썰리면서 양파의 세포들이 파괴되고, 그 과정에서 원래는 섞이지 않던 황이 들어 있는 성분 몇 가지가 효소들과 섞이게 된다. 효소들은 화학반응을 잘 일으킨다. 그래서 황이 든 성분을 공기 중에서 피어오를 수 있는 매운 물질로 변화시켜버린다.

특히 자주 지목되는 물질은 신프로판시알S옥시드syn-propanethial-S-oxide라는 물질이다. 말은 복잡하지만 프로판 가스propane(프로페인)에 황과 산소 원자가 붙어 있는 듯한 형태의 물질이다. 보통의 온도에서는 양파에 칼질을 한 지 약 30초 정도면 이 물질이 생기는 화학반응이 일어난다. 이런 이유로 썰지 않은 양파를 눈으로 볼 때는 괜찮고 썬 직후에도 괜찮지만, 썰고 시간이 약간 지나면 이 물질이 피어올라 눈이 맵고 눈물이 난다.

양파에 열을 가하면 그 열에서 오는 충격 때문에 이 모든 화학반응의 원인이 되는 물질들이 파괴된다. 다른 물질로 바뀌어버려서 양파를 익히면 매운맛이 사라진다. 운이 좋으면, 양파를 충분히 익히는 과정에서 오히려 다른 화학반응이 일어나 멋진 달짝지근한 맛을 낼 수도 있다.

★★★ 시식평: 조금 맛있다.

04

케이크

설탕 대혁명

파운드케이크의 가장 큰 문제

다 좋은데 하필 그 이름이 딱 싫은 것을 만나본 적이 있는가? 나에게는 파운드케이크라는 음식이 그렇다. 파운드케이크는 케이크스러운 맛을 느낄 수 있는 좋은 후식거리이면서도, 맛이 단순하고 개운하며, 그러면서도 나름대로 이리저리 변화를 주어 멋을 부리자면 복잡하게 가꾸어나갈 수 있는 음식이기도 하다.

빵 비슷한 종류의 음식을 직접 만들어보겠다는 마음을 먹었을 때, 처음 도전해볼 만한 음식이 파운드케이크라는 생각도 한 번 해본다. 만들기가 그렇게 어렵지는 않으면서도 완성하고 나면, '내가 내 손으로 케이크를 만들다니' 싶어서 뿌듯해지기 때문이다. 파운드케이크는 이름 그대로 달걀, 버터, 밀가루, 설탕을 각각 1파운드씩 넣고 반죽을 만든 다음 오븐으로 구워서 만드는 것이다. 요리법도 이처럼 외우기 쉽다.

그런데 왜 하필 이름에 파운드라는 말이 들어가는가? 파운드는 사라져야 마땅한 비표준 무게 단위로 세계 대부분의 지역에서는 쓰이지 않고 있다. 아직도 미국에서는 널리 쓰이고 있고 영국에서도 비공식적으로는 자주 쓰이는 단위다. 21세기가 시작되고도 수십 년이 지난 첨단 기술과 과학의 세상이 도래했건만, 아직도 할리우드 영화를 보면 등장인물들이 "몸무게가 170파운드"라느니, "살이 2파운드나 빠졌다느니" 하는 대사가 나올 때가 있다. 1파운드는 453.59237그램에 해당한다. 그러니 1파운드는 대충 1킬로그램의 절반에 약간 못 미치는 무게에 해당하고, 옛날 한국에서 쓰던 무게 단위인 1근이라는 단위보다는 조금 더 많이 나가는 무게다.

이런 말을 써서는 안 된다. "몸무게가 80킬로그램이다" "살이 1킬로그램 빠졌다"라고 말해야 한다. 정확하게 정해서 서로 오해의 여지가 없는 표준 단위를 잘 지키는 것은 과학기술의 기본이다. 과학은 실험을 해서 객관적으로 측정하여 증명하고 서로 확인하며 발전시켜나가는 것이다. 그러므로 측정을 정확히 하고 그 결과를 사람들끼리 쉽게 이야기하려면 정확한 단위를 사용하는 것이 꼭 필요하다.

특히 미터법을 이용해 만든 SI단위라고 부르는 단위 체계는 여러 가지 계산을 하고 다양한 응용을 하는 데 대단히 편리하도록 잘 꾸며져 있다. 이 단위 체계를 이용하지 않을 때와 이용할 때, 갖가지 과학, 공학, 기술 계산이 얼마나 쉬우냐 어려우냐의 차이는 굉장히 크다. 1999년 9월 미국항공우주국NASA에서 추진한 화성 탐사선 임무에서 미터법 표준 단위 대신에 파운드 단위를 쓰다가 사고를 냈던 사건은 두고두고 회자될 만큼 악명이 높다. 그 길이 단위의 착오 때문에 계산 실수가 발생해, 1300억 원이 들어간 우주선을 머나먼 화성 근처까지 보내놓고도 임무 수행 직전 갑자기 너무 우주선이 화성 가까이로 내려가서 허망하게 폭발해버리고 말았다.

정확한 표준 단위를 쓴다는 것은 현대의 과학기술 분야를 따지지 않는다고 하더라도 거래와 경제에서도 대단히 중요하다. 한국에서 근이라는 단위를 써서 거래할 때에는 지역마다 1근이 어느 정도의 무게인지가 달랐다. 심지어 고기 무게를 따질 때 1근이라고 하는 무게와 채소 무게를 따질 때 1근이라고 하는 무게가 다른 일도 흔했다.

사실 저녁 반찬을 만들 시금치나 돼지고기를 사는 정도야, 1근이라는 무게가 이 집 다르고 저 집 달라도 그냥 오늘은 좀 인심 좋은 사람에게 물건을 샀나 보다, 오늘은 좀 운이 나쁜가 보다 하고 넘어갈 수 있는 문제이기는 하다. 하지만 경제 규모가 커지고 거래가 전문화되어 수천 사람이 먹을 채소를 유통하는 회사를 운영한다면 이런 문제는 심각해진다. 그렇게 보면, 좋은 단위를 널리 정확하게 사용하지 않으면 경제 발전도 한계에 부딪힐 수밖에 없다.

당연히 요리의 세계에서도 표준 단위는 아주 중요하다. 아직도 요리에서는 한 큰술이라든가, 티스푼으로 한 숟가락, 소금 한 꼬집처럼 정확하게 측정할 수 없는 단위를 쓰는 경우가 많다. 큰술이라는 것은 누가 언제 만든 무슨 숟가락이냐에 따라 달라질 수밖에 없고, 숟가락으로 양념을 얼마나 수북하게 쌓아 뜨느냐, 깎아서 뜨느냐에 따라 양이 달라진다. 그래도 최근 비슷한 맛을 누구나 따라 하려면, 조리법은 정확히 계량한 양을 써서 알려주고, 그 양대로 넣어서 만드는 편이 좋다는 것쯤은 서서히 정착되고 있는 것 같다. 특히, 요리법을 서로 적극적으로 알려주고 공유하며 영상으로 찍어서 소개해주기도 하는 요즘 같은 인터넷 시대에는 누구나 같은 기준으로 쉽게 따라 할 수 있도록 양을 재어 음식을 만드는 것이 점점 중요해지는 느낌이다.

그런 만큼, 아직도 SI단위를 쓰지 않는 사람이 올린 영상에서 "무슨 가루를 몇 온스 정도 넣으라"느니, "무슨 채소를 몇 인치 크기로 썰라"느니 하는 이야기가 나오면 껄끄러워질 수밖에 없다. 그나마 마일, 야드, 피트, 인치, 파운드, 배럴, 갤런 같은 단위는 견뎌낼 수 있다. 이런 단위는 간단히 곱하기나 나누기를 하면 쉽게 미터법과 SI단위로 바꿀 수 있기 때문이다. 가장 무시무시한 단위는 온도를 나타내는 화씨다. 화씨 온도를 섭씨 온도나 표준 단위인 켈빈 온도로 바꾸려면 단순히 한 번 곱하기나 나누기를 해서는 몇 도인지 알 수가 없다. 거듭 계산을 하는 복잡한 방법을 써야만 화씨 온도는 섭씨나 켈빈으로 바뀐다.

미터법을 제대로 쓰지 않는 나라에서 나온 책이나 문서를 보다 보면, 심지어 BTU라는 대단히 섬뜩한 단위가 보일 때도 있다. BTU라는 말은 British Thermal Unit의 약자로, 1파운드의 물을 화씨 1도만큼 더 따뜻하게 만드는 데 필요한 열의 크기를 말한다. 이런 단위를 아직도 쓴다고? 정말로?

인터넷 영상에 나온 어느 나라 사람이 요리법을 설명하면서 "300도 정도의 온도로 10분 구우세요"라고 말하는 장면을 보면 어리둥절해질 수밖에 없다. 섭씨 300도면 엄청 뜨거운데? 그런 온도로 구워서 뭐가 될 것 같지는 않은데, 하는 생각이 든다. 그러다 불구덩이 속에 내 요리를 집어넣어 다 태워먹기 직전쯤이 되어서야 그 사람이 말한 300도라는 온도가 섭씨가 아닌 화씨라는 사실을 알면, 무엇인가 맥이 탁 풀리는 기분이 된다.

그걸 섭씨 온도로 바꾸는 계산을 하고 있으면 쓸쓸함이 밀려온다. 나에게 친숙한 화씨 온도라고는 화씨 451도밖에 없다. 이 온도는 종이가 불타오르기 시작하는 온도라는데, 『화씨 451』이라는, 책이 금지된 미래 세계를 다루는 SF 소설이 워낙 유명하기 때문에 그 숫자를 기억하고 있다. 그런데 『화씨 451』 소설 속 세상이 정말로 암울한 이유는 책이 금지되었기 때문도 있겠지만 여전히 화씨 단위를 쓰고 있는 탓 아닐까?

다행히 미터법은 착실히 뿌리내리며 퍼져나가고 있다. 한국에서는 긴 시간 이상하게 땅 크기를 따질 때에는 미터법을 쓰지 않고 평이라는 이상한 단위를 사용해왔다. 나는 한국의 부동산 문제가 심각한 것도 잘 따져보면, 과거에 이런 나쁜 단위를 썼던 것과 무슨 상관이 있지 않겠나 하는 막연한 상념에 사로잡힐 때가 자주 있다. 다행히 요즘에는 부동산 거래에도 평방미터 곧 제곱미터 단위를 쓰는 문화가 정착되어가고 있다. 과학적인 이야기는 아니지만, 나는 이런 변화를 보면서 어쩐지 한국의 부동산 문제도 앞으로 차차 잘 해결되어가지 않을까 하는 희망을 품는다. 어쩌면 K팝이 세계적인 인기를 얻는 이유도, 미국에는 "나인 인치 네일스" 같은 밴드가 있지만, 한국에는 "10cm"가 있기 때문이 아닐까?

표준을 따르지 않는 애매한 단위가 온통 헷갈리게 퍼져 있던 암흑기에 전 세계에서 누구나 공감하며 유용하게 쓸 수 있는 단위를 쓴다는 미터법, SI단위를 만들어 퍼뜨리겠다는 생각은 누가 처음 시작했고, 어떻게 성공을 거두었을까? 그 답은 SI단위라는 말을 보면 어느 정도 짐작해볼 수 있다.

SI단위는 국제 단위 체계라는 뜻의 약자로, "Système international d'unités"라는 말의 약자다. 영어로 국제 단위 체계라고 하면, International System of Units이 되므로, 약자를 따면 거꾸로 IS단위라는 말이 되어야 말이 맞을 것 같다. 그런데, SI단위라는 말을 쓰는 것은 이 말이 프랑스에서 왔고, 이 단위 체계가 고안된 곳도 프랑스이며, 현대 프랑스를 탄생시킨 프랑스대혁명과 함께 SI단위 체계가 탄생되어 세상에 퍼져나갔기 때문이다.

라부아지에와 1미터

같은 단위를 쓴다는 것은 같은 문화를 누리고 있다는 이야기다. 한국에서 누가 "내 키는 170이야"라고 말하면, 굳이 단위를 밝히지 않아도 그 말은 170센티미터라는 뜻이다. 기본 단위인 1미터라는 단위의 100분의 1을 택한 1센티미터의 170배에 해당하는 키를 말한다. 마찬가지로, 누가 "오늘 온도는 영상이다"라고 하면, 한국에서는 섭씨 0도 이상의 온도라는 이야기다. 추운 날씨일 수는 있겠지만 물이 얼 정도는 아닌 온도이니까 그럭저럭 버틸 만할 거라고 바로 알 수 있다. 적어도 한국에서 한국 문화에 젖어 사는 사람이 이걸 화씨 0도라고 착각하지는 않는다. 화씨 0도는 섭씨 영하 17.778도에 해당한다. 견디기 어려울 정도로 추운 온도다.

나는 한국에서 SI단위 문화가 자리 잡은 것이 분명히 나라 발전에 기여했다고 생각한다. 한국이 다른 나라에 자랑할 만한 것이 있다면, 사람들이 SI단위를 잘 쓴다는 것이다. 심지어 맥줏집에서 맥주를 주문할 때에도 3000이나 1700을 달라고 말한다. 이때 3000이란 말은 3000시시 그러니까, 3000밀리리터라는 뜻으로 밀리리터는 국제 표준인 SI단위에서 나온 말이다. 온스, 파인트, 갤런 같은 비표준 단위는 술에 취해 주정을 부리고 있어도 쓰지 않는 것이 20세기 중반 이후 꿋꿋이 기술과, 과학과, 경제와, 문화를 발전시켜나가는 한국인의 정신이다.

그런 만큼 18세기 말 프랑스를 완전히 뒤엎어버린 대혁명이 일어날 무렵, 프랑스인은 단위 체계도 바꾼다는 생각을 했다. 단위를 바꾸면 문화가 바뀌고, 문화가 바뀌면 세상이 바뀌었다는 사실을 사람들에게 확고히 심어줄 수 있다. 옛 시대와 다른 시대로 넘어왔으면, 다른 생각을 가진 다른 사람들의 세상이 펼쳐졌다는 느낌을 일상생활에서 누구나 느끼게 만들 수 있다. 혁명을 일으켜 임금을 처형하고 국민들이 새로운 방식으로 나라를 운영하고 있지만, 사람들 중에는 "이건 갑자기 다들 잠깐 수틀려서 이런 난리가 벌어진 것이지, 언제인가는 옛날로 되돌아가게 되지 않을까?"라는 생각을 하는 사람도 없잖아 있었을 것이다. 이때, 단위를 바꾸면, 그 모든 사람에게 세상이 바뀌었음을 느끼게 해줄 수 있다. 더 이상 예전과 같은 시대가 아니라는 사실을 키를 비교하고, 날씨를 말하고, 술을 마실 때마다 알게 된다.

대혁명 당시 프랑스인은 날짜와 시간을 세는 체계를 바꾸려 하기도 했다. 예를 들어, 프랑스 혁명력으로 11월인 달에 다른 이름을 붙여 "테르미도르"라고 부른다는 식으로 새 체계를 만들었다. 이런 방법은 오래 지속되지 못했다. 그나마 1794년 테르미도르에 자코뱅당이 망한 사건을 "테르미도르의 반동"이라고 부르면서 옛날 사건을 부르는 이름에나 흔적이 남아 있을 뿐이다.

그렇지만 과학기술을 위한 단위로 개발한 미터법은 살아남았다. 프랑스대혁명과 나폴레옹 시대의 긴 시간을 놓고 보면, 거의 혁명 시작 직후라고 할 수 있던 1790년 새로운 단위를 만들어달라는 의견이 프랑스 과학 아카데미로 접수되었다. 이때만 해도 미터법이 프랑스대혁명의 상징이었다기보다는, 그냥 세상이 이렇게 빨리 바뀌고 있는데 혼란스러운 길이 단위, 무게 단위도 좀 통일해야 하지 않겠냐는 정도의 생각으로 시작된 일이었던 것 같다. 당시 과학 아카데미에는 라플라스, 르장드르 같은 훌륭한 학자들이 있었다. 이들은 세계의 누구든 공감할 수 있고 쓰기 편리한 단위를 만들자는 야심찬 일을 해낼 만한 실력자들이었다.

무엇보다 프랑스에는 앙투안로랑 드 라부아지에라는 위대한 화학자가 있었다. 화학은 "누가 근대 화학의 창시자다"라고 한 명 딱 지목하기 힘들 만큼 여러 사람의 협동에 의해 발전했다. 그래도 굳이 단 한 명, 근대 화학의 창시자라는 호칭에 가장 가까운 사람을 꼽아보라면, 반드시 후보에 들어갈 인물이 라부아지에였다. 그는 문제를 풀어나가는 탁월한 실력과 다양한 실험을 해온 경험으로, 좋은 단위를 만들어낸다는 과제에 열성을 갖고 뛰어들었다. 무엇보다 생계를 잇기 위해 그가 택했던 직업이 라부아지에의 열성을 더욱더 키워주었다. 라부아지에는 대단히 실력이 뛰어난 화학자였으면서, 동시에 사람들의 세금을 걷으러 다니는 일을 하는 것이 직업이었다. 그런 일을 하다 보니, 누가 가진 땅이라든가, 누가 판매한 곡식의 양을 같은 단위로 표준에 따라 정확하게 측정하는 일이 꼭 필요했다. 어떤 사람은 땅이 한 마지기라고 하고, 어떤 사람은 땅이 한 결이라고 하고, 어떤 사람은 땅이 한 평이라고 하면, 땅의 크기에 따라 세금을 매기는 일이 어려울 수밖에 없다. 이런 것을 보면, 라부아지에는 거의 숙명적으로 미터법을 만들기 위해서 태어난 인물이다.

논의 끝에 학자들은 지구의 북극에서 적도까지의 거리를 기준으로 그것을 1000만 등분한 것을 기준으로 삼기로 했다. 북극에서 남극까지 지구를 뱅글 한 바퀴 돈다고 했을 때 그 거리의 반의 반이 1000만 미터가 되도록 기준을 잡기로 했다. 이에 따르면, 지구 한 바퀴는 정확히 4만 킬로미터가 되어야 한다. 지구라는 전 세계 모든 사람이 같이 살고 있는 행성, 사람 사는 세상의 땅 전체를 기준으로 단위를 정하니까 모두 쉽게 공감할 수밖에 없다는 생각이었던 것 같다.

실제로는 지구가 완벽하게 동그랗지가 않고 산도 있고 언덕도

저는 땅이
한 평인데
세금이 얼마죠?
저는 한 결이에요.
저는 한 마지기요.
통일된 단위가
필요하다!

있기 때문에 울퉁불퉁해서 그렇게 깔끔하지는 않지만, 지금도 지구의 남북 둘레는 4만 7킬로미터 전후로 보고 있으므로, 거의 4만 킬로미터로 떨어진다. 그야말로 지구라는 행성을 보면서 쓰기에 딱 좋은 단위다. 한반도의 경우, 경기도의 적당한 지점에서 한반도 남쪽 끝까지 가면 길이가 약 400킬로미터가 되는데, 이 길이는 북극에서 남극까지 길이의 100분의 1에 해당한다. 한반도, 남한이라는 땅이 지구에서 어느 정도인지 바로 느낄 수 있다. 바로, 미터법이 지구인의 단위, 세계의 공통이기 때문이다.

다른 단위들도 1미터에서 연결되어 나왔다. 우선, 가로 세로가 1미터인 넓이를 1제곱미터, 또는 1평방미터라고 한다. 너무나 깨끗하고 훌륭한 넓이의 기준이다. 이 넓이를 네 번 반으로 접어 만든 넓이의 종이를 네 번 접었다고 해서 A4 용지라고 한다. 사람이 여러 가지 일에 사용하기에 딱 좋은 훌륭한 크기다. 1제곱미터 넓이에서 높이 1미터를 차지하는 공간을 1세제곱미터, 또는 1입방미터라고 한다. 그 1000분의 1을 1리터라고 한다. 물통이나 우유곽을 만들어 사용하기에 정말 유용한 크기다. 그 1리터의 물통에 물을 꽉 채운 양을 1킬로그램이라고 한다. 누가 몸무게가 2킬로그램 늘었다고 하면, 2리터짜리 물통에 물을 꽉 채운 정도의 무게만큼 몸무게가 늘었다는 사실을 바로 알 수 있다.

세월이 흐르면서 과학자들은 지구의 크기나 물의 무게가 조건에 따라 조금씩 달라질 수 있다는 사실을 알게 되었다. 지금은 1미터나, 1킬로그램을 이렇게 정하고 있지는 않다. 시대에 따라 원자의 성질이나 빛의 성질을 이용해서 훨씬 더 정밀하게 측정할 수 있는 방법으로 기준을 살짝 바꾸었다. 하지만 18세기 말, 미터법이 탄생하던 시대의 기준을 최대한 그대로 따라갈 수 있도록 맞춘 단위를 쓴다. 한국의 경우, 1961년 계량법이라는 법률이 제정되면서 미터법이 법률이 정한 공식 단위로 자리 잡았다. 처음 제정된 대한민국의 계량법 제5조를 보면 "미터는 진공중에서 '크립톤' 86원자의 2p10과 5d5준위 간의 전이에서 복사되는 파장의 1,650,763.73배장이며 국제미터 협약에 의하여 대한민국에 교부된 미터원기로써 이를 현시한다"라고 되어 있다. 대한민국 법률에서 양자역학을 이용해 법 조문을 서술한 몇 안 되는 대목으로 대단히 아름다워 보인다.

안타까운 것은 정작 라부아지에는 미터법이 공표되어 널리 쓰이는 것을 보지도 못하고 1794년 세상을 떴다는 것이다. 그는 프랑스대혁명 시기 정치계의 거물이었던 장폴 마라가 과학 논문을 쓴 것을 비판했다가 정치인들에게 대단한 미움을 샀고, 세금 걷으러 다니던 시절 사람들을 닦달했던 탓에 적이 많은 사람이었다. 결국 세금으로 사기를 쳤다는 죄목으로 사형을 선고받았다.

전설처럼 전해지는 이야기에 따르면, 라부아지에가 과학 발전을 위해 애쓰고 있다는 이유로 사형 집행을 미루어달라고 빌자, 판사는 "공화국에 학자나 과학자가 반드시 필요한 것은 아니다.

정의의 집행은 연기될 수 없다"라고 말하며 처형을 진행시켰다고 한다. 소문처럼 도는 이야기에 따르면, 그 판사 역시도 3개월쯤 지나 처형당했다고 한다. 테르미도르의 반동 때문이었다.

혁명의 불길은 카리브해로

프랑스대혁명의 영향을 크게 받은 사람들 중에는 멀리 아메리카 대륙의 카리브해에 있는 아이티인도 있었다.

아이티는 특이한 나라였다. 아메리카에 있지만, 국민들의 민족은 원래부터 아메리카에 살던 북아메리카인이나 남아메리카인이 아니었다. 이들 나라에는 대서양을 건너 멀리 떨어진 곳에 살던 아프리카인과 그 후손 들이 주로 살고 있었다. 그 이유는 유럽인이 아프리카에서 노예 무역을 통해 사람들을 붙잡아서 아이티로 데려왔기 때문이다. 아프리카에서 아메리카면 가까운 거리가 아닌데, 긴 세월 동안 얼마나 많은 사람을 노예라고 붙잡아 왔는지, 아이티는 온 나라 사람이 다 아프리카인의 후손이 사는 나라가 될 정도였다는 뜻이다.

유럽인이 이런 이상한 짓을 한 이유는 사탕수수 농장에 노예들을 붙잡아놓고 일을 시키기 위해서였다. 사탕수수는 줄기에서 즙을 짜면 달콤한 액체가 유독 많이 떨어지는 식물이다. 사탕수수를 많이 길러다가 줄기를 잘게 부순 뒤에 즙을 짜면 단맛이 나는 재료를 잔뜩 얻을 수 있다. 그 재료를 한참 끓여서 물기가 다 졸아들도록 날려 보내고 달콤한 성분만 남도록 하면 주로 설탕 성분이 남는다. 이렇게 얻은 설탕 성분을 요즘에는 보통 원당이라고 따로 구분해서 부르기도 한다. 현대에 우리가 제당이라고 부르는 사업은 이 원당을 정제하여 깨끗한 하얀색 가루로 만들어 쓰기 좋은 설탕으로 가공하는 작업을 말한다.

사탕수수에서 설탕을 얻는 것은 원래 아시아에서 고대 인도인이 먼저 시작했다고 한다. 그 문화가 서쪽으로 퍼져나가면서, 유럽인도 사탕수수를 기르고 거기에서 달콤한 맛을 내는 설탕을 얻는 법을 알게 되었다. 그러다 신항로 개척 시대 즈음이 되자 유럽인은 멀리 따뜻한 열대 기후가 펼쳐진 지역을 찾아 사탕수수가 잘 자랄 만한 곳에서 사탕수수 농사를 지으면 싼값에 설탕을 얻을 수 있다는 생각을 하게 되었다. 그런 농장에 노예를 붙잡아다 놓고 일을 시키면 더 큰 돈을 벌겠다는 생각도 했던 것 같다.

지금도 그렇지만 설탕은 워낙 요리에 사용하기에 좋은 재료다. 당시로서는 매우 귀하기도 했다. 조선 시대 이전 한국 상황을 보면 확실히 알 수 있다. 조선 시대에는 사탕수수를 외국에서 대량으로 사들이지도 못했고, 그렇다고 사탕수수가 한반도의 추운 겨울을 버티며 자라기도 어려워서 단맛을 잘 내는 재료가 많지 않았다. 그나마 조선에서 비슷한 재료를 구해보라면 조청 정도였는데, 이것은 특별히 단맛이 강하지 않은 당분인 전분 등의 탄수화물을 분해하는 화학반응을 일으켜 만들어내야 하는 재료다.

쌀밥이나 보리밥을 오래 씹어보면 그 속에 있는 전분이 침 속 효소 물질인 아밀레이스amylase와 화학반응을 일으키며 분해되어 달콤한 물질로 조금씩 변하며 약간 단맛이 느껴진다. 조청을 만들 때에도 비슷한 부류의 아밀레이스를 이용한다. 특히 조선에서는 싹이 틀 즈음의 보리를 이용하는 방법이 널리 사용되었던 것으로 보인다. 보리가 싹이 트려고 할 때에 보리는 씨앗 속에 있는 전분을 분해해서 자신이 자라는 데 필요한 여러 화학물질을 만들어 사용하려 한다. 그런 상태의 보리에는 마침 전분을 분해하는 좋은 아밀레이스가 들어 있다. 그래서 싹 틀 무렵의 보리와 다른 곡식을 섞어놓고 잘 가공하면, 보리에서 나온 아밀레이스가 곡식 속의 전분 속으로 퍼져가며 달콤한 물질들을 서서히 만들어낸다.

그렇지만 이렇게 만든 조청은 단맛이 나는 물질 말고도 다른 여러 물질이 섞여 있어서 다양한 요리를 만들기에 한계가 있다. 또한 쓰기 좋은 하얀 가루 형태로 가공해 쓰기도 쉽지 않다. 단맛의 정도도 확연히 떨어진다. 조청에서 단맛을 내는 성분을 엿당이라고 하고, 맥아당이라고도 하며, 말토스maltose라고도 하는데, 대한제당협회의 자료를 보면 설탕의 단맛을 100이라고 했을 때 엿당의 단맛은 33밖에 되지 않는다. 그러면서도 많은 양을 만들어내려고 하면, 사탕수수로 설탕을 만드는 것보다 조청을 만드는 것이 훨씬 귀찮고 어렵다.

그러므로 아이티 같은 곳에 심어놓았더니 쑥쑥 자라는 사탕수수는 확실히 돈을 벌기 좋은 품목이었다. 사탕수수에서 뽑아낸 설탕의 깨끗하고 강렬한 단맛은 사람을 홀릴 만큼 강력했다. 귀한 간식으로 사탕을 만들어 파는 용도에서부터, 귀족들의 호화로운 후식까지 설탕으로 만든 요리는 높은 가치를 인정받을 수 있었다. 심지어 현대에도 사탕수수와 설탕은 투자 목적으로 대단히 활발히 거래되는 품목이다. 선물 시장에서 설탕 가격이 어떻게 변화하고 있다는 소식은 세계 경제의 변화를 나타내는 지표로서 경제 지면에 자주 등장한다.

18세기 말, 19세기 초 무렵, 아이티는 그 유럽인 중에서도 특히 프랑스인에게 지배받았다. 고향인 아프리카를 떠난 지 이미 몇 세대가 지나 완전히 다른 땅에 끌려와 살게 된 아이티인들은 끝없는 노예 생활에 시달리고 있었다. 유럽인들이 과자와 케이크를 치장하는 달콤한 맛을 즐기게 하기 위해 대다수 아이티인들은 태어나자마자 사탕수수 농장에 갇혀 노예 신세로 살았고 평생 노예로 살 뿐 아니라, 대대로 끝없이, 영원히 노예로 살아야 했다.

그러다 자유를 위해 프랑스에서 혁명이 일어났고, 그 소식이 세계를 휩쓸게 되었다. 아이티인들도 그 이야기를 들었다. 아이티인들은 자신들도 혁명을 일으켜 자유를 찾겠다는 생각을 했다. 그래서 그들은 프랑스인들을 대상으로 싸우기 시작했다. 아이티인들의 혁명은 프랑스대혁명을 일으킨 프랑스인들에 대한 혁명이다. 자유, 평등, 박애의 정신으로 일어난 프랑스대혁명이라고 하지만, 정작 아이티인들 입장에서는 그 프랑스인들이 자신들의 자유를 빼앗고, 차별하고, 혐오하고 있었기 때문이다.

프랑스인들은 대군을 파견하여 아이티인들의 군대를 막으려고 했다. 그럴 수밖에 없었다. 이 시대의 아이티는 설탕이 쏟아지는 섬이었다. 프랑스뿐만 아니라, 유럽 각국이 아이티에서 생산되는 설탕을 사서 소비했다. 프랑스 입장에서는 아이티인들을 노예로 가두어두고 일을 시켜야 돈을 벌 수 있었다. 마침 당시 프랑스를 이끌던 인물은 전쟁의 천재라는 나폴레옹 보나파르트였다. 병력도, 기술도 아이티는 프랑스에 뒤지고 있었다. 게다가 초기에는 아이티의 혁명가들 사이에 분열이 심해 내부에서 싸움도 자주 벌어지는 등 상황이 불리했던 것 같다.

그렇지만, 1804년, 아이티인들은 결국 혁명을 성공시키고 독립을 얻어냈다. 유럽인에 의해 생소한 먼 섬으로 끌려와 노예로 붙잡혀 살던 사람들의 후손이 그 주인 행세를 하던 프랑스인을 쫓아내고 낯선 섬을 자신들만의 나라로 바꾸는 데 성공한 것이다. 세계 여러 나라의 긴 역사에 걸쳐 노예들이 가혹한 압제자에 반란을 일으켰던 일은 많지만, 성공으로 끝난 사례는 대단히 드물다. 그 와중에 사탕수수 농사를 짓던 손으로 혁명을 일으킨 아이티인들은 승리했다.

이것은 미국과 함께 아메리카 대륙 사람들이 유럽 국가로부터 독립을 얻어낸 초창기 사례로 손꼽힌다.

설탕 혁명은 다시 한국으로

아이티는 한국에서 멀리 떨어진 나라이고, 사탕수수는 여전히 한국에서 그다지 친숙한 작물은 아니다. 그렇지만 농장에서 아이티인이 일으킨 혁명은 그렇게 낯설기만 한 이야기는 아니다.

1902년, 멸망해가는 조선에서 힘겹게 살던 사람들 중 102명이 새로운 삶의 기회를 찾아 이민선을 탔다. 지금의 인천에서 출발한 이들의 목적지는 미국 하와이였는데, 다름 아닌 하와이 사탕수수 농장에서 일하는 인부를 모집하는 자리에 간 것이다. 이들이 미국으로 공식 해외 이민을 떠난 최초의 한국인이다.

사탕수수 농장 생활은 처절할 정도였다고 알려져 있다. 그렇지만 새로운 일터를 찾아 먼 나라로 떠나는 한국인의 숫자는 계속해서 늘었다. 처음 자리를 잡은 하와이는 점차 한인들이 모이는 곳이 되었고, 절정기에는 하와이 사탕수수 농장에서 일하는 인부 열 명 중 한 사람이 한인일 정도로 숫자가 많아진 적도 있다고 한다. 세월이 지나면서 이들은 나름의 문화를 이루며 뿌리를 내려서, 20세기 초에는 어느 정도 세력을 이룰 정도였다.

그 덕택에 일제강점기 중에, 중국과 함께 해외에서 가장 활발히 독립운동을 했던 사람들이 바로 하와이에 살던 한인들이었다. 한국의 광복에, 머나먼 열대 섬에서 사탕수수를 기르고 설탕 만들며 살던 사람들과 그 후손의 공을 무시해서는 안 된다는 이야기다. 심지어 대한민국 제1공화국의 첫 번째 대통령 역시 바로 하와이 한인들 사이에서 세력을 모으며 독립운동의 경험을 쌓아, 그 힘으로 대통령이 된 사람이었다. 그가 말년에 몰락하여 4·19혁명으로 망명해 도망친 곳 역시, 다시 사탕수수 농장으로 유명한 하와이였다.

이렇게 생각하면 케이크를 만드는 데 꼭 필요한 설탕의 단맛은 사실 한국인이나 아이티인에게는 독립과 혁명의 맛이라고도 부를 수 있지 않겠나 싶다.

파운드케이크 대신 백그램케이크

나는 파운드케이크 대신, 혁명과 함께 탄생해서 세계의 표준으로 자리 잡은 미터법에 따라 케이크를 만드는 방법을 사용하면 어떤가 생각한다. 설탕 100그램을 시작으로, 버터 100그램, 달걀물 100그램, 밀가루 100그램 식으로, 네 가지 재료를 각각 100그램씩 섞어 반죽을 만들고 케이크를 만들면, 커다란 케이크는 아니지만 머핀이나 컵케이크 크기로 두세 개를 만들기에는 충분하다. 이 정도면 21세기의 저녁 식사에서 간단한 후식으로 준비하기에는 딱 좋은 양이다. 이름은 백그램케이크라고 하면 꼭 맞는다.

파운드케이크의 정확한 맛과는 다르겠지만 편하게 비슷한 음식을 흉내 내는 수준으로 만족한다면, 버터를 넣을 때는 그냥 전자레인지에 버터를 돌려 녹여서 물처럼 만든 후에 너무 뜨겁지 않도록 식혀서 쓰면 간편하고, 케이크를 굽는 것도 번거롭게 오븐을 사용할 필요 없이 종이컵 같은 것을 몇 개 구해서 반죽을 적당히 나누어 부은 뒤 전자레인지로 구우면 얼추 흉내는 낼 수 있다. 공들여 제빵을 하시는 분들에게는 부끄러운 수준의 요리이겠으나, 적당히 간편하게 먹을 정도로 만족한다면 괜찮다고 생각한다. 3분 정도 전자레인지에서 굽고 나서 잠깐 열어 상태를 보고, 전자레인지 성능에 따라 1분에서 3분 정도 더 구우면 완성된다. 반죽을 할 때 5그램 정도 베이킹파우더를 넣거나, 3~4그램 정도 레몬즙을 뿌려주면 더 부드러운 느낌으로 반죽이 부풀어 오르게 만들 수도 있다.

만들 때 화학적으로 하나 더 생각해봐야 할 것이 있다면, 설탕을 넣고 버터를 넣고 달걀물을 넣어 섞을 때마다 충분히 저어주며 섞으면 좋다는 점이다. 설탕과 버터를 같은 무게로 넣고 한참 섞으면 두 가지가 섞이면서 달콤하고 부드러운 버터 소스처럼 되는데, 그게 아주 부드럽게 섞였다는 느낌이 들 정도로 약간 격렬하게 많이 저어주는 것이 좋다. 그다음에 달걀을 넣어 섞을 때도 마찬가지다. 이렇게 섞는 과정에서 재료들을 찰랑찰랑 뒤섞는 동안 버터와 달걀의 기름 덩어리와 단백질 덩어리 사이에 이리저리 작은 공기 방울이 들어가게 되는데, 나중에 반죽을 만들면 반죽 속에 이 공기가 들어가고 케이크를 구울 때 그 공기 방울 속 공기가 열을 받아 부풀어 오른다. 이것이 케이크를 푹신하여 먹기 좋은 감촉으로 만드는 데 보탬이 된다.

원한다면 여기에 다른 재료를 이것저것 더 곁들여도 아무 문제 없다. 달콤한 맛에 어울리는 재료라면 무엇이든 케이크 속의 설탕 맛에 어울려서 먹을 만한 결과가 나온다. 초콜릿을 잘게 빻아서 섞는다든가, 건포도나 말린 크랜베리를 섞어 넣는다든가, 여러 종류의 잼을 바른다든가 뭐든 하고 싶은 대로 하면 된다.

우리에게는 설탕도 있고, 자유도 있으니까.

★★★ 시식평: 훌륭했음. 적극 권장.

파운드케이크
주세요!
한국인이라면
백그램케이크죠!

05

김밥
중성자별의 맛

살아 있는 변신 보석

이상한 모양과 습성을 가진 괴물을 한번 상상해보자. 날개가 달린 사람 모양의 괴물인데 입을 열면 불이 뿜어져 나오는 모습 같은 것을 떠올려보아도 좋다. 있음 직하지 않은 모양, 해괴하다고 생각할 만한 행동을 하는 온갖 특이한 생물들을 마음대로 상상해보자. 어떤 괴물을 떠올려보았을까?

사람이 상상한 괴물 모습보다 실제로 현실에서 발견되는 생물의 습성이나 모습이 더 특이한 경우가 왕왕 있다. 그도 그럴 것이 사람은 사람 기준에서 흔히 보는 생물을 기준으로 괴물의 모습을 생각하기 시작한다. 주변에서 보는 가축, 새, 벌레 같은 것들을 기준으로 해 두 가지 습성을 합치는 식으로 괴물 모습을 상상하는 일은 기본이다. 예를 들어, 조선 후기에 유행한 녹족부인 전설에서는 발이 사슴 모양인 사람이 등장한다. 사슴과 사람 모습을 섞은 것이다. 날개 달린 호랑이나, 뱀 몸체에 사슴 뿔 같은 걸 달고 있는 모습의 용도 비슷한 부류다.

그게 아니라면 사람이 쉽게 접하는 생물의 습성을 떠올렸을 때, 생물이 하기 어려운 행동을 상상하면서 오히려 그 반대로 생각하는 것이 괴물의 모습이 되는 경우도 있다. 예를 들어 『용재총화』라는 책에는 물에서 나온 용신이 있어서 사람 몸을 하고 있지만 물속을 자유롭게 드나들며 살 수 있다는 이야기 소재가 언급되어 있다. 이것은 본디 사람은 물속에서 숨을 쉴 수 없지만, 자유롭게 물속에서도 생활할 수 있는 사람 형상의 특별한 생물이 있다면 신기하겠다는 상상에서 나온 이야기다. 하지만 역시 흔하게 보는 특성의 정반대로 간다는 점에서 어떻든 괴물에 대한 상상이 어떤 방향으로 치우쳐 있다는 느낌은 남는다.

그러나 자연 환경에 적응해서 살기 위해 이리저리 진화해가며 40억 년 지구의 역사와 함께 모습을 바꾸어온 생물들의 실제 모습은 사람의 상상과 아무 상관이 없다. 사람이 자주 봐온 몇 가지 생물의 모습으로 그 소재가 한정되어 있지도 않고, 그렇다고 다른 생물들이 사람의 머릿속에 있는 어떤 특성과 굳이 정반대로 가려고 애쓰지도 않는다. 생명체가 사람 생각을 전혀 하지 않고,

할 이유도 없고, 할 필요도 없이 제멋대로 다양한 습성과 모습을 만들어가며 변화해온 모습을 보면, 사람이 품어온 상상의 한계를 완전히 초월하는 것들도 있다.

바위나 돌을 붙잡고 거기에서 사는 생물이 있다. 색깔은 불그스름한데 가끔은 초록색일 때도 있고 더 짙어져서 검게 보일 때도 있다. 카멜레온같이 색깔이 변하는 생물이나, 종류별로 색이 다양한 고추 같은 생물도 있으니 여기까지는 그러려니 한다고 치자.

이 생물은 따로 먹이를 잡아먹지 않아도 된다. 그냥 물에 녹아 있는 몇 가지 영양분과 햇빛만을 받으면 먹고살며 몸집을 키울 수 있다. 밥을 먹지 않아도 살 수 있다는 것은 조선 시대 전설에서 신선의 능력으로 종종 등장한다. 그러니 여기까지도 그럴 수 있다고 치자. 더 이상한 것은 계절이 더워지면 이 생물은 마치 몸이 녹아내리듯 점점 이상하게 변신하더니 가느다란 실뭉치나 털뭉치 같은 것이 된다는 점이다. 이 털 조각 같은 것은 이리저리 흩날릴 수도 있다. 얼핏 보면 그냥 날리는 털 한 가닥일 뿐이다. 그렇지만 평범한 털은 아니다. 살아 있는 생물이다.

혹시 털이 닿으면 간지럽거나 따끔거리지는 않을까? 그렇지 않다. 그럼에도 어쩐지 불길해서 누가 그 털을 칼로 잘라버린다고 해보자. 그런데도 그 털 모양을 한 이상한 생물은 생명력을 유지한다. 그게 싫어서 칼질을 여러 번 해 아주 잘게 자른다고 해도 털 모양의 생물은 살아 있다. 언제인가 다시 원래 상태로 돌아갈 수 있다.

그렇게 날리던 이 생물은 문득 돌 같은 곳 속으로 파고 들어간다. 그 후 보석이 생기는 과정처럼 활동하다 보면 그 생물의 수가 불어난다. 반짝거리는 빛을 내는 사람이 좋아할 만한 보석 모양이라고 하면 과장이겠지만, 색깔은 달라지고 원래의 털 같은 모양은 없어진다. 그렇게 점점 자라나는 보석처럼 덩치를 불린 생물은 다시 바깥으로 나오기 시작한다. 이번에는 눈에 잘 보이지 않는 동그랗고 작은 먼지 같은 모양이다. 그것이 다시 돌에 닿으면 접촉면을 붙잡는 기관이 발달하여 돌 위에서 살게 된다. 그렇게 점점 크기가 커진다. 그러다 보면, 별다른 과정 없이 그냥 자신과 똑같은 자식을 혼자 만들어내서 근처에서 태어나게 할 수도 있게 된다.

이런 괴상한 생물이 정말로 있을까? 조금 더 현실감을 주기 위해 한 가지만 더 상세히 밝히자면, 돌 속 같은 곳에 들어가서 보석처럼 된다는 말은 조개 속에 들어가서 진주가 자라듯이 성장한다는 이야기이기는 하다. 그렇다고 해도 빨강, 초록, 검정의 색깔을 띠면서 부착기로 돌을 붙잡고 사는데, 따로 먹이를 먹지 않아도 잘 자라고, 그러다가 갑자기 실이나 털 같은 모양으로 변하는데, 그것을 가위로 자르고 칼로 베어도 없앨 수 없어서 계속 살아있으며, 그러다가 갑자기 굴 속 진주처럼 살다가, 미세한 먼지처럼 튀어나와서는 돌을 만나면 다시 부착기라는 기관을 내밀고 돌

위에서 다시 자라나는, 이런 해괴한 삶을 사는 생물이 세상에 있을까?

이 생물은 분명히 있다. 생물학에서는 이 생물이 돌에 붙어서 사는 모습을 엽상체, 실처럼 변해서 떠다니는 모습을 사상체, 조개 속에 들어가서 진주처럼 자라날 때를 패각사상체, 먼지처럼 변해서 다시 조개에서 나올 때의 상태를 각포자라고 부른다. 이렇게 이야기하면 대단히 희귀한 생물이지만, 한국에서 매우 흔하다. 심지어 한국인은 이 생물을 매우 즐겨 먹으며, 해외에 많은 양을 수출하기도 한다. 사실 한국에서 생산해 식재료로 쓰는 작물 중에 금액으로 따지면 이 생물만큼 많이 수출되는 것도 없다. 그러니까, 이 기이한 생물이 외국에서 보기에는 사실 한국의 대표 식재료라고도 할 수 있다.

이 생물은 바로 김이다.

김의 전설

현대의 김 양식 과정을 보면 김의 이런 이상한 생활을 어느 정도는 눈치챌 수 있다. 요즘 양식할 때에는 전문가들이 사상체 상태의 실 모양이 된 김을 장치 속에서 키운 뒤에, 그것을 믹서처럼 갈아서 최초의 재료를 만든다. 그러면 양식업자들이 굴을 팔고 남은 껍데기를 구해다가 거기에 사상체를 뿌려서 그 굴 껍데기에 김이 들어가 살게 한다.

그 후, 굴 껍데기에서 자라난 김이 각포자를 내뿜는 단계가 되면, 김이 사는 껍데기를 물에 담가놓고 그 위에서 김을 붙여서 양식할 그물망을 담갔다 빼는 방식으로 각포자를 묻힌다. 말하자면 그물망에 김 씨앗을 심는 셈인데, 김 양식장에 가면 커다란 바퀴 모양의 회전 장치에 그물망을 감아두고 그 한쪽을 굴 껍데기 담긴 물에 들어가게 한 상태로 빙빙 돌리면서 이 작업을 한다. 얼핏 무슨 거대한 물레방아가 돌아가는 모양 같다. 육지에서 농사를 지으며 씨앗을 뿌리는 광경과는 전혀 다르다.

이런 신기한 이야기가 의외로 잘 알려지지 않은 데에는 그럴 만한 이유가 있다. 우선 김은 평범한 식물이 아니다. 무심코 김을 두고 바다 풀, 해초라고 부르는 사람이 있기는 하지만 김, 미역, 다시마 같은 해조류는 풀 같은 보통 식물과는 계통이 먼 특이한 생물이다. 따로 구분해서 해조류, 다른 말로는 바닷말이라는 다른 말로 칭하는 것이 더 정확하다. 김의 습성과 계통을 설명하다 보면, 식물에 대한 상식이 무너지고 생물 분류에 대해 길고 복잡한 이야기를 해야 한다.

게다가 얼마 전까지만 해도 세계 전체를 보자면 김은 그렇게 널리 퍼진 식재료가 아니었다. 물론 한국, 일본, 중국과 그 이웃에서는 김을 즐겨 먹는 편이다. 그 외의 다른 나라에서도 주로 바닷가, 그중에서도 섬 지역에서 오랫동안 살아온 사람들 중심으로 김을 먹는 문화가 있기는 했다. 그러나 유럽 대륙과 미국, 캐나다를 포함한 상당히 넓은 문화권에선 김을 비롯한 해조류를 먹는다는 것이 꽤 낯설게 느껴진 것도 사실이다.

우리나라에서는 김, 미역, 다시마 같은 식재료를 바닷말, 해조류라고 부르는데, 영어로는 시위드seaweed다. 말뜻만 놓고 봐도 "해잡초"가 되어 딱 먹기 싫게 생긴 이름을 갖고 있다. 나는 할리우드에서 만든 옛날 영화를 보다가 시위드가 맛없는 음식을 먹는 것, 도저히 먹을 게 없을 때 먹는 것의 대표처럼 사용되는 장면을 여러 번 보고 의아하게 느꼈다. 예를 들어, 나쁜 악당은 맛있는 스테이크를 먹고 있는데 주인공은 악당에게 너무나 푸대접을 받아 시위드를 먹게 되었다는 등의 연출을 자주 본 기억이 난다. 한국에서는 입맛이 없는 사람이나 반찬을 많이 가리는 어린이에게 줄 것이 없으면 짭짤하게 간을 한 김을 밥에 얹어주는 것이 널리 퍼져 있다. 김이라고 하면 입맛 돋우는 음식으로 자리 잡은 상태인데, 정반대로 저 나라에서는 김을 그렇게 맛없음의 상징으로 여기는구나 싶어 신기했다.

한국인은 김을 특별히 좋아하는 사람들이다. 명확하게 김이라고 기록되어 있는 것은 아니지만 이미 고대로부터 해조류를 먹어왔다는 기록이 있고, 조선 시대 기록에는 현재의 김이라고 생각할 수 있는 음식을 먹었다는 기록이 차고 넘친다.

그러므로 상당히 예전부터 바다에서 김을 뜯어 먹었을 거라는 생각을 충분히 해볼 수 있다. 게다가 현대 이전에도 이미 김을 길러 먹었다고 보고 있으므로, 양식 김을 먹은 역사도 짧지 않다. 그렇게 따져보면 수산물 중 김은 바다에서 대량으로 농사를 짓듯이 길러서 먹은 역사가 굉장히 긴 축에 속한다.

누가, 언제, 김을 길러서 먹는다는 발상을 했을까? 몇 가지 학설이 있는데 그중에서도 비교적 자료가 풍부한 이야기가 있다. 김여익이라는 사람이 17세기에 김 양식을 본격적으로 시작했다는 설이 알려져 있다.

이 이야기는 약 400년 전 한반도에서 벌어졌던 병자호란에서부터 시작된다. 청나라 군대가 조선으로 쳐들어온 이 전쟁에서 조선은 조정이 피난을 각오하면서 장기간 싸우려고 했으나, 적군이 전속력으로 돌진해서 임금을 사로잡는 작전을 펼쳤다. 그 결과 조선의 인조 임금은 서울 근교인 남한산성에서 청나라 군대에 포위되어 있다가 항복하면서 전쟁은 허무하게 끝나고 말았다.

예전부터 전해 내려오는 이야기에서는 그때 인조 임금이 항복하면서 청나라 임금에게 머리를 몇 번 숙였다더라, 항복하고 이제부터 청나라를 높이 모시겠다고 비석을 세웠다더라, 하는 사연이 잘 알려진 편이다. 그러나 임금 한 사람이 부끄러웠다는 것 말고도 많은 조선 사람들이 입은 피해는 적지 않았다. 전쟁 통에 온갖 슬픈 사연을 남기고 목숨을 잃은 사람들도 있었고, 대단히 많은 사람이 전쟁 후에 붙잡혀 청나라로 끌려가기도 했다. 그러다 보니, 병자호란과 관련된 많은 이야기들이 생겨나 세상에 퍼지게 되었다.

그중에는 김여준 이야기도 있다. 김여준은 조선의 왕자로 청나라에 볼모로 가 있었던 봉림대군을 호위한 경호원 중 한 사람이었다. 『한국민족문화대백과사전』에 실려 전해오는 이야기에 따르면, 청나라에서 그 나라의 장수와 대단히 거친 씨름 대결을 펼쳤다고 한다. 말이 씨름이지, 양쪽 나라의 높은 사람들 앞에서 벌이는 일종의 격투기가 아니었나 싶은데, 너무 대결이 험해진 나머지 청나라 장수와 김여준은 목숨을 걸고 싸울 지경이 되었고 그러다 청나라 장수가 죽고 말았다. 이것만 해도 무슨 액션 영화의 주인공 같은 활약상인데, 김여준은 나중에 봉림대군이 임금이 된 후에, 봉림대군과 너무 친한 것 같다는 이유로 다른 신하들의 시기와 질투를 받았다는 사연을 남기기도 했다.

김여준은 그렇게 뛰어난 인물이었으니, 한창 병자호란이 벌어지던 와중에도 무엇인가 활약이 있었을 것이다. 그렇기에 김여준이 전쟁 중에는 의병으로 활동하려고 했다는 설이 있다. 지금 전라남도의 홍보 자료를 보면, 이야기 속에서 김여준의 의병 부대는 포위당하던 임금을 구하기 위해 진격하던 중에 충청도 정도에 이르렀을 때, 이미 임금이 항복하고 전쟁이 끝났다는 소식을 듣고 실의에 빠져 해산했다고 한다.

우리 이야기의 진짜 주인공인 김여익은 바로 김여준의 친척으로, 김여준의 의병 부대에서 임금을 구하기 위해 나섰다가 실의에 빠져 해산한 사람들 중 하나였다.

그 후, 김여익은 전쟁이나, 전쟁 후 벌어진 격투기 대결이나, 조정에서 신하들의 정치 다툼과는 전혀 상관없는 다른 일로 이름을 남긴다. 그는 의병 해산 후, 허망한 마음으로 지금의 전라남도 광양시에 있는 태인도라는 섬에 들어가 살았다고 한다. 그러다가 우연히 해안가에 꽂혀 있는 나무에 어떤 해조류가 걸린 것을 보고 그것을 뜯어 먹게 되었는데, 무척 맛이 있었다. 그는 나무를 꽂고 거기에 해조류를 붙어 살게 해 길러 먹는 방법을 시도했다. 성공을 거두어, 그 해조류를 꼬박꼬박 농사 짓듯이 양식해서 기를 수 있게 되었는데, 바로 그때 양식에 성공한 해조류가 김이라는 것이다.

이렇게 보면, 한국의 김 양식은 17세기 후반 무렵 정착했다는 이야기가 된다. 심지어 김여익이 처음 양식에 성공해서 대량으로 퍼뜨렸기 때문에, 사람들이 이 해조류를 그의 성씨를 따 "김"이라고 불렀다는 말도 있다. 명확한 증거가 발견된 이야기는 아니다.

그런데 김에 해당하는 해조류로 보이는 식재료가 조선 시대 초기 이전에는 바다의 옷이라는 뜻의 해의라고 기록되어 있고, 지금도 중국에서는 자채 또는 해태라는 한자를 써서 김을 표현한다. 일본에서도 김을 한자로 해태라고 쓰고 노리라고 읽고 있다. 그렇다면, 원래 조선에서도 김을 해의, 해태에 가까운 말로 불렀

는데 조선 후기의 어느 시점에서 김이라는 이름이 퍼졌을 거라는 생각도 어느 정도 들어맞는 느낌이 든다.

김여익이 김을 처음 양식하는 데 성공했다는 이야기는 시대가 지나서 김여익의 공을 기록한 비석에 적혀 있었다고 한다. 그 비석의 실물은 지금 남아 있지 않다. 대신 그 내용을 기록한 글이 김여익 가문의 족보를 비롯한 몇몇 문서에 남아 있다고 한다. 그러니 증거는 상당히 훼손된 편이다. 게다가 한국에는 김여익 외에 다른 사람이 최초로 김 양식에 성공했다는 다른 기록도 있다.

하지만 재미있는 이야기를 좋아하는 나에게는 김여익 일화가 좀 더 와닿는다. 정말로 김이라는 말이 김여익의 성에서 나왔다면, 김여익은 김해 김씨이니 철, 쇠라는 뜻의 김金이라는 이야기다. 지금 김여익이 처음 김을 재배했다는 곳 근처를 당국에서는 광양김시식지라고 정해놓고 기념하고 있는데, 정작 그 근처의 바다는 광양제철소가 건설되면서 바다를 메우는 바람에 사라지게 되었다. 이것이 김을 만든 곳에서 더 이상 김이 나오지 않는 이유다. 하필이면 제철소가 건설되는 바람에 김이 나오던 곳에서 김보다 훨씬 많은 양의 어마어마한 쇠가 만들어져 그 자리에서 쏟아져 나오고 있다.

김밥을 자신 있게 마는 법

세밀한 사정이야 지금에 와서 다 확인해볼 수는 없지만, 김이 17세기 후반에 한반도에서 양식되기 시작했다는 사실은 충분히 가능성이 있어 보인다. 그로부터 19세기 초반의 기록, 『열양세시기』를 보면 서울의 정월대보름 풍속 중에 "복쌈"이라는 것이 있다고 되어 있다. 음력으로 1월 첫 번째 15일이 되면, 서울 사람들이 복이 들어오는 음식을 먹는다는 의미로 쌈을 싸 먹는 풍습이 있었다는 이야기다. 그런데, 이 복쌈을 만들어 먹는 재료로 채소와 함께 김이 언급되어 있다.

서울은 바닷가에 위치한 도시가 아니다. 그렇다고 서울 근처의 경기 지방에서 김이 많이 나는 것도 아니다. 그렇다면 아마도 사람들이 복쌈을 싸 먹을 때 먹는 김은 지금처럼 남해안에서 생산된 제품이라고 추측해볼 만하다. 남해안에서 생산된 김이 서울에까지 퍼져나가서 꾸준히 공급되려면 꽤 많은 양의 김을 계속해서 얻을 수 있어야 한다. 더군다나 김이 무슨 대단한 별미나 임금님 수라상의 고급 음식으로 소비된 것도 아니고, 그냥 서울 사람들이면 누구나 명절 음식으로 한 번씩 먹는 음식처럼 언급되었다는 점은 비교적 싼값에 대량으로 만들어져 퍼졌다는 뜻이다.

이런 상황을 생각해보면, 19세기에는 양식 김을 기르는 곳이 꽤 여러 군데에 퍼졌을 정도로 자리 잡았다는 짐작은 이상하지 않다. 그보다 한두 대 앞서는 17세기 후반에 김 양식이 처음 본격적으로 시도된 계기가 있었다고 상상해볼 만하다. 『열양세시기』보다 수십 년 후인 19세기 중반 자료 『동국세시기』를 보면, 같은 의미로 "복과", 즉 복을 비는 의미로 정월대보름에 먹는 쌈 음식 풍속이 소개되어 있다. 그 점을 보면, 지금까지 줄잡아 200년 이상 김을 먹는 문화가 잘 이어진 것으로 보인다.

아울러, 많은 사람이 한국 김밥의 뿌리를 바로 이 대보름 복쌈에서 찾기도 한다. 김을 밥에 싸 먹는 것은 지금도 한국 사람들이 김을 먹는 기본 방법이기도 하거니와, 김을 밥에 싼 것과 같이 먹을 양념이 된 재료를 따로 내어놓는 충무김밥 같은 음식이 있기도 하다. 충무김밥은 20세기 후반에 개발되었다고 보는 것이 정설이다. 이는 적어도 밥을 김에 잘 싸놓는 음식을 한국 사람들이 김밥이라고 부르는 것을 당연하게 받아들인다는 한 가지 간접 증거는 되지 않을까. 그렇다면, 복쌈이라는 명절 음식 형태로 밥을 유난히 맛있게 김에 싸놓은 것을 누군가 김밥으로 여겼을 거라는 생각은 해볼 수 있다.

여기에 1876년 개항 이후, 일본 문화가 조선에 들어오면서 일본 음식의 영향으로 김밥 문화가 좀 더 발전했을 것이다. 지금도 일식에 있는 노리마키라는 음식은 현재 한국에 퍼져 있는 김밥과 그 형태가 무척 닮아 있다. 아마도 조선 시대의 김 복쌈 문화 위에 일식의 영향이 새롭게 자라나면서 지금의 한국식 김밥 문화가 탄생하지 않았을까 생각해본다.

김밥의 뿌리가 복쌈, 복과에 있다고 생각하면, 김밥을 만드는 것에 너무 겁먹을 필요는 없다. 나도 김밥을 잘 만들지는 못하지만, 그냥 김으로 재료를 잘 싸기만 해도 조선 시대식 김밥이라는 생각으로 용기를 내면 의외로 그럭저럭 먹을 만한 김밥을 만들 수 있다.

쌀밥에 소금으로 간을 해서 김밥에 들어갈 밥을 만들고 참기름도 살짝 뿌려준다. 식초를 약간 뿌려도 괜찮다. 이 밥을 김밥 김에

펴서 깔아준다. 밥을 좀 얇다 싶게 깔아야 김밥 싸기가 편해진다. 밥은 김에서 아래쪽 절반을 조금 넘어가는 정도로만 깐다. 그리고 넣고 싶은 김밥 속 재료를 얹은 뒤에, 그것을 말면 된다. 김밥을 잘 마는 기술이 없다면, 김 복쌈을 생각하면서 그냥 그것을 반으로 접는다는 생각으로 과감하게 접은 뒤에, 꼭꼭 잘 주물러서 둥그스름한 모양을 잡아주면 된다. 남는 김은 물을 좀 발라서 잘 달라붙어 있게 처리하면, 의외로 꽤 괜찮은 모양의 김밥이 탄생한다.

김밥을 잘 써는 것은 또 다른 문제다. 역시 경험이 없다면 굳이 전문가의 김밥처럼 멋지게 썰려고 하지 말고, 터지지 않도록 좀 크게 썰어도 좋다. 쌈에서 출발한 음식이라고 생각하면, 좀 큼직큼직하게 썰어도 안심이 될 것이다. 어쩌면 밥과 속 재료를 적게 넣어 가늘게 만들고, 조금 길게 자르는 게 처음 김밥을 만들어보기에는 쉬운 방법일 수도 있다.

이렇게 생각하면 김밥 속의 재료도 햄, 맛살, 달걀, 우엉, 단무지라는 식으로 몇 가지 전형적인 것으로 한정할 필요도 없다. 다른 재료 없이 김치만 적당히 볶아 넣어도 먹을 만한 김밥이 되고, 멸치 볶음을 젓갈 종류와 함께 넣어도 맛있다. 김 속에는 고깃국의 감칠맛을 내는 성분이자, 조미료를 풀어놓은 국물의 주성분인 글루탐산이 많이 포함되어 있다. 그렇기 때문에, 김은 무슨 음식이든 다른 음식에 어울려 맛을 돋워주기에 유리한 재료다. 아닌

게 아니라 요즘은 편의점 김밥의 속 재료가 돈까스에서 불고기까지 점점 더 다양해지는 추세다. 김밥이 발전하다 보니 원래 딱히 많이 정해진 것도 없이 그냥 이것저것 김으로 싸 먹는 쌈이었던 조선 시대 복쌈, 복과의 전통을 의도치 않게 살리게 되었다는 느낌이 들 정도다.

요즘 점점 더 고정관념을 초월하는 다양한 김밥을 개발하는 김에, 복과라는 색다른 이름을 살려서 다시 써보는 것도 재미있지 않을까. "다랑복과"라고 하면, 무엇인가 엄청나게 대단한 음식 같지만, 다랑어를 참치라고 하니, 사실 다랑복과는 참치김밥이라는 뜻이다. "김밥천국"이라는 가게 이름 대신 "복과극락"이라는 가게 이름을 쓴다면 그것도 색다른 어감으로 들린다. 그냥 아무 차이 없이 김밥을 괜히 복과라고만 부르면 따분하겠지만, 새로운 이름을 쓰는 만큼 더 다양하고 색다른 느낌을 줄 만한 음식을 만든다면 다른 이름이 그럴듯하게 어울릴 때도 있을 거라고 생각한다.

생명의 성분, 코발트

코발트라는 금속은 요즘에는 리튬이온 배터리를 만들 때 들어가는 재료 중 하나로 가장 자주 언급되는 것 같다. 중앙아프리카 지역의 코발트 광산에서 채굴되어 공급되는 것이 많은데, 비인도적인 범죄 단체 무리들이 코발트를 캐서 팔며 돈을 버는 경우가 있다고 해서, 최근에는 이 지역 코발트를 일정하게 규제하는 제도도 국제적으로 운영되고 있다.

그런데 코발트에는 리튬이온 배터리를 만드는 용도 말고 다른 용도도 있다. 코발트블루같이 색을 내는 물감을 만드는 용도도 예전부터 널리 알려져 있었기는 한데, 기술자들이 코발트라는 물질을 분리해서 그게 코발트라고 생각하기 훨씬 전부터도 우리는 무심코 아주 약간의 코발트를 간접적으로 활용해왔다. 바로 사람이 사는 데 꼭 필요한 비타민 B12라는 물질을 만드는 데 코발트 원자가 아주 약간 활용되기 때문이다. 비타민 B12는 몸에 조금만 있으면 충분하지만, 만약 그 조금이 없으면 여러 가지 질환에 시달리게 된다.

사람이 코발트를 생으로 먹어야 한다는 이야기는 아니다. 그러면 오히려 몸에 해롭다. 사람의 몸은 코발트로 비타민 B12를 만들어내는 재주가 없다. 어떤 다른 생물이 코발트 성분을 흡수해서 그 생물 몸속에 비타민 B12를 만들어놓으면 사람은 그 생물을 먹는 방식으로 비타민 B12를 흡수해야 한다. 그도 그럴 것이 비타민 B12가 그리 간단한 물질은 아니다. 물은 수소 원자 둘과 산소 원자 하나가 붙어 있어서 H2O이니 원자 세 개가 붙어 있는 물질인데, 비타민 B12는 거의 200개 정도의 갖가지 원자가 상당히 복잡한 형상으로 붙어 있는 물질이다. 코발트 원자는 비타민 B12를 이루는 그 많은 원자 중에 딱 하나일 뿐이다. 그 단 하나의 코발트 원자가 빠지면 그 물질은 비타민 B12가 되지 못한다.

그렇기 때문에 비타민 B12 성분은 채식하는 사람들에게는 고민거리이기도 했다. 비타민 B12는 흔한 물질이 아니고, 사람 몸 속에서 다른 물질을 재료로 만들어질 수도 없기 때문에 비타민 B12를 품고 있는 고기를 먹어서 보충하는 방법이 가장 간편하기 때문이다.

고기를 전혀 먹지 않고 산다고 해도 탄수화물, 단백질, 지방을 보충할 방법은 드물지 않지만, 비타민 B12 같은 특수한 물질을 식물 식재료에서 얻기란 쉽지 않다. 채식과는 큰 관련이 없지만, 요오드라고도 하는 아이오딘iodine 성분 역시 특별한 방법으로 보충해주지 않으면 몸에 문제가 생기는 원소다. 이러한 이유로 나라에 따라서는 소금 같은 조미료를 판매할 때 일부러 아이오딘 성분이 든 물질을 좀 섞어서 판매하는 경우도 있다고 한다.

김을 많이 먹는 한국인은 이런 걱정을 훨씬 덜 해도 된다. 묘하게도 바다에서 살아가는 김은 동물이 아니지만 비타민 B12를 꽤 많이 품고 있기 때문이다. 또 김을 포함한 미역, 다시마 같은 해조류에는 아이오딘 성분이 많이 들어 있기도 하다. 다른 나라에서는 아이오딘 성분을 사람이 충분히 먹지 못해 문제라고 하는데, 한국의 경우에는 미역국을 너무 많이 먹다 보면 아이오딘이 오히려 넘쳐날 정도가 되는 경우도 있다고 한다.

최근에는 여러 가지 이유로 가축을 통해서 고기를 얻지 않고 다른 방법으로 비슷한 식재료를 얻어보자는 생각이 과거에 비해 더 인기를 얻고 있는 듯한데, 만약 이런 문화가 크게 발달한다면 그렇게 식물 재료로만 음식을 만들 때의 마지막 한계인 비타민 B12를 채워주는 것도 너무나 친숙하지만 알고 보면 신기한 생물인 김이 될 것이다.

신기한 이야기를 하는 김에 하나만 더 해보자. 김 속에 들어 있다는 비타민 B12의 코발트나, 아이오딘이 무척 무거운 원자라는 것도 짚어볼 만한 이야깃거리다.

일부 방사능 물질에 관한 사례 외에, 지구에서는 원자가 없어지거나 생겨나지는 않는다. 다만 있던 원자가 여기 붙었다, 저기 붙었다 하면서 그 위치가 바뀔 뿐이다. 식물은 광합성이라는 과정을 통해서 공기 속 이산화탄소의 탄소 원자와 물속의 수소 원자 등을 분해한 뒤 재조립하는 방식으로 당분을 만들어낸다. 그 당분을 사람이 먹으면 지방이나 단백질로 바뀌며 살이 찐다. 사람의 살을 이루는 탄소 원자나 수소 원자는 거슬러 올라가면, 물과 공기 속 이산화탄소에서 떨어져 나온 것이지 절로 생기진 않는다. 이런 식으로 수백만 년, 수십억 년의 세월 동안 여러 원자가 지구에서 이리저리 돌아다니며 수많은 생명체의 몸을 이루었다가 흩어지기를 반복했다.

그렇다면 애초에, 처음 탄소 원자나 수소 원자는 어떻게 해서 지구에 흘러 들어왔을까? 지구에서는 새로운 원자가 생겨날 수는 없지만, 거대한 별 속에서는 가능하다. 130억 년 이상 전인 먼 옛날 처음 우주가 생기면서 생겨난 수소가 뭉쳐서 별이 되면, 별이 빛을 내는 핵융합 반응을 일으키는 과정에서 수소 원자는 다른 원자로 변하는 일이 일어난다. 지금 하늘에 빛나는 태양 역시 빛을 내면서 수소 원자를 헬륨 원자로 바꾸고 있다. 그러므로 지구에 있는 수많은 탄소 원자, 산소 원자, 질소 원자는 모두 아주 먼 옛날 언제인가 그런 커다란 별 속에서 생겨난 원자들이다. 그런 별들이 부서지고 흩어져서 떠돌아 다니다가 지금 지구가 있는 근처까지 흘러 들어와 뭉치면서 지구가 되었고, 그게 다시 세월이 흐르는 사이에 어떤 것은 생명체를 이루기도 하고 우리의 몸을 이루게 되기도 한 것이다.

단, 이런 식으로 순조롭게 별 속에서 생겨나는 원자들은 철보다 가볍다. 철보다 무거운 원자들, 그러니까 코발트나 아이오딘 같은 원자들은 무엇인가 다른 특별한 일이 생겨야만 탄생할 수 있다. 따지고 보면, 금은 같은 물질들이 희귀한 근본 원인도 어느 정도는 이렇게 별 속에서 쉽게 생길 수 없는 철보다 무거운 원자라는 점 때문이다.

최근 철보다 무거운 원자들이 많이 생겨날 수 있는 과정으로 주목받는 것은 중성자별의 충돌이다. 중성자별은 블랙홀이 되다만, 대단히 압축되어 있는 기괴한 형태의 별이다. 빛을 빨아들여 가두어놓는 블랙홀 같은 힘은 없지만, 블랙홀 못지않은 이상한 전파를 내뿜으며 빠르게 회전한다. 블랙홀이 용이라면, 중성자별은 이무기다. 1960년대에 처음 중성자별을 발견한 조슬린 벨 버넬은 중성자별이 내뿜는 빛이 너무 이상해서, 처음에는 농담 삼아 외계인이 보내는 신호라는 뜻으로 작은 녹색 사람little green man이라는 별명을 붙였을 정도다.

머나먼 우주에서 중성자별이 부딪히면 그 충격으로 물질들이 뭉개지고 합쳐져, 철보다 무거운 원자들이 생겨났다고 상상해보자. 그렇게 생겨난 물질 중에, 코발트도 있고 아이오딘도 있을 것이다. 그것이 이리저리 긴 세월 우주를 떠돌다가 우리 태양계까지 도착해서 지구가 생길 때 섞여서 지구의 성분이 되고 그것이 바다에 남아서 녹아 있다가, 어찌저찌 양식장의 김에 도달해서 김의 성분을 이루는 날이 마침내 찾아오게 될 것이다.

이렇게 생각하면 다음번에 김밥을 먹을 때 그 느껴지는 여러 맛 속에는 아주아주 작은 중성자별 조각의 맛이 포함되어 있다고 상상해보아도 괜찮겠다.

★★★ 시식평: 또 다 좀비 김밥이 됐네.

왠지
중성자별 맛이
날 것 같아.
배고프다냥.

06

버터쿠키

초강력 마이크로파를 발사하라

간단하게 쿠키를 만드는 법

버터쿠키 같은 달콤한 과자를 만드는 것은 생각보다 어렵지 않다. 과자 가게를 차려서 성공하겠다는 결심으로 잘 만들려 한다면야 쉬운 일은 아니겠지만, 가끔 재미로 만든다면 그야말로 놀이 삼아 만들 수도 있다.

우선 버터 100그램 정도를 준비한다. 눈으로 봐서는 대략 작은 초코 바 하나 정도 되는 양이다. 그 비슷한 양의 설탕을 버터에 섞는다. 이렇게 설탕을 많이 넣으면 너무 심하지 않을까 하는 생각이 들 정도로 설탕을 많이 넣는다고 해도 막상 만들어놓고 먹어보면 시중에서 파는 과자들에 비해 딱히 더 단맛이 나지는 않을 테니 별로 걱정할 필요는 없다. 뭐, 그런 현실이 더 걱정스러울 수는 있겠지만 그런 것은 잠시 잊도록 하자. 버터가 너무 딱딱하다면 따끈한 곳에서 녹여 섞은 뒤에 다시 식혀도 괜찮다.

거기에 달걀 하나를 넣어서 다시 섞는다. 잘 섞였으면 박력분 밀가루를 조금씩 집어넣으면서 또 섞는다. 반죽을 섞어서 찰흙 느낌이 될 정도로 밀가루가 들어가면 된다. 약간 더 질퍽해도 좋다. 해보면 밀가루도 꽤 많이 들어간다. 중요한 과정은 이게 전부다. 요약해보면 별것도 아니다. 버터 넣고, 설탕 넣고, 달걀 넣고 섞은 뒤에 밀가루 넣고 반죽하기.

그 반죽을 누르고 넓적하게 만들어 얇게 펼친 뒤, 병뚜껑이나 쿠키 틀로 찍어 모양을 만들어주면 된다. 여기까지 오면 거의 다 만든 것이다. 이때가 제일 재미있다. 처음에는 욕심내지 말고 그냥 병뚜껑으로 찍어서 둥근 쿠키 모양만 만들어도 좋고, 칼로 썰어서 네모 반듯한 조각으로 나누기만 해도 좋다. 몇 번 해봐서 좀 익숙해졌다 싶으면 적당한 틀을 구해서 하트 모양이나 별 모양을 찍어내도 되고, 동물 모양 틀이나 도장 같은 것을 이용해서 복잡한 모양을 만들어도 좋다. 아예 "맛있겠지" 같은 글자를 새겨도 된다.

좀 더 쉽게 만들고 싶다면, 얄팍하게 반죽을 펼 때에 비닐봉지나 위생 팩 같은 데 넣어두고 비닐봉지째로 꾹꾹 눌러서 한 4~5밀리미터 두께로 편다든가, 모양을 만들기 전에 냉동실에

버터쿠키
만드는 게
제일 쉬웠어요.
SUGAR

30분 정도 넣어서 반죽을 좀 굳힌 뒤에 하면 덜 끈적거려서 잘 만들 수 있다. 맛을 좋게 하려면, 초콜릿 부스러기 같은 것을 뿌려도 되고, 아몬드나 호두 같은 것을 빻아서 반죽에 섞어도 되고, 쿠키에 넣으면 재미있을 것 같은 다른 재료를 무엇이든 좀 섞어서 만들어도 된다.

이게 만드는 과정의 거의 전부이므로 버터쿠키는 쉬운 요리라고 할 수 있겠다. 다만 이다음 과정, 그러니까 과자를 굽는다는 마지막 단계는 좀 고민스러울 수도 있겠다. 과자를 제대로 구우려면 만들어놓은 것을 적당한 온도로 예열해놓은 오븐에 넣어 시간을 잘 맞춰서 구워야 한다. 오븐 요리가 많지 않은 한국에서는 오븐을 갖춰놓는다는 자체도 좀 귀찮고, 오븐을 다루는 것도 괜히 번거롭게 느껴질 때가 있다. 프라이팬이나 솥을 이용해서 과자를 굽는 것도 가능하겠지만, 그런 방식은 모험적이다. 쉽게 생각해서는 실패할 가능성이 높다. 그래서는 재미 삼아, 놀이 삼아 가볍고 쉽게 만드는 요리가 못 된다.

다행히 현대 사회에는 이 상황을 쉽게 해결할 수 있는 방법이 있다. 나는 그 해결법을 무척 좋아한다. 그 방법이 어떻게 탄생했는지 처음부터 따져보려면, 미사일을 잘 만드는 것으로 유명한 첨단 무기 개발 회사의 기술을 잠시 살펴보아야 한다.

한국에서 생산해서 한국 공군이 배치한 전투용 항공기 중에

FA-50이라는 공격기가 있다. 최신형 전투기에 비해서는 성능이 떨어지는 편이지만 조종하기 편하고 가격이 저렴한 편이라 100대 이상 생산되어 꽤 자주 볼 수 있는 비행기다. 최신 전투기보다 성능이 떨어진다고는 하지만, FA-50 정도 되는 비행기만 해도 무게 10톤이 넘는 쇳덩어리가 하늘로 단숨에 올라가 시속 1000킬로미터 속력으로 날 수 있다.

FA-50이 이만한 덩치를 갖고 있는 이유는 당연히 여러 가지 무기를 달고 다니기 위해서다. 대표적으로 FA-50에는 AIM-9 사이드와인더라고 하는 미사일이 달려 있다. 적 비행기를 발견했을 때 이 미사일을 발사하면 적을 알아서 따라가 맞힌다. 즉, 사이드와인더는 유도 미사일이다. 이 미사일은 1950년대 말 개발되어 1960년대부터 대량 생산되기 시작했고, 꾸준히 개량되면서 전 세계 각국에 팔려나가서 21세기인 지금까지도 많이 팔리고 있는 미사일의 기본인 무기다.

사이드와인더 미사일은 적외선 추적 방식으로 적을 따라다닌다. 그렇기 때문에 미사일 앞쪽에 적외선 카메라 역할을 하는 장치가 달려 있다. 이 장치는 공항이나 관공서 같은 곳에서 병에 걸려 열이 나는 사람을 찾아내려고 할 때 드나드는 사람들의 체온을 감시하는 카메라와 거의 같은 역할을 하는 기계다.

높은 하늘에서는 감기 몸살에 걸려 열이 나는 사람이 날아다니는 일은 없다. 사이드와인더 미사일 앞부분의 장치로 하늘을 보왔을 때 열이 있다고 판단되는 물체는 상대방 비행기의 불 뿜는 엔진 정도밖에 없을 것이다. 그래서 사이드와인더 미사일의 전자 회로는 열기 감지 장치가 열기를 정중앙에 잡도록 날아가는 방향을 자동 조절하게 되어 있다. 이렇게 하면 열기를 뿜고 있는 상대방 비행기 엔진을 향해 미사일이 정면으로 달려들 것이고, 결국 명중시킬 수 있다. 미국의 황무지에 사는 방울뱀은 주위에 먹잇감이 있으면 그 먹잇감의 체온을 느껴서 알아챈다고 하는데, 이 미사일의 별명이 방울뱀을 뜻하는 영어 단어 사이드와인더인 것도 열을 느끼는 방식 때문인 것 같다.

레이시온 테크놀로지스는 바로 이 사이드와인더 미사일을 제작하는 회사다. 이 회사가 만든 무기들을 보면, 이렇게 자동으로 적을 감시하거나 추적하는 기술이 뛰어난 제품이 많다. 레이시온의 무기 중에 사람들 사이에 가장 유명한 미사일이라면 아마 패트리어트 미사일일 텐데, 이것은 적이 발사하는 미사일을 도중에 격추해서 방어하는 기능을 갖춘 제품으로, 미사일 막는 미사일이라고 해서 한동안 인기를 끌었다. 자연히 미사일의 위협 때문에 골치가 많은 한국군 역시 패트리어트 미사일을 여럿 배치해놓은 것으로 알려져 있다. 정확한 숫자는 발표되지 않았지만 긴 세월에 걸쳐 사다 놓은 물량을 모두 합해보면 수백 발 수준은 될 것이다.

패트리어트 미사일이 적 미사일을 발견하고 추적해가는 방식은 사이드와인더와는 좀 다르다. 패트리어트 미사일은 열기를 느끼는 카메라 비슷한 기계 대신 레이더를 이용한다.

레이더는 금속이 전자파를 반사할 때가 많다는 점을 이용하는 장치다. 휴대전화를 사용하다가 쇳덩어리로 되어 있는 엘리베이터에 타면 전화가 잘 작동되지 않는 경험을 해본 적이 있을 것이다. 똑같은 원리는 아니지만 비슷한 상황을 역이용해 레이더를 만들어낸다고 보면 크게 틀린 이야기는 아니다. 전자파는 쇳덩어리를 만나면 통과하지 못하고 반사되어 튕겨 나오는 경우가 많다. 그러므로 여러 방향으로 전자파를 쏘면서, 어느 방향으로 전자파를 쏘았을 때 튕겨 돌아오는 전자파가 나타나는지 감지하면, 바로 그 방향에 전자파를 튕겨내는 쇳덩어리가 있다는 사실을 가늠할 수 있다. 하늘에 이유 없이 쇳덩어리가 날아다니지는 않을 테니, 만약 어느 방향으로 전자파를 쏘았을 때 튕겨 돌아오는 것이 감지된다면 그 방향에 비행기나 미사일이 떠 있다고 볼 수 있다. 그러면 그쪽으로 방어용 패트리어트 미사일을 발사해서 격추하면 된다.

이런 무기를 개발한 레이시온은 당연히 예로부터 레이더 기술에 관심이 많은 회사였다. 사실 레이시온은 레이더라는 것이 세상에 거의 처음 생겨날 때부터 레이더 기술에 뛰어든 회사다. 1930년대에도 레이시온은 레이더를 연구했고, 제2차 세계대전 당시에도 뛰어난 레이더를 만들어 미군에 판매하기 위해 노력을 기울였다.

스펜서 계장님이 레이더 부품으로 구운 팝콘

그 시점에서 퍼시 스펜서라는 사람이 등장한다. 1894년생인 퍼시 스펜서는 어린 시절 이력만 얼핏 보면, 패트리어트 미사일 같은 첨단 무기나 레이더와는 크게 상관이 없어 보인다. 게다가 과자 굽는 문제와는 더욱더 관련 없어 보이는 인물이다. 그는 별달리 발전하지 않은 동네에서 가난한 어린 시절을 보냈다. 태어난 지 2년도 되지 않아 아버지가 세상을 떠나 친척 아저씨, 아주머니 댁에서 자라났고 그 친척 아저씨마저 일곱 살에 세상을 떠나는 바람에 그는 어려서부터 일하면서 학교를 다녀야 했다. 1910년대에 청소년이었던 그는 근처에 있는 이런저런 공장에서 일을 하며 고달픈 하루하루를 보냈다고 한다. 결국 그는 현대의 중고등학교에 해당하는 학력을 갖출 수 없었다.

그런데 스펜서는 공장에서 일하면서 새롭게 도입되는 전기 장치들에 흥미를 느꼈다. 세상이 20세기에 진입하면서 전기가 곳곳에 퍼져나가고, 전기를 이용해 자동으로 움직이는 장치들이 공장에 하나둘 등장하면서 세상 풍경을 바꿔놓고 있었다. 10대의 스펜서는 전기 힘으로 저절로 움직이기도 하고, 빛을 내거나 열을 내기도 하는 기계들을 신기하게 여겼던 것 같다. 그는 전기 장치에 관심을 기울여 재빨리 익혔고, 얼마 지나지 않아 근처 공장들 사이에서 전기를 잘 아는 젊은이로 통하게 되었다. 그러는 동안 전기에 더 애착을 갖고 더욱 많이 알고자 노력했던 것 같다.

그러다 18세 무렵 군대에 입대해 아예 무선 설비를 다루는 병사가 된다. 그는 미국 해군에서 일하면서 당시로서는 최신 기술이었던 무선 장치와 무선 통신을 배웠다. 군 복무 기간 동안 전자파를 이용하는 여러 장치에 익숙해졌고, 좀 더 깊이 기술을 이해하기 위해 여러 책을 찾아보며 스스로 공부하기도 했다. 퍼시 스펜서는 평생 정식 교육 과정에서 전기, 전파, 물리학 등을 배운 적이 없다. 공장과 군대에서 일하는 과정에서 좀 더 알기 위해서 다른 사람들에게 묻고 스스로 책을 찾아가며 조금씩 익혀나가는 것이 그가 지식을 습득하는 방법의 전부였다. 그렇지만 그렇게 긴 세월 스스로 알아간 지식은 점점 높이 쌓였다.

이런 지식과 경험이 도움이 되었는지, 이후 군대에 납품하는 레이더를 만드는 회사였던 레이시온 공장에서 일자리를 얻었다. 50세 무렵에는 공장 기술자로 어느 정도 경력을 갖추어 레이더 부품을 만드는 기술 담당 관리자 역할을 하게 된 것 같다. 그는 레이더 부품을 생산하는 방식을 개량해서 더 빨리, 더 쉽게 직원들이 부품을 생산할 수 있도록 하기 위해 열심히 일했다. 그러면서 일 잘하는 사람으로 꽤 인정도 받았던 것 같다. 스펜서 스스로 레이더 부품을 만들 수 있는 설비와 장치를 두고 이런저런 궁리를 하거나 실험을 해보기도 했을 것이다.

그렇게 지내던 보통의 어느 날, 한 가지 사건이 생겼다. 스펜서는 여느 때처럼 평범한 실험을 몇 가지 해보다가 우연히 간식으로 먹으려고 들고 온 캔디 바가 주머니 속에서 녹아 엉망이 된 것을 발견했다. 땅콩을 달콤하게 굳혀서 만든, 요즘으로 치자면 땅콩 바 비슷한 모양의 간식이었던 것 같다. 이런 일은 당시 레이더 부품 공장에서 일하는 직원들에게 가끔 일어났던 모양이다. 퍼시 스펜서는 그날따라 짜증 내며 그냥 지나가지 않고, 도대체 이런 일이 왜 일어나는지 한번 제대로 조사해보겠다는 마음을 먹었다.

그는 특정 레이더 부품 중에 특정한 전자파를 뿜어내는 장치 근처에 있으면 초코 바가 녹는다는 사실을 알아차렸다. 높은 열을 뿜는 것을 갖다 대서 지지는 것도 아니었는데, 어떤 전자파가 공중으로 새어 나와 스며드는 정도로 음식이 녹을 만큼 온도가 내부까지 빠르게 높아진다는 사실은 신기한 현상이었다. 스펜서는 재미 삼아 그 전자파 뿜는 장치를 팝콘 옥수수 옆에서 가동해보는 실험을 했다. 과연 상상대로 옥수수는 펑펑 터져 나오며 팝콘으로 변했다. 스펜서가 실험한 이 현상을 이용해서 결국 전자레인지라는 기계가 완성된다. 이 말은 전자레인지를 이용해서 처음 의도적으로 만들고자 한 음식이 팝콘이었다는 말이다. 나는 팝콘은 전자레인지 팝콘이 제맛이라고 생각하는데, 스펜서의 이야기를 돌이켜보면 나름대로 역사와 전통이 있는 발상인 셈이다.

모르긴 해도, 그는 레이더 부품으로 튀긴 팝콘을 한번 맛보라고 공장 사람들에게 돌렸을 것이다. 그러면, 공장의 옆 팀, 옆옆 팀 동료들은 "스펜서 계장님이 레이더 부품으로 튀긴 팝콘이래"

"레이더 부품으로 팝콘을 튀기는 게 진짜로 된다고?" 같은 이야기를 하면서 하나씩 그 팝콘을 맛보았을 것이다. 새로운 것을 개발하는 일을 하는 회사에서는 가끔 신기한 것을 만들어냈을 때, 그렇게 옆 팀 사람에게도 한번 보라고 하면서 죽 돌려보는 일이 있는데, 나는 그런 순간이 회사 생활의 큰 재미라고 생각한다.

스펜서가 레이더 부품으로 팝콘을 튀길 수 있었던 것은 그가 사용한 레이더 부품이 마이크로파라는 전자파를 내뿜었기 때문이다. 전자파란 전기의 힘과 자기의 힘이 함께 뭉쳐서 하늘을 뻗어 파도치듯이 출렁이며 나아가는 현상이다. 마이크로파는 그중에서도 그 에너지가 그다지 세지 않은 축에 속하는 전자파다.

사실 우리 눈에 보이는 보통 빛조차 따지고 보면 전자파의 일종이다. 빛이라고 하면 뭔가 고귀하고 소중하며 숭고한 것이라는 느낌이 들고, 전자파라고 하면 뭔가 인공적이고 몸에 좋지 않을 것 같다는 느낌이 먼저 들지 모르겠다. 사실 둘은 같은 현상이다. 눈에 보이는 빛과 레이더나 전자레인지에 사용하는 전자파의 차이점은 전기와 자기의 힘이 뭉쳐서 나아갈 때 파도치는 정도가 다르다는 것이다. 예를 들어 빨간색 빛은 1초에 430조 번 출렁거리며 파도치는 전자파이고, 파란색 빛은 1초에 670조 번 출렁거리며 파도치는 전자파다. 한편 방송에 사용하는 전파는 1초에 9000만 번에서 1억 번 정도 출렁거리는 전자파인데, 보통 방송용 전자파에는 헤르츠[Hz]라는 단위를 붙여서 부르는 경우가 많다.

예를 들어, KBS 제1라디오 FM은 서울에서 97.3메가헤르츠MHz로 방송되는데, 이것은 1초에 9730만 번 출렁거리는 파도 같은 전자파를 이용해서 방송을 하고 있다는 뜻이다.

출렁거리는 정도가 여러 전자파 중에서, 같은 시간에 더 많이 출렁거리면서 파도친다면 더 센 에너지를 갖고 있지 않을까 싶을지 모르겠다. 실제로도 그렇다. 예를 들어 자외선은 1초에 800조 번 이상 출렁거리는 전자파이고 그래서 피부에 닿으면 더 강한 자극을 준다고 한다.

마이크로파라고 하는 전자파는 방송에 사용하는 전자파보다는 에너지가 좀 더 세고, 눈에 보이는 빛보다는 에너지가 약한 전자파라고 보면 얼추 들어맞는다. 대략 1초에 3억 번에서 30억 번 정도 출렁거리는 전자파를 마이크로파라고 부른다. 그중에서도 전자레인지에서는 1초에 24억 5000만 번 출렁거리는 빛을 주로 사용한다. 방송에서 흔히 사용하는 단위를 이용하면 2450메가헤르츠의 전자파라는 뜻이다.

마이크로파는 어떻게 음식을 익힐까

이 정도면 자외선 같은 전자파에 비해서는 에너지가 그렇게 센 빛은 아니다. 자외선은 8억 메가헤르츠 이상에 해당한다. 도대체 어떻게 마이크로파 정도의 빛으로 음식을 요리할 수 있을까?

그 답은 24억 5000만 번 출렁거리는 전자파가 음식 속에 있는 수분의 성질과 맞아떨어지기 때문이다. 물을 크게 확대해서 보면 대략 1000만분의 3밀리미터 정도 크기의 아주 작은 물 알갱이로 되어 있다. 이 작은 물 알갱이를 물 분자라고 하는데, 잘 알려져 있다시피 물 분자는 H2O라고 해서 산소 원자 하나와 수소 원자 둘이 붙어 있는 모양이다. 그런데 산소 원자 쪽은 살짝 (-) 전기를 띠고, 수소 원자 쪽은 살짝 (+) 전기를 띠는 경향이 있다.

그런데 물 분자가 이리저리 돌아다니다가 빙그르르 돌게 된다면, (+) 전기를 띤 부분과 (-) 전기를 띤 부분의 방향이 뒤집힐 것이다. 어차피 물 분자 하나의 크기가 1000만분의 3밀리미터밖에 안 되니까 그게 돌면서 전기를 띤 방향이 뒤집힌다고 해도 대단한 변화는 아니다. 그 빙글거리며 돌면서 일어나는 미세한 전기 변화는 전자파가 1초에 24억 5000만 번 빠르게 파르르 물결치는 출렁거림과 하필 잘 맞아 든다. 마이크로파가 갖고 있는 1초에 24억 5000만 번씩 전기와 자기의 힘이 출렁거리는 현상에 물 분자가 띤 전기가 어울리면 물 분자는 자꾸만 빙빙 돌게 된다. 이렇게 빙빙 도는 물 분자가 많아지고 도는 속력이 빨라지면 그 때문에 물은 점점 뜨거워진다. 그 열기로 음식이 따뜻해지고 익는다.

간단하게 말하면, 물은 마이크로파를 유독 잘 흡수해서 뜨거워지는 성질이 있고, 그 때문에 수분이 있는 식재료라면 마이크로파를 받아 뜨거워진다. 여러 전자파 중에서도 특정한 마이크로파

요리 재료의 수분과 잘 맞는 마이크로파

를 발사하는 레이더 부품을 사용하면 요리를 할 수 있는 이유도 이 때문이다. 다른 방향에서 생각해보면, 마이크로파를 이용해서 요리를 하면 재료의 수분이 먼저 반응하기 때문에 수분이 먼저 날아가므로 바삭바삭한 요리를 만들기 편리하다. 팝콘이나 과자를 만들기에 좋다는 뜻이다.

이후, 퍼시 스펜서의 발견은 그저 팝콘 튀겨 먹는 장난 정도로 머물지는 않았다. 스펜서는 레이더 부품을 연결한 장치를 개량해서 정말로 음식을 요리하는 데 편리하게 쓸 수 있을 정도의 괜찮은 모양을 구상했다. 이 생각은 회사에 받아들여져서, 얼마 후 레이시온이 실제로 마이크로파를 이용해 음식을 요리하는 기계를 생산하여 유통하기에 이르렀다. 이것이 최초의 전자레인지다. 나는 이 대목이 특히 멋지다고 생각한다. 만약 누군가, "스펜서는 고등학교 졸업장도 없는 단순한 기술만 아는 사람일 뿐이니 대단한 연구를 할 수는 없다"라고 그의 활동을 제약하고 무시했다거나, "우리 회사는 미사일 만드는 회사인데 팝콘 튀기는 기계에 왜 관심을 갖느냐"고 면박을 주었다면, 세상의 식문화를 바꾸어놓은 멋진 발명품은 출현할 수 없었을 것이다.

한편으로 나는 전자레인지를 사용할 때, 한 번쯤은 기회의 사다리가 어떤 것인지도 생각해보면 어떨까 싶다. 퍼시 스펜서는 가난해서 학업을 포기하고 직장을 먼저 얻은 공장 노동자였지만, 신기한 기술에 관심과 흥미가 있었고 그것을 더 깊게 찾아볼 기회를 얻을 수 있었다. 그 흥미를 살려서 군대에서 기술을 더 익혔고, 그 기술을 바탕으로 첨단 기술 기업에서 일하면서 자신의 연구 성과와 창의력을 발휘할 기회도 얻었다. 이런 이야기를 보면, 세상은 어려서부터 신동이라고 불리던 천재에 의해서만 바뀌는 것도 아니고, 20~30대에 큰 시험에 합격하고 좋은 경력을 쌓는 데 성공한 사람들에 의해서만 바뀌어가는 것도 아닌 듯하다. 세상은, 적어도 가끔씩은, 50세 아저씨가 공장 기계 때문에 간식이 녹은 현상의 이유를 궁금해하는 바람에 바뀌기도 한다.

이런 일이 누구에게나 쉽게 일어날 수 있지는 않을 것이고, 사람이 다들 퍼시 스펜서같이 될 수 있는 것도 아니다. 그렇지만 누구든 관심 있고 좋아하는 것, 더 알고 싶어 하는 것이 있을 때 그것을 팍팍한 삶의 한편에서 꾸준히 익혀나간다면 그것도 재미이고 보람이 될 것 같다. 그렇게 해서 전자레인지 같은 제품을 개발하는 사람이 많이 탄생하면 좋겠지만, 꼭 그렇게까지 안 된다고 해도 그런 사람이 더 많이 생길 수 있도록 사회 곳곳을 조금씩 더 다듬어나간다면 그것만으로도 좋지 않을까.

그래서 결론은, 오븐 없이 간편하게 과자를 굽는 방법은 전자레인지에 넣고 돌리면 된다는 이야기다. 그러면 원래는 첨단 무기를 만들기 위해 개발했던 장치에서 마이크로파가 나와서 반죽의 온도를 빨리 높여주므로 좋은 과자가 된다. 내 경험으로는 1차로 1분 30초 정도를 돌리고, 조금 식혔다가 다시 2차로 또 1분 30초 정도를 돌리고, 그 후 다시 식힌 다음, 마지막 3차로는 10초에서 1분 정도 더 돌리면 적당한 것 같다. 각자의 전자레인지 성능이 다르고, 반죽의 배합이나 두께도 다를 테니 3차로 돌릴 때 몇 초 정도 돌리면 좋은지는 몇 번 성공도 하고 실패도 하면서 메모해 정리해두면 된다. 그런 것이 실험을 통해 얻는 지식이다.

★★★ 시식평: 실패했지만 다음엔 더 잘할 수 있을 거야.

07

라면

나만의 라면 조리법을 궁리하는 과학기술인

치즈라면에서 찾는 어울림의 의미

치즈와 라면이 어울릴까? 밥과 김치를 같이 먹으면 어울린다. 빵과 버터를 같이 먹어도 어울린다. 밥의 담백한 맛과 축축한 느낌을 짭짤하고 매콤한 김치가 상쾌하게 이끌어준다. 빵의 고소한 맛을 버터는 돋보이게 해주면서 텁텁한 느낌을 매끄럽게 풀어준다. 이렇게 음식들이 어울리는 짝을 이루는 사례는 많다. 아예 공식적으로 권장되는 경우도 많다. 햄버거 가게에서는 햄버거와 감자튀김이 어울려서 팔리고, 맥줏집에서는 치킨이 같이 팔린다.

그렇지만 어울림이 누구에게나 변함없이 항상 정해져 있는 규칙은 아니다. 일본 사람들은 회를 먹을 때 간장과 함께 먹어야 어울린다고 생각한다. 거기에 매콤한 맛이 나는 고추냉이를 곁들이는 경우도 많다. 한국 사람들도 회를 많이 먹는 편이다. 사실 1인당 수산물 소비량으로 따지면 한국이 일본보다 더 많다. 2021년 OECD 수산업 보고서에 따르면, 한국인의 1인당 수산물 소비량은 연평균 68.1킬로그램으로 세계에서 가장 많아서, 일본이나 노르웨이 같은 전통적인 수산업 선진국들을 가뿐히 능가한다.

한국 사람들은 간장 말고도 초장에 회를 찍어 먹기도 한다. 멍게처럼 초장에 찍어 먹어야 유독 맛있게 어울리는 회도 있다. 일본 사람들은 대개 이런 조합을 어울리지 않는다고 생각한다. 일본 음식에는 고추장을 이용하는 소스가 드물기도 하거니와, 일본 사람의 느낌에는 횟감의 생생함을 그대로 느끼고자 할 때 새콤달콤하면서도 매콤한 초장은 방해가 될 뿐이라고 느끼는 것 같다.

사람들끼리 서로 다른 어울림을 마음에 품고 있는 경우는 이외에도 많다. 심지어 국토가 넓지 않으며 사람들 간의 교류가 잦은 한국 안에서도 이런 사례는 흔하다. 호남 지역에서는 콩국수에 설탕을 넣어 먹어야 어울린다고 생각하지만, 충청도나 경상도 지역에서는 콩국수에는 소금을 넣어 먹어야 어울린다고 생각한다. 전라도에서는 비빔냉면에 홍어회를 곁들이면 어울린다고 생각하지만, 강원도에서는 비빔냉면에 명태회를 곁들여야 어울린다고 생각한다.

순대의 경우는 상당히 복잡해서, 한국인은 대체로 순대와 소금이 어울린다고 생각하는 것 같지만, 경남 지역에서는 쌈장에 가까운 소스가 순대와 어울린다고 생각하고, 전남이나 충북 지역에서는 초고추장이 어울린다고 생각하며, 제주에서는 간장이 잘 어울린다고 생각하기도 한다.

이처럼 어울린다는 것의 기준은 달라지는 것이 정상이다. 만약 충북에서 초고추장과 순대가 어울린다고 생각하던 사람이 경남에 와서 쌈장과 순대가 같이 나오는 것을 보고 그것은 어울리지 않으며, 옳지 않다고 생각한다면 답답한 일이다. 오히려 서로 다른 어울림 때문에 음식은 더 새롭고, 뛰어난 맛으로 탄생한다. 게다가 어울림은 예로부터 내려오기만 하는 것이 아니라 세월에 따라 달라지기도 한다. 한국인이 즐겨 먹는 마른오징어 안주에 프랑스에서 유래한 소스인 마요네즈를 찍어 먹으면 어울린다는 등의 사실이 발견된다는 뜻이다. 먹어보지도 않고 애초에 뿌리가 다른 마요네즈와 마른오징어가 어울릴 까닭이 있겠냐고 짜증을 내는 사람들보다는, 거기에 다시 고추장을 좀 섞으니 더 어울린다고 생각할 수 있는 사람들이 세상을 좋게 만든다고 나는 생각한다.

높은 사람이 정해놓은 것을 따라가고, 많은 숫자의 사람이 비슷하게 동의하는 흐름을 지키는 것만을 어울림이라고 생각해서는 안 된다. 거기에서 어긋나는 사람에게 너는 왜 어울리지 못하냐고 부정하려고만 든다면 그것은 진짜로 함께 어우러지자는 태도가 아니다. 그냥 다 같은 맛으로 밍밍해지자는 태도밖에 안 된다. 그보다는, 어울려본 적이 없는 것들이 같이 모이면서 서로 영향을 주고받는 모습이 어울림이라고 생각한다. 그렇게 새로운 어울림이 일어나는 것을 미워하거나 두려워한다면, 우리는 영원히 맨밥에 김치만 먹고 살아야 한다.

나는 이와 같은 이야기를 일전에 한전 사보에 소개한 적이 있다. 그 이야기의 결론은 무엇이었냐면, 치즈라면 같은 음식을 두려워하지 않고, 기꺼이 마주하는 태도를 가져야 한다는 것이다. 옛날 라면은 일본에서 개발된 국수 요리인데, 그것을 현대에 더 맵게 만들어 인스턴트 음식으로 만들어 파는 것이 한국식 라면이다. 거기에 르네상스 시대 이탈리아의 음식이 내려와서 생긴 모차렐라치즈나 영국에서 처음 만들어진 체다치즈를 얹어 어울리게 해놓은 음식이 치즈라면이다. 이것은 대체로 입맛이 없을 때 먹기 좋은 훌륭한 음식으로 통한다. 이런 정도의 어울림을 즐길 수 있다면, 끊임없이 나타나는 세상의 새로운 어울림도 그리 어렵게 받아들이지 않으리라 생각한다.

나만의 라면 조리법

어떤 사람이 이런 말을 했던 것 같다. "인생을 재미있게 사는 사람이라면 자기만의 라면 조리법 하나 정도는 갖고 있어야 한다."

나는 크게 인생을 재미있게 사는 사람은 아니지만 그래도 나만의 라면 조리법을 하나 갖고 있기는 하다. 그럴 만도 한 것이 현대의 한국인이라면 처음으로 경험해보는 요리가 아마 라면 끓이기 아닐까 싶다.

요즘에는 밥을 지어보기도 전에 라면을 끓여본 사람도 많을 것이다. 라면 끓이는 것은 너무 쉬워서 요리로 취급을 안 하기도 하지만, 그래도 그럭저럭 요리라는 느낌이 드는 과정을 거치기는 한다. 불을 이용해 화학반응을 일으켜 재료의 성질을 바꾸어 새로운 맛을 이끌어내는 일을 하며, 물 양과 불을 조절하며 최고의 맛이 날 만한 조건을 만들어가는 작업이다. 끓는 물만 넣으면 되는 컵라면을 만드는 작업을 두고 요리라고 부르기는 어렵겠지만, 거기서 몇 가지 작업을 더 하는 라면 끓이기라면 그래도 요리라고 할 만하다는 것이 내 생각이다.

대체로 초등학생 정도면 라면을 끓여 먹기 시작하므로 20대, 30대의 젊은 사람이라고 하더라도 라면을 끓여본 경험은 10년, 20년인 경우가 많다. 1년에 라면을 열 개씩만 먹는다고 해도 20년이면 총 200번 라면을 끓여본 것이 된다. 그 정도면 경험이 꽤 쌓일 것이다. 그 많은 라면을 끓이면서 조금이라도 더 맛있게 만들고 싶어서 이런저런 시도를 해보고, 남이 알려준 방법을 따라 해보기도 하고, 혹은 자기만의 새로운 방법을 고안해서 적용해본다면, 자신만의 라면 조리법이 탄생할 수 있다. 사실 세계인스턴트라면협회 기록을 인용한 신문 기사를 보면 2019년 한국인의 1인당 연간 라면 소비량은 75개에 달해서 열 개보다도 훨씬 많다.

치즈와 라면을 곁들여 먹는 치즈라면이나, 라면에 만두나 떡을 넣어서 먹는 것은 이제 가게에서는 메뉴로 자리 잡았을 정도로 널리 퍼져 있다. 라면 회사에서 원래 개발한 조리법은 아니었으니 라면을 사다 먹은 누군가가 만든 방법이었겠지만, 소문이 나고 많은 사람에게 알려지면서 이제는 다들 익숙한 조리법이 되었다.

그 외에도 파를 썰어 넣거나 달걀을 넣는 흔한 방법에서부터, 말린 새우나 조갯살을 넣어 먹는다는 식의 덜 흔하지만 쉽게 납득할 만한 방법도 있다. 조금 더 나아가면 간장을 얼마나 뿌린다거나, 살짝 멸치액젓을 섞는다거나 하는 좀 생소한 방법이 탄생한다. 사람에 따라서는 면만 삶아서 따로 건져내어 사용한다거나 두 종류의 서로 다른 라면을 섞어서 새로운 맛을 탄생시키는 복잡한 방법을 쓰면 더 좋다고 주장하는 사람도 있다.

나만의 라면 조리법이라고 할 만한 방법을 탄생시킨 것은 고등학생 때쯤이었다. 그 조리법을 만든 이유를 거슬러 올라가면 당시 나름대로는 명확하게 품었던 문제의식이 있다.

그 시절 라면에 내가 품었던 가장 큰 고민은 라면은 국물이 너무 맛있다는 사실이었다. 대부분 라면은 국물 맛이 풍부하다. 국물에는 맛을 끌어올리기 위한 다양한 조미료가 많이 들어 있고 여러 가지 건더기들도 떠다닌다. 라면 국물 맛은 복합적이고 오묘하며 깊다. 거기까지는 문제가 없다. 오묘하고 복잡한 맛을 가진 국물이 있다는 것은 라면 먹는 사람에게는 즐거운 일이다. 문제는 국물 맛이 그렇게 깊고 복잡한 데 비해 면의 맛은 너무 단순한데도 라면의 중심은 면이라는 점이었다.

면은 기본적으로는 약간의 간이 배어 있는 밀가루 맛이다. 물론 익힌 밀가루이니까 구수한 맛은 있고, 튀겨서 만든 면의 경우 고소하니 과자 같은 느낌도 있다. 물에 넣어 끓이지 않은 라면을 생라면이라고 하는데, 보통 생라면도 사실은 밀가루를 익혀서 만들어놓은 제품이다. 그러니 생라면도 익힌 면이고, 그것만 먹어도 밀가루 튀김 비슷한 맛은 나게 된다. 그걸 맛있다고 생각해서 과자처럼 부수어 먹는 사람도 있다. 심지어 그렇게 생라면 먹는 재미를 흉내내서 개발한 과자가 1990년대부터 시판되고 있기도 하다.

나 역시 생라면 맛을 좋아하는 편이다. 고등학교 2학년 때는 뭔가 군것질을 하고 싶었는데 같이 걸어가던 규진이라는 친구와 함께 돈을 탈탈 털어봐도 400원인가밖에 없어서, 긴 거리를 걷고 또 걸으며 400원보다 싼값의 라면을 파는 가게를 결국 찾아냈고 그 라면을 사다가 부수어 나눠 먹었던 훌륭한 추억도 있다.

그렇지만 면이 맛있다고 해도 국물의 강렬하고 다채로운 맛에는 못 미친다. 라면을 끓여서 먹으면 그 면에 국물이 묻어 있고 면이 어느 정도 국물을 흡수하고 있기는 하겠지만, 아무래도 깊은 맛을 면만으로는 느낄 수 없다. 면을 먹으며 국물을 같이 떠먹어야 전체적인 맛을 가늠할 수 있다. 그러자면 면과 국물을 매번 번갈아 가며 먹어야 하는데 그런 행동은 불편하다. 아무리 노력해도, 면을 먹는 행위가 중심이 되는 이상 어쩐지 국물은 주변으로 밀려나는 것 같다. 그 시절의 나는 라면을 생각하면 국물 맛이 더 강렬한데 면에만 집중하게 되는 부조리가 있다고 느꼈다.

라면이 아니라 설렁탕이나 국밥 같은 음식이라면 문제는 달랐을 것이다. 설렁탕도 국물이 깊고 훌륭한 맛이 있는 음식이다. 설렁탕에도 면 같은 것이 들어가기도 하고 고기를 좀 집어넣어주기도 한다. 그렇지만 설렁탕에는 이런 부조리가 없다. 설렁탕은 원래 국물을 먹는 음식이기 때문이다. 숟가락으로 국물을 떠먹는 일이 중심으로 이루어지는 가운데, 건더기를 간간이 먹게 된다. 음식 맛의 무게와 먹는 행위의 무게가 일치하고 조화를 이룬다. 라면과 같은 문제가 없다.

나는 이 문제를 극복하기 위해서 라면을 끓일 때마다 궁리했다. 정말 공상을 해본 적도 있다. 라면 면발을 좀 굵게 만들고 그 면발에 국물이 고일 수 있는 네모난 홈 같은 것이 여럿 파여 있는 구조로 한다면 어떨까 싶었다. 그러면 자연스럽게 그 면발의 홈에 국물이 들어갈 것이고 면을 먹는 과정에서 저절로 국물을 같이 먹게 되면서 풍부한 맛을 즐길 수 있을 것이다.

나의 이 '푸실리라면'으로
말할 것 같으면….
소주
안주냥?

나는 이탈리아 파스타 중에 푸실리라는 파스타를 보고 역시 이탈리아 국수 요리가 세계에서 인기를 얻은 이유가 있다고 생각하면서 감동한 기억이 있다. 푸실리 파스타는 작은 꽈배기 모양으로 면을 만들어놓은 것이다. 원래 면을 만든 목적이 그 때문인지는 모르겠지만, 이렇게 하면 그 꽈배기 모양의 틈새, 홈 사이에 소스가 더 잘 끼이게 된다. 그러면 파스타 면을 먹으면서 자연스럽게 더 많은 소스를 먹으며 풍부한 맛을 즐길 수 있게 된다. 만약 푸실리와 같은 구조의 라면 면발을 만든다면 꽈배기처럼 꼬인 틈에 많은 국물이 고일지도 모른다.

그러나 출출해서 문득 생각나 라면을 끓여 먹는 마당에 집에 푸실리 파스타를 어디 가서 사 올 수도 없었고, 만약 푸실리 파스타로 라면을 끓인다면, 원래 라면 봉지에 있던 면은 어떻게 처분하느냐 하는 문제도 있었다. 여러 이유 때문에 면발의 구조를 개선해서 국물 맛이 풍부한데도 면 위주로 라면을 먹게 된다는 모순을 풀어보겠단 발상은 포기할 수밖에 없었다.

결국 내가 찾아낸 대답은 라면을 먹는 방식을 개선한다는 발상이었다. 우선 국물 위주로 음식을 먹기 위해서는 국물을 떠먹을 수 있는 숟가락을 이용해야 한다. 라면을 숟가락으로 떠먹는다면 자연스럽게 숟가락에 국물이 실려 와 입으로 들어올 것이다. 그런데 숟가락만 있어서는 면을 먹기 불편하다. 길게 늘어진 면은 젓가락이나 포크로 먹기에 적합하다. 국밥의 쌀알은 작아서 국물과 같이 숟가락에 뜨기가 편리하지만 라면으로는 어렵다.

그 문제를 해결하는 과정에서 나는 나만의 라면 조리법을 개발했다. 그 조리법의 핵심을 요약하자면 라면을 상당히 잘게 부수어 끓이는 방법이다. 너무 가루처럼 라면을 부수면 그것도 면을 먹는 맛이 나지 않으니 안 된다. 면의 형체는 살아 있되, 라면이 조각조각 잘게 부수어졌다고 할 수 있을 정도로 부순다. 그 상태의 면을 넣어서 라면을 끓이면, 면발 하나하나가 멸치 한 마리나 무말랭이 하나 정도의 크기밖에 되지 않는 상태로 라면이 완성된다. 한 숟갈 뜨면, 거기에 라면의 국물과 면이 함께 마치 국밥처럼 떠진다. 그것을 숟가락으로 한 술 한 술 떠서 먹으면 국물을 충분히 맛볼 수 있으면서도 면 요리라는 라면의 본질을 그대로 유지할 수 있다.

굉장한 조리법을 개발했다고 생각했다. 이 방법이 라면을 가장 맛있게 먹을 수 있는 길일지도 모른다고 말이다. 가장 맛있지는 않다고 해도 적어도 라면을 만들던 사람들이 조금이라도 더 좋은 국물 맛을 완성하기 위해 국물에 투입한 그 모든 노력을 100퍼센트 받아들일 수 있는 라면 먹기 방법에 도달했다고는 믿었다. 뜨끈하고 얼큰한 국물을 먹는 그 묘미를 최대한 그대로 즐길 수 있으면서도 면발이 주는 탱탱하고 쫄깃한 느낌, 가끔은 담백하고 가끔은 고소한 그 밀가루 맛도 동시에 충분히 즐길 수 있었다. 쇠고기 육수, 해물 육수, 각종 건더기 재료가 혼합된 알록달록한 국물 맛이, 면발 속 탄수화물이 가진 듬직하고 푸근하고 구성진 맛과 함께 어울려 있었다.

한동안 나는 이 나만의 조리법으로 라면을 만들어 먹었다. 이 방식에 자부심도 있었다. 그래서 대학에 가서도 라면을 맛있게 끓여 먹는 방법에 대한 이야기가 나왔을 때 자신 있게 내가 개발한 비법을 이야기했다. 조금 과장하자면 친구들이 정말 "너 덕분에 신세계를 알았다"면서 감격하여 내 어깨를 두드려주고 악수를 청한다거나 할 줄 알았다.

그런데 철민이라는 대학 친구가 자기가 중학교 때인가 만났던 친구가 거의 나와 동일한 방법으로 라면을 끓인 적이 있었다고 이야기했다. 그 라면을 자기도 먹어보았다고. 덧붙이기를, "그런데 다 섞여 있는 모양이 너무 개밥이나 개죽 같았어"라는 것이다. 말이 생각을 만든다고 했던가. 개밥이라는 말을 듣고 보니 갑자기 나만의 라면에 대한 모든 자부심이 사라지는 느낌이었다.

그러고 보니, 면이 산산조각 나 국물 속에 흩어진 모습이란 영락없이 음식물 버려놓은 모습 같았다. 겉보기에 무엇인가 너무 가치 없는 물체 같았다. 게다가 그런 방법으로 국물과 면을 동시에 먹는 것도, 어쩌면 너무 국물 맛에 집착한 구구한 행위라는 생각이 들기 시작했다. 그냥 면의 맛에는 국물 맛이 충분히 들어 있지 않더라도 그게 어쩔 수 없는 라면 맛이라는 것을 대범하게 받아들이고, 가끔 국물을 먹어 맛의 강도를 보충하는 정도가 더 느긋하고 어른스러운 라면 먹기의 경지인 것 아닌가.

그 이후 나는 나만의 라면 조리법을 이용하는 경우가 확실히 줄어들었다. 남에게 굳이 자랑하거나 권유하지도 않는다. 지금까지 내가 실제로 만난 사람 중에 이 조리법에 공감한 사람은 회사에서 만난 박 과장님이라는 분, 한 사람뿐이다. 직원들끼리 이야기하던 중에 라면 만드는 특별한 방법을 모르냐는 주제가 나왔을 때, 나는 조심스럽게 나만의 조리법을 소개했다. 그러자 박 과장님은 말했다.

"맞아요. 그렇게 만들어서 소주 안주로 떠먹으면 정말 맛있죠. 저도 가끔 그렇게 만들어 먹습니다."

그래, 소주 안주로서라도 쓸모를 찾을 수 있다면 다행이겠지.

라면과 상변화

2021년 한국 물리학계 학자들의 논의 중 가장 많은 사람에게 화제가 된 이야기가 등장했다. 한국 물리학에서 상업적으로 가장 많이 주목을 받는 반도체에 대한 논의는 아니었고, 그렇다고 물리학의 대중 강연에서 자주 등장하는 소재인 우주의 탄생이나 종말, 양자론과 상대성이론에 대한 주제도 아니었다.

라면 이야기였다.

시작은 2021년 1월 28일 김범준 교수님이 한 매체에 올린 기고문이었다. 이 기고문은 "라면 물은 왜 쳐다보고 있으면 안 끓을까?" 하는 주제를 다루고 있다. 처음에는 본다는 관찰 행위가 실제 현상의 원인이 될 수도 있다는 양자이론의 다소 심오한 이야기를 하는 것 아닌가 싶었지만, 사실 본내용은 양자이론과는 별 관계가 없고 사람의 심리에 따라서 시간이 빨리 가는 것처럼 느껴질 때도 있고 천천히 가는 것처럼 느껴질 때도 있다는 사실과 그에 대한 연구 결과를 다루고 있었다. 김범준 교수님 글답게 재미났고, 그렇게 과학 상식 하나를 익히며 지나갈 수도 있는 글이었다.

얼마 후 박인규 교수님이 이 글에서 제시된 이야기를 훨씬 인기 있는 화제로 도약시키는 씨앗을 뿌리게 된다. 박 교수님이 자신의 SNS 페이지에 김범준 교수님이 라면 물을 보고 있으면 잘 안 끓는다는 글에 대해, 사실 끓기까지 기다릴 필요 없이 그냥 찬물에 바로 라면을 집어넣고 그대로 끓여가며 익혀도 맛있다는 짧은 글을 올린 것이다.

이 글을 보고 2월 2일 김상욱 교수님은 "라면의 새역사를 열다"라는 제목으로 시작하는 글을 SNS에 올린다. 이 글이 이 논의의 인기를 폭발시켰다.

김상욱 교수님은 박인규 교수님의 글을 보고 정말 그런가 싶어 직접 실험을 해보았는데, 결과가 매우 좋았다고 썼다. 김 교수님은 라면 끓이기의 여러 기술은 훌륭한 면발을 얻기 위함인데, 찬

물에 라면과 수프를 넣고 열을 가해 물이 끓기 시작할 때 달걀을 넣은 뒤 30초 후 자른 대파를 넣고 10초 후 불을 끄는 방법을 사용했더니 "완벽한 면발"을 얻을 수 있다고 했다. 이렇게 하면, 물이 끓을 때까지 기다렸다가 라면을 넣을 필요가 없으니 시간도 절약할 수 있고 열도 절약할 수 있다는 장점이 있다.

김 교수님은 당시 한창 인기 있는 학자셨기 때문에 이 이야기는 빠르게 퍼져나갔다. 더욱이 라면 끓이기는 한국인 모두가 저마다 각자의 취향과 신념이 있다고 할 정도로 친숙한 요리의 세계이기 때문에 실험하고 비교하고 논쟁하기 좋은 소재였다. 이 이야기는 인터넷 곳곳으로 퍼지며 논쟁이 생겼다. 백종원 대표가 찬물로 라면을 만드는 영상을 만들어 인터넷에 올리기까지 했다.

결국 이 논의 때문에 농심과 오뚜기 같은 세계적인 초대형 라면 제조 회사의 담당자들이 소위 찬물라면이라고 하는 김상욱 교수님의 방법에 대해 의견을 제기하기에 이르렀다. 2020년 기준으로 국내의 대표 라면 제조 회사는 1년에 47억 봉지의 라면을 생산한다. 24시간 쉬지 않고 1초에 150개씩 라면을 만들어내는 곳이다.

이 모든 논의의 결론은 면발이 살짝 꼬들꼬들하면서 더 맛있는 라면이 만들어질 수 있는 가능성은 충분하다는 것이었다. 사람들 중에는 자기도 그렇게 라면을 끓여 먹는다거나 어느 가게에 가면 일부러 그렇게 라면을 만들어준다고 이야기하기도 했다.

그러나 농심과 오뚜기의 기술진은 몇 가지 문제를 제시했다.

가장 큰 문제는 바로 상변화phase transition 현상을 충분히 활용할 수 없다는 사실이었다. 물은 보통 물 상태와 얼어 있는 얼음 상태, 그리고 끓어서 날아다니는 수증기라는 액체, 고체, 기체의 세 가지 상태가 될 수 있다. 이러한 상태를 화학과 물리학에서는 상phase이라고 부른다. "현재 물의 상이 무엇이냐?"고 누가 물어보았을 때, 얼음이면 "상이 고체다" 수증기라면 "상이 기체다"라고 대답한다는 뜻이다.

물이 끓어서 액체에서 기체로 변하는 것과 같이 상이 바뀌는 현상을 상변화라고 부른다. 물이 끓는 것과 같은 상변화가 일어날 때에는 온도가 항상 일정하게 유지되는 현상이 일어난다. 즉 물이 끓는 중에 물의 온도는 1기압 압력에서 항상 섭씨 100도의 온도를 갖는다. 물이 다 끓어서 모두 수증기로 변할 때까지도 그 끓고 있는 물은 섭씨 100도다. 90도도 아니고 110도도 아니다. 사실을 바로 말하자면 애초에 섭씨 100도라는 기준을 세울 때 물이 끓는 온도가 일정하다는 점에 착안해서 그 정도라면 좋은 기준이 될 만해 보여서 안데르스 셀시우스라는 스웨덴의 과학자가 섭씨온도를 개발한 것이다. 셀시우스를 과거 한자로 "섭이수사攝爾修斯"라고 썼는데, 그래서 "섭씨온도"라는 말은 섭이수사 씨가 만든 온도라는 뜻에서 생긴 말이다.

라면

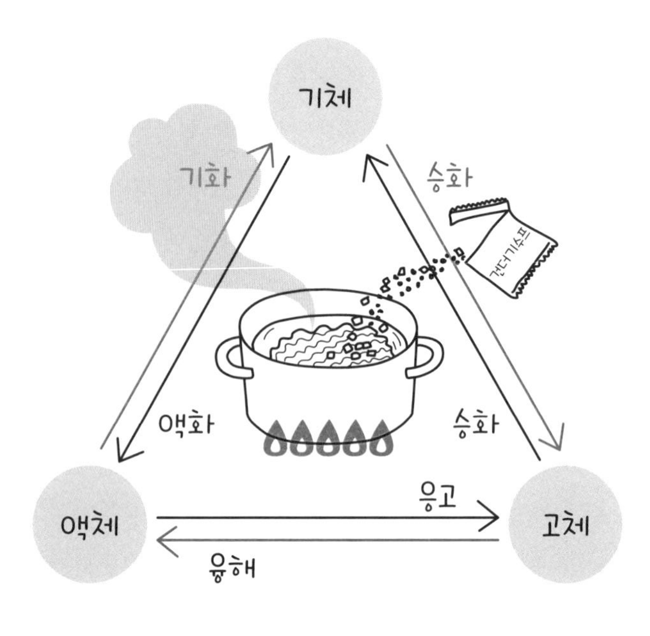

그래서 물이 다 끓은 뒤에 수프와 라면을 넣고 라면 끓이는 방법을 사용하면 항상 100도의 온도를 라면 면발에 전해줄 수 있다. 이 상태에서 3분을 끓이라거나, 4분을 끓이라고 하면 어느 집에서 어떤 도구로 라면을 끓이든지 항상 그 시간 동안 100도의 온도가 라면에 정확히 가해진다. 그렇게 해서 라면 회사에서 추천하는 조리법을 사용하면 누가 라면을 끓이든 대체로 제조사가 의도한 맛을 거의 동일하게 얻을 수 있다. 바로 물이 끓는 상변화

중에는 온도가 일정하다는 원리 때문이다.

라면 공장 말고도 상변화의 원리는 대단히 널리 사용된다. 예를 들어, 라면과는 완전히 다른 재료인 듯한 철과 크롬 같은 쇳덩어리를 다루는 공장에서도, 그런 물질들을 용광로에서 녹여 합금 재료를 만들 때에도 정확한 비율로 재료를 일정하게 섞고 굳히기 위해 다양한 방식으로 상변화의 원리를 복잡하게 사용한다.

만약 찬물에서부터 음식을 만든다고 해보자. 온도가 점점 뜨거워질 텐데, 누가 어떤 도구로 어떻게 물을 끓이느냐에 따라 면에 닿는 온도는 그때그때 달라진다. 처음에 아주 얼음장처럼 찬 물을 사용했는지, 슬쩍 미지근한 물을 사용했는지에 따라서도 온도는 다를 것이다. 어떤 사람은 화력이 아주 센 불로 물을 끓일 텐데 그러면 단숨에 물 온도가 올라가면서 금방 끓어버린다. 라면이 끓을 때까지 받을 수 있는 열기가 적다. 그에 비해 어떤 사람은 약한 불로 끓일지도 모른다. 그러면 물이 천천히 따뜻해지면서 끓을 때까지 긴 시간이 걸린다. 라면은 천천히 익게 되고 좀 더 많이 불 것이다. 사람마다, 조건에 따라, 어떤 라면이 일정하게 만들어질지 보장할 수가 없다. 농심에서는 이것을 두고 "변인 통제variable control가 안 된다"고 이야기했다. 이 문제를 원래 김상욱 교수님도 어느 정도 염두에 두었다. 김 교수님은 원래 글에서 화력 변화에 따라 맛이 어떻게 될지 추가로 따져볼 필요가 있다고 썼다.

다른 지적도 나왔다. 라면을 끓기 시작한 뒤에 익을 때까지 조리하면 그 시간 동안 라면은 계속 끓게 된다. 그사이에 물은 계속 수증기로 변하며 날아간다. 다시 말해서 라면 국물이 졸아든다. 그러면 라면 국물은 조금 더 짜진다. 용매가 줄어들면서 농도가 올라간다는 뜻이다. 라면 회사들은 이것을 고려하여 조리법을 개발한다. 그런데 처음부터 찬물에서 라면을 끓이면 면이 금방 익는다. 그만큼 끓으며 물이 공기 중으로 날아갈 시간이 줄어든다. 결과적으로 물이 많아지고 라면이 살짝 더 싱거워지기 마련이다. 이런 문제를 해결하려면 라면의 물을 애초부터 조금 더 줄인다든가 해야 한다.

그러니 각자 자신의 집에서 자신의 도구로 한번 찬물에 면과 수프를 넣고 끓이는 방법을 시도해보고 맛이 괜찮으면 계속 이 수법을 사용해도 좋다. 아니라면 새로운 방법을 찾아야 한다는 이야기다. 처음에는 농담처럼 시작된 이야기였지만 따지다 보니 의외로 상변화라는 과학 현상과 대량 생산, 표준화, 규격화와 같은 공학적 접근을 잘 아우르는 재미있는 문제였다.

라면 공장에서는 상변화의 특징을 이용해서 다른 중요한 작업을 하기도 한다. 뜨겁게 물을 끓이는 것 말고도 건더기 수프를 만들 때 상변화를 결정적으로 중요하게 사용할 때가 있다.

건더기 수프에는 야채, 버섯이나 다른 건더기 재료 같은 것들이 마른 채로 들어가 있다. 이것을 뜨거운 물에 넣으면 물을 머금으면서 원상태와 비슷해진다. 과거에는 이런 마른 건더기를 만들기 위해 주로 뜨거운 바람에 재료를 말리는 방식, 그러니까 열풍 건조 방법을 사용했다. 이 열풍 건조를 이용하면 뜨거운 바람에 재료 형태와 성질이 너무 많이 변한다는 문제가 있었다. 좀 과장해서 말하자면 말리는 과정에서 살짝 재료가 익어버리듯이 변한다. 이래서는 맛이 부족해진다. 나중에 물에 넣었을 때 형태가 제대로 살아나지 않는 문제도 있었다.

요즘에는 동결 건조라는 방법을 종종 사용한다. 동결 건조는 엉뚱하게도 얼리는 방식으로 재료를 건조한다. 열풍 건조와는 정반대다. 이렇게 해서 뭘 말릴 수 있겠나 싶은데, 그렇게 얼어서 굳어진 재료를 굉장히 압력이 낮은 곳에 집어넣는다.

물은 섭씨 100도에서 끓지만, 압력이 낮아지면 더 낮은 온도에서도 끓어서 수증기로 잘 변할 수가 있다. 높은 산에 올라가서 밥을 지으면 기압이 낮아서 물이 덜 뜨거울 때 빨리 끓기 때문에 밥맛이 좀 달라진다는 이야기가 있는데, 같은 걱정으로 생긴 이야기다. 그런데 동결 건조에서는 높은 산 정도의 압력이 아니라 그보다도 훨씬 더 낮은 압력 속에 재료를 넣는다. 그래서 얼어 있던 재료 속의 수분이 그 낮은 온도에서도 그대로 다 수증기로 변해버린다. 이렇게 얼음이 바로 수증기로 변화는 현상을 승화sublimation라고 한다. 대단히 극적인 상변화가 일어나는 셈이다.

승화가 깨끗하게 일어나면 수분이 모두 날아가버린다. 재료가 열을 받으며 변형되는 일 없이 그대로 차가운 상태에서 모두 말라버린다. 라면 회사에서는 건더기수프뿐만 아니라 이 방법을 이용해서 마늘이나 버섯 같은 재료들을 바싹 말린 뒤에 그것을 가루로 갈아서 가루 수프에 섞어 넣기도 한다. 그런 가루들이 국물 맛을 더 화려하게 만들어준다. 최근에는 식재료를 오래 유통하기 위해 마른 상태로 판매하거나, 아니면 바삭바삭한 과자 같은 맛의 간식을 만들기 위해서 각종 채소를 동결 건조로 말려서 판매하는 사례도 늘어나고 있다.

★★★ 시식평: 면이 아직 약간 딱딱한 것 같지만 그래도 괜찮다.

08

빵

주방에서 키우는 사람을 닮은 생물

효모는 제빵사가 키우는 요정

빵의 가장 큰 특징은 보드랍게 부풀어 올라 있다는 점이다. 밀가루를 반죽해서 그냥 찐다면 수제비 덩어리 같은 맛이 되어버린다. 수제비도 훌륭한 음식이다. 잘 만들면 쫄깃하니 훌륭하다. 쫄깃한 맛만 생각하면 밀가루로 만든 가래떡으로 떡볶이를 만들어도 먹을 때의 촉감은 훌륭하다.

그러나 그렇게 해서 빵 맛은 나지 않는다. 빵은 수제비나 밀가루 떡과는 다르게 두둥실 부풀어 올라 있다. 식빵은 아예 울룩불룩한 모양으로 만들어져 있어서 그냥 눈으로 봐도 잘 부풀어 올라 있다. 빵을 뜯어 먹으면 씹을 때마다 푹신하게 들어간다. 부드럽고 먹기 편하다. 빵을 다시 더 구워서 토스트를 만들면 바삭한 질감으로 변하기에 색다른 맛으로 한 번 더 발전시킬 수도 있다.

어떻게 빵은 수제비와는 다르게 그렇게 부풀어 오른 모양이 될 수 있을까? 핵심 원리는 간단하다. 빵을 부풀어 오르게 하기 위해서 고무 풍선 부풀리듯이 안에 기체를 불어넣는 작업이 진행되기 때문이다. 정말로 밀가루 반죽을 풍선이나 공처럼 만들어 그 안에 공기를 집어넣는 방법도 아주 황당한 것은 아니다. 그러나 그렇게 빵을 만들면 겉면만 부풀어 오를 뿐 모든 부분이 골고루 부풀어 오르지는 않을 것이다.

그렇기 때문에 빵 반죽 속에 조그맣게 수없이 퍼져서 조금씩 작은 거품처럼 부풀어 오르는 모양을 만들어야 한다. 밀가루 반죽으로 하나의 큰 공을 만드는 것이 아니라, 반죽 안에 수백만, 수천만이 넘는 아주 작은 공 모양을 생기게 하고 그 공 모양 속에 기체가 조금씩 차 들어가면서 모든 부분이 부풀게 해야 한다. 그런 작업이 성공하면 반죽 속에 작은 구멍이 골고루 퍼져 있고 그 속에 기체가 빵빵하게 들어찬다. 전체 반죽이 커지고, 빵이 완성되었을 때 먹으면 그 많은 구멍이 입 속에서 눌리면서 폭신한 식감을 만들어낸다.

핵심 원리가 그렇다면 이제 그 원리대로 실제 빵을 만들기 위한 방법을 궁리해봐야 한다. 빵 속에 조그마한 구멍 수백만 개를 만든 뒤에 그 안에 기체를 집어넣어 부풀릴 수 있는 방법을 생각해내야 한다. 쉬운 일은 아니다. 그렇게 작은 구멍을 하나 만드는 것도 어렵고, 수백만 개나 되는 많은 숫자에 기체를 주입하는 작업을 한다는 것은 더 어려운 문제다. 그나마 사람 손이 닿는 빵의 겉면에 무슨 작업을 한다면 이런저런 섬세한 도구를 이용하는 수법도 생각해볼 수 있다. 하지만 빵 반죽 속 깊은 곳에 그런 구멍을 만드는 것은 훨씬 어렵다.

마땅히 쉽게 해결할 기술이 떠오르지 않는다면 마법 같은 공상이라도 해보면 어떨까? 예를 들어, 빵에 생기는 구멍 정도의 크기밖에 되지 않는 아주 작은 요정 종족의 힘을 빌린다고 생각해보자. 크기가 0.01밀리미터에서 0.1밀리미터밖에 되지 않는 아주 작은 요정 종족에게 부탁해 100만 명 정도의 숫자로 이루어진 요정 군단을 부른다. 그리고 빵 반죽을 만들 때 요정 종족에게 다들 그 속으로 다이빙해서 들어가라고 부탁한다. 요정 종족은 빵 반죽 속에 뒤덮여 저마다 자리 잡고 그 안에 잠수한 채로 퍼져 있다. 그 후 명령을 내려서 각자 그 안에서 구멍을 파라고 지시한 뒤, 점점 그 구멍에 바람을 넣고 부풀려서 넓히고 각자 길을 찾아 나오라고 지시한다. 그러면, 그 작은 요정 종족의 수많은 무리가 빵 속 곳곳에 흩어져서 저마다 일할 것이고, 그 덕택에 반죽 안에는 많은 구멍이 생기고 그대로 부풀어 올라 빵 모양이 완성될 수 있다.

세상이 그래도 살 만한 곳이다. 그 요정 종족과 비슷한 역할을

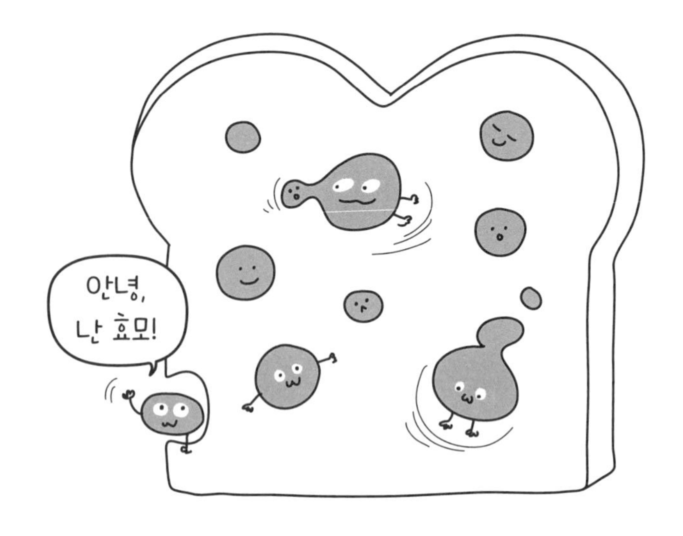

하는 생물이 이미 현실 세계에 살고 있다. 바로 효모yeast라고 부르는 생물이다.

효모는 진균류 또는 곰팡이류fungus라고 분류하는 생물에 속한다. 그렇기 때문에 명령을 들을 귀도 없고, 판단할 뇌도 없다. 생김새도 그냥 심심하게 동그란 꼴에 한쪽만 약간 뾰족한 듯한 모습일 때가 많다. 따라서 효모들이 요정 종족의 100만 대군처럼 정확히 명령을 수행할 수는 없다. 다행히도 요정 군단이 무슨 치밀한 포위 섬멸 작전을 하도록 만들 필요는 없다. 그냥 그 작은 생물들이 골고루 흩어졌다가 구멍을 만들고 부풀리는 단순한 행동만 하면 된다. 그 정도는 효모들의 행동 습성을 잘 이용하면 별 무리 없이 실행할 수 있다. 효모가 빵을 부풀리는 동작을 하도록 활용할 수 있다는 뜻이다.

빵 만들 때 사용하는 효모의 크기는 빵에 생기는 구멍을 만들기에 적합하다. 그러므로 이 효모라는 생물을 반죽 속에 집어넣고 이리저리 잘 섞으면 그냥 반죽 곳곳에 퍼뜨릴 수 있다. 게다가 효모는 반죽 속에 넣자마자 바로 견딜 수 없어 한다거나, 너무 좁아서 괴로워하는 생물은 아니다. 갉아 먹고 살 당분 종류만 있다면 사방이 찐득한 밀가루 반죽으로 뒤덮여 있어도 효모는 태연히 잘 살아간다.

심지어 효모 종류 중에는 김치를 담글 때 같이 들어가 김치 양념 속에 있는 당분을 먹으면서 번성할 수 있는 것들이 있다. 김치가 시다가 정도가 심해지면 뭔가 허연 것이 끼는 것이 보일 때가 있는데 그런 모습이 보이면 김치에 효모가 많이 살게 되었다는 뜻이다. 효모는 잘 살고 있지만, 대개 김치가 그 지경이 되면 먹을 수 없게 되었다고 보고 버린다.

빵을 만들 때 사용되는 효모들은 어느 정도 먹어도 해롭지 않고 오히려 빵 맛을 내는 데 도움을 준다. 효모는 빵 속에서 당분을 먹고 생활하면서 이산화탄소를 내뿜는다. 사람이 호흡하는 것과도 비슷하다. 사람도 먹고 살다 보면 숨을 쉬게 되고 그러면 숨을 내쉴 때마다 이산화탄소를 뿜게 된다. 효모는 잘만 활용하면 풍성한 양의 이산화탄소를 팍팍 내뿜는 용도로 써먹기 좋다.

빵 반죽 속에 갇힌 효모는 생활하면서 이산화탄소를 점점 내뿜고, 이산화탄소는 기체이므로 효모 주변에 들어차면 거기에 반죽이 밀려나며 구멍이 생긴다. 계속 효모가 이산화탄소를 뿜는 덕택에 마치 공기를 불어넣어 공을 부풀리듯 주위 반죽은 더 부풀어 오른다. 다시 말해, 효모를 빵 반죽에 섞어주고 그냥 이산화탄소를 잘 내뿜으며 살 수 있게만 해주면 효모는 자기 삶의 습성 때문에 저절로 미세한 구멍을 만들어 빵을 부풀리는 활동을 한다.

따라서 효모를 이용해 빵을 만들기 위해서는 다음 두 가지 작업이 꼭 필요하다. 첫째로 효모를 잘 구해서 일단 빵 속에 넣어주어야 한다. 보통 빵 만들기 위한 재료를 판매하는 가게에서는 "드라이 이스트"라는 이름으로 효모를 말려서 작은 봉지에 넣어 판다. 열어서 보면 그냥 누리끼리한 가루처럼 생겼지만, 사실 그것이 어린 효모 덩어리가 되는 셈이다. 둘째로 반죽에 넣은 효모가 잘 자라나며 살 수 있도록 주변 환경을 적절히 맞춰주어야 한다. 가장 쉽게 생각할 수 있는 요건은 주변을 좀 따뜻하게 해주어야 한다는 점이다. 보통 빵을 만드는 사람들은 여름 날씨 같은 온도에서 빵을 숙성시키는 것이 좋다고 한다. 당연히 효모가 잘 살 수 있도록 수분, 습기 등도 잘 맞추어주는 편이 좋다.

근처에 드라이 이스트를 파는 곳이 없다면 어떻게든 다른 방법으로 효모를 구해서 집어넣는 방법도 있다. 효모는 그냥 공기 중에도 이리저리 날아다니기 때문에 정말 운이 좋으면 빵 반죽 속에 저절로 효모가 들어가기도 한다. 그 역시 잘만 키우면 효과는 괜찮을 수 있다. 과거 유럽의 빵 만드는 곳 근처에서는 술 만드는 사람이 같이 작업하기도 했다고 하는데, 술을 담글 때도 발효 과정에서 효모가 필요하므로 빵 만드는 곳에서 생긴 효모가 날아와 술 담그는 데에도 도움을 줄 수 있다고 생각했기 때문이다.

전통적인 방법으로는 지난번에 사용한 빵 반죽을 조금 남겨서 보관해두었다가 그것을 떼어 와서 섞어 넣고 재료를 추가해서 새로운 빵 반죽을 만드는 방법도 있다. 옛날 빵 반죽 속에 살고 있던 효모가 건너와서 새 반죽에서 새끼를 치고 퍼져나가면서 반죽 속에 효모가 가득해진다.

효모가 어디선가 반죽에 날아와서 빵이 잘 만들어지는 것이 운 좋게 한번 성공하면 그렇게 만들어진 반죽의 일부를 잘 보관해놓았다가 두고두고 활용할 수도 있다. 광고에서 "천연 발효종으로 빵을 만들었다"는 말이 보일 때가 있는데 그런 빵이란 대체로 이와 유사한 방법으로 만들었다고 보면 된다. 따지고 보자면 드라이 이스트를 사다가 빵을 만들었다고 해도 거기에 들어 있는 효모들이 효모가 아닌 무슨 기계 생물이나 인공 로봇들인 것은 아니다. 그 효모들도 효모다. 그저 집에서 우연히 채집된 효모가 아니라 공장에서 키운 효모라는 차이가 있을 뿐, 역시 자연 속에서 살아 있는 생물인 것은 마찬가지다.

유럽이나 미국에서는 가끔 집안마다 오랜 세월 전해 내려오는 반죽이 간직된 경우도 있다. 한국에서 간장이나 된장을 아주 오랫동안 보관하는 것과 비슷한 관습이다. 그런 집안에서는 그 반죽을 자식들에게 나눠 주기도 한다. 그러면 자식들은 그 반죽을 조금 섞어서 새 반죽을 만든다. 그러면 거기에 원래 살던 효모와 다른 미생물들이 자손을 퍼뜨리며 늘어나 퍼져나간다. 자식들은 자기가 새로 만든 반죽을 다시 그 자손들에게 나눠 줄 수도 있다. 사람들이 대대로 반죽을 떼어주며 퍼뜨리면서 그 반죽 안에 사는 효모와 미생물도 같이 자손을 퍼뜨리며 퍼져나가게 된다.

어떤 습성이 있는 효모들이 다른 미생물들과 어떻게 살고 있느냐에 따라 빵은 부풀어 오르는 정도가 달라진다. 게다가 이런 반죽들은 살짝 숙성되어 약간 신맛이 나는 사워도sourdough인 경우가 많다. 사워도는 효모뿐만 아니라 효모와 같이 사는 세균bacteria들이 밀가루 반죽 속의 영양분을 먹고 살며 여러 가지 다른 물질도 같이 내뿜는 반죽을 일컫는다. 이 때문에 여러 물질의 향과 맛이 뒤섞여 슬며시 새로운 맛이 생긴다. 어느 집안에서 이어져 내려온 반죽을 사용하느냐에 따라 빵 맛이 달라지는 이유가 이것이다. 그래서 고유의 빵 맛을 위해서 먼 곳의 할머니, 할아버지 집에서 반죽을 귀중하게 받아 오는 일도 있고, 이런 반죽이 비법 재료처럼 귀하게 취급되기도 한다.

그러다 보면, 사람이 퍼져나가는 데에 맞추어 효모도 먼 곳으로 옮겨 가서 새롭게 퍼지기도 한다. 프랑스에서 한국으로 건너온 사람이 한국에서 빵집을 열었다거나, 베트남에서 한국으로 건너온 사람이 한국에서 빵 공장을 차렸다고 생각해보자. 어쩌면 그 사람들 중 몇몇은 자기가 고향에 있을 때 사용한 빵 맛을 내기 위해서 빵 반죽을 들고 한국에 왔을 것이다. 눈에 보이지도 않을 만큼 작은 크기의 생물인 효모 관점에서 보면 베트남에서 남중국해를 지나 한국까지 가는 여정은 대단히 먼 거리다. 효모가 그냥 바람을 타고 날아오려면 태풍이라도 탄다면 모를까 수십 년 내지는 수백 년의 세월이 걸려야만 도달할 수 있을까 말까 할 만한 거리다. 사람으로 치자면 지구에서 화성이나 목성에 가서 새로 살 곳을 건설하고 정착하는 것만큼 낯선 길일 것이다. 그런데 그 효모야말로 빵 만들기의 비법이라고 생각하는 사람들 덕분에 사람이 만든 비행기를 타고 단숨에 베트남에서 한국까지 날아오게 된다.

따지고 보면, 한국인도 효모를 이용하는 전통에서 멀리 떨어져 있지 않다. 조선 시대 이전 한국인들이 빵 만드는 문화에 크게 친숙했던 것 같지는 않다고 해도, 술을 만들어 마시는 데는 세계 상위권에 속한다고 할 만하기 때문이다. 대부분의 술을 만들 때에도 효모를 술 재료 속에서 잘 키우면서 조건을 조절해서, 효모가 이산화탄소가 아니라 알코올을 내뿜게 하는 방법을 이용한다. 그러니 한국인이 술을 마시기 시작한 수천 년 전의 옛날부터 한국에서도 효모는 일상생활에서 열심히 기르는 생물이었다.

효모의 삶

눈에 보이지 않을 만큼 크기가 작은 생물치고 효모는 예로부터 많이 연구됐다. 또한 효모는 쉽게 자라나는 미생물이면서도 세포 속에 핵을 품고 있다는 특징이 있다. 핵이 있다는 뜻은 다음 세대에게 자신의 모습을 물려줄 때 세포 속에 들어 있는 염색체라는 부위를 이용할 가능성이 높다는 뜻이다.

효모의 이런 내부 구조는 사람이나 우리 주변의 흔한 동물, 식물과 비슷하다. 세균은 그렇지 않다. 효모와 세균은 눈에 보이지 않는 아주 작은 크기의 생물이라는 공통점이 있기에 비슷하게 느껴질 수도 있지만 내부 구조를 보면 둘은 엄청나게 다르다. 세균의 몸에는 핵도, 염색체도 없다. 사람이나 동물의 세포 구조와는 밑바닥부터 전혀 다르다. 세균과 효모의 구조 차이에 비하면, 사실 효모와 사람은 굉장히 비슷한 생물이라고 해도 될 정도다. 심지어 효모는 암컷과 수컷 역할로 나뉘어 짝짓기를 할 때도 있다.

옛날 만화를 보면 상대방의 사고방식이 너무 단순하고 어리석다는 의미로 "에라이, 말미잘, 짚신벌레, 유글레나 같은 놈아"라고 욕하는 장면이 있다. 가끔 그런 욕설 중에 "이런 박테리아만도 못한 놈" "세상의 바이러스 같은 놈"이라는 욕이 섞일 때도 있다. 따져보자면 박테리아는 세균을 영어, 라틴어로 부르는 이름이다. 그러므로 박테리아나 바이러스에 비유하는 욕에 비하면 짚신벌레나 유글레나 같은 놈이라는 욕은 너무나 격이 다를 정도로 좋은 말이다. 짚신벌레나 유글레나 역시 미생물이기는 해도 몸속에 핵이 있어서 사람의 세포와 구조가 크게 다르지 않다. 효모와 비슷한 정도로 사람과 닮아 있다.

효모는 과학 실험용으로도 대단히 자주 연구되는 생물이다. 사람이나 동물과 세포의 구조가 비슷하다는 장점만 따진다면 짚신벌레나 유글레나도 연구하기 좋은 생물이겠지만, 효모는 음식을 만들면서 자주 활용해왔기 때문에 기르는 방법을 잘 알고 있다는 또 다른 장점도 갖추고 있다. 빵을 만들고 술을 담근 사람들이 예로부터 그렇게 많았던 것을 보면 효모는 기르기 쉽다는 장점도 있다. 효모의 삶이나 습성도 조사되어 연구된 점이 많다. 그래서 무슨 실험을 하다가 효모가 이만하면 활발한 것인지 축 늘어져 있는 것인지, 효모가 어디가 아픈 것인지 비교적 쉽게 알아볼 수 있다.

현재 효모는 유전자 조작을 비롯한 온갖 실험 대상이 되어 여러 분야에서 깊이 연구되고 있다. 물고기나 토끼가 더욱 사람에 가까운 동물이지만, 이런 동물을 기르고 실험하고 관리하는 것은 품이 많이 든다. 실험하는 사람이 토끼를 붙잡고 토끼에게 무슨 약을 먹이거나 주사를 놓는 행동은 익숙해지지 않으면 꽤나 힘겨운 일이기도 하다. 새 토끼를 사 와서 사료를 먹여가며 건강하게 기르는 것도 비용이 든다. 토끼장을 설치해놓으려면 공간도 꽤 많이 필요하다. 땅값이 많이 드는 도심지에 만들어둔 실험실에서는 이런 점도 퍽 신경 쓰일 것이다.

그에 비해 효모는 눈에 보이지도 않는 크기의 미생물이기 때문에 공간을 거의 차지하지 않는다. 기르는 것도 쉽다. 그냥 빵 반죽같이 잘 자랄 만한 성분에 온도만 맞춰서 던져놓으면 삽시간에 수천, 수만 마리로 불어난다. 실험을 하다가 실수로 효모를 많이 죽인다고 해도 양심의 가책도 적다. 어차피 효모로 만든 생맥주를 마실 때 배 속으로 수백만 마리의 효모가 산 채로 흘러 들어간다. 끔찍한 상상이지만, 설령 대단히 훌륭한 과학 연구를 한다고 하더라도 토끼를 1000마리, 1만 마리씩 희생시키는 실험을 한다면 아무래도 마음이 불편해질 수밖에 없다. 효모로 하는 연구에는 그런 문제가 없다.

물론 효모보다도 몸의 구조가 더욱 단순하고 작으며 더욱 잘 자라는 대장균이나 고초균 같은 세균도 좋은 실험 대상이기는 하다. 세균을 이용한 실험도 많이 이루어지고 있다. 그렇지만, 세균은 세포 구조가 사람이나 동식물과 심하게 다르다는 것이 단점이다. 예를 들어, 염색체를 파괴하는 독약을 만들어서 효과를 실험하려고 한다면 세균으로 하는 실험은 별 소용이 없다. 세균의 세포 속에는 염색체라고 할 만한 부위가 아예 없기 때문이다. 이렇게 생각해보면 효모만큼 실험용으로 적절한 생물도 드물다.

진작에 과학자들의 다양한 실험 대상이 된 덕택에, 최근에는 효모를 특별하게 이용해서 다른 목적으로 활용하는 일도 활발히 이루어지고 있다. 예를 들어 효모의 몸을 개조하여, 효모가 이산화탄소나 알코올을 뿜어내는 것처럼 사람에게 유용한 다른 물질을 더 잘 뿜도록 하는 연구는 이미 몇십 년 전부터 활발히 이루어지고 있다.

일이 잘만 풀리면, 효모의 몸을 개조해서 사람이 먹어야 하는 약이나 영양제 등을 뿜어내도록 만들어놓고, 밀가루 반죽 같은 곳에 넣어 기르면 밀가루 속에 저절로 약이 생겨난다는 뜻이다. 최근에는 코로나19 바이러스를 연구하기 위해, 코로나19 바이러스의 겉면에 있는 돌기 모양을 효모가 만들어내도록 하는 연구도 이루어진 적이 있다고 한다.

빵

술빵과 양자론

아쉽게도 내가 사는 곳 근처에는 드라이 이스트를 파는 가게가 없다. 부모님이나 할아버지, 할머니께서 빵 만드는 데 관심이 깊으신 것도 아니라서 집안에 내려오는 반죽도 없다. 그렇기 때문에 나는 빵을 만들려면 효모를 다른 곳에서 구해야 했다. 현재 한국에서 꽤나 많이 쓰이고 있는 조금 다른 방법을 택했다.

나는 생막걸리를 구해서 빵 반죽 속에 약간 섞어 넣는 방법으로 효모를 집어넣는다. 그러니까 주로 "막걸리 술빵"을 만드는 방법을 이용해 빵을 만들고 있다. 막걸리 같은 술을 만들 때에도 효모를 이용하니까, 그 속에 있는 효모를 반죽에 넣어서 키워도 되기 때문이다. 과학 연구에 가장 많이 사용되는 효모인 사카로미케스 케레비시아이Saccharomyces cerebisiae라고 부르는 효모 역시 맥주를 만드는 용도와 빵을 만드는 용도 양쪽으로 쓰인다. 그러니 막걸리 효모를 이용해 빵을 만드는 것은 대단히 자연스럽다.

만약 막걸리가 생막걸리가 아니라 살균 처리를 한 막걸리라면 그 속에는 효모가 다 죽고 없을 것이다. 살균 처리를 하는 이유는 그 속에 사는 미생물을 다 죽여버려서 더 이상은 발효가 일어나지 않게 하기 위해서다. 그래야 맛도 변하지 않으며 상하지 않고 오래 유통할 수 있기 때문이다.

맥주의 경우에도 생맥주 가게에서 파는 생맥주가 있었고 캔맥주나 병맥주가 따로 있다. 생맥주는 영어 표현 'draft beer'를 번역한 말에서 나온 단어인데, 원래 뜻과는 별도로 한국에서는 대체로 살균 처리를 하지 않은 맥주를 생맥주, 살균 처리를 해서 병이나 캔에 담아 유통하는 맥주를 캔맥주, 병맥주라고 하는 식으로 구분해왔다.

생맥주는 그 속에 효모를 비롯한 미생물들이 살아 있기 때문에 오래 방치하면 맛이 점점 변하고 이상해질 수밖에 없다. 그 대신, 살균을 위해 맥주에 열을 가하는 등의 처리 작업을 거치지 않은 그대로의 상태다. 이 때문에 맥주를 담근 직후의 맛을 고스란히 느낄 수 있다. 그 외에도 유통 과정이나 보관 방법에서도 생맥주 가게의 맥주와 병맥주는 차이가 난다. 그렇기 때문에 생맥주와 병맥주의 맛은 달라질 수가 있다. 나는 생맥주가 병맥주보다 훨씬 더 맛있다고 생각했는데, 최근에는 기술의 발달로 살균 처리를 해도 생맥주와 별달리 맛이 달라지지 않는 여러 가지 방법이 개발되었다는 것 같다. 과거에 비해 병맥주와 캔맥주의 맛이 더 좋아진 이유가 이 때문인가 생각해본다.

말이 나와서 말인데, 한국 맥주의 계통을 거슬러 올라가다 보면 현대 과학 이론 중 가장 혁명적이라고 하는 양자론의 발전 과정과 간접적인 연결이 있다.

맥주는 크게 보면 효모가 물에 둥둥 떠서 위쪽 면에 효모가 모이는 상면발효맥주가 있고, 효모가 물에 가라앉기 때문에 아래쪽 면으로 효모가 모이는 하면발효맥주가 있다. 상면발효맥주는 좀 더 전통적이고 구수하고 짙은 맥주, 흑맥주 같은 유다. 그러므로 전통의 흑맥주는 효모가 위로 동동 뜨는 맥주라고 보아도 얼추 들어맞는다. 에일ale이 바로 이런 술의 대표다.

그에 비해 하면발효맥주는 더 상쾌하고 맑은 느낌이 돈다. 대강 이야기하자면 바닥에 효모가 저절로 가라앉으니 위쪽은 자연히 맑아져서 더 상쾌한 맥주가 생긴다고 생각하면 대강 맞는다. 하면발효맥주의 대표로는 보통 라거lager를 많이 이야기한다.

덴마크의 대형 맥주 회사인 칼스버그에서 물에 가라앉는 효모를 과학계에 알려서 물에 가라앉는 효모에 대한 연구를 더 발전시켰다. 이 가라앉는 효모에는 칼스버그의 이름을 따서 사카로미케스 칼스버겐시스Saccharomyces carlsbergensis라는 이름이 붙기도 했다. 이 정도의 기술력을 갖춘 회사였기 때문인지 칼스버그 맥주 회사는 더욱더 발전했다.

그렇게 번 돈으로 이 맥주 회사는 나중에 20세기 초 양자론에서 큰 공적을 세운 과학자이자, 덴마크를 대표하는 위인인 닐스 보어가 활동할 때 대대적으로 지원해줄 수 있게 되었다. 넓게 보면 한국 맥주 회사들이 주력으로 판매하는 맥주들은 대체로 라거 계통에 가깝다. 그러므로 칼스버그에서 이름을 붙인 효모로 만든 맥주와 한국 맥주는 전통에 가깝다고 할 만하다.

생맥주를 구하지 못한다고 해도 한국에서는 가게마다 효모가 살아 있는 생막걸리가 유통되고 있기 때문에 빵을 만들 효모를 구하기는 편하다. 술빵을 만들어온 많은 사람의 경험에 따르면 생막걸리에서 살고 있던 효모를 키워서 빵을 부풀려도 결과는 꽤 먹을 만하다. 나 역시 생막걸리를 이용해서 꽤 괜찮은 빵을 만들어본 적이 있다. 생막걸리를 반죽에 집어넣으면 알코올 성분이 좀 들어갈 수밖에 없을 텐데 다행히 빵을 굽는 과정에서 알코올은 먼저 기체로 변해 날아가기 마련이므로 별문제는 없다.

내가 생막걸리로 빵을 만들 때에는 밀가루에 물을 섞어 빵 반죽을 만들고 그 안에 약간의 소금, 설탕을 넣는다. 소금은 아주 조금만 넣어도 되지만 설탕은 꽤나 많이 넣고 빵을 만들어야만 "빵이 살짝 들척지근하니 맛이 있네" 정도의 느낌이 드는 것 같다.

물 양은 "이걸 반죽이라고 부를 수는 있겠지만, 반죽이라고 해도 무슨 모양을 빚거나 하지는 못할 정도로 축축 처지는 정도네. 여기서 물을 더 넣으면 반죽이 아니라 그냥 물컹한 죽 비슷하게 되겠는데" 싶은 정도로 만든다. 이때 막걸리보다는 주로 물을 넣어 반죽을 해야 한다. 막걸리의 양은 물 양의 10분의 1이나 20분의 1정도면 충분한 것 같다. 반죽에 추가로 건포도나 크랜베리나 호두 같은 것들을 좀 넣는 것도 괜찮다.

그러고 나서 따뜻한 곳에 반죽을 두고 여섯 시간에서 열 시간 정도 방치한다. 이때 반죽을 딱 맞는 밀폐된 통에 넣으면 안 된다. 생막걸리에서 반죽으로 건너온 효모들이 살면서 산소를 마시며 지내야 하므로 효모들이 마실 공기가 어느 정도 있도록 넉넉한 큰 통에 담아두는 편이 좋다. 시간이 지나면 효모들이 먹고 살면서 이산화탄소를 내뿜어 반죽이 부풀어 오른다. 자세히 보면 이산화탄소가 보글거리며 튀어나온 거품 같은 구멍도 볼 수 있다. 가만히 귀를 대보면 이산화탄소가 튀어나오면서 "뾱뾱" 내지는 "보글보글" 하는 소리를 내는 것이 가끔 들릴 때도 있다. 눈에 보이지는 않지만 효모들이 신나게 반죽 속의 영양분을 먹으며 사방에 이산화탄소를 뿌리는 잔치를 하고 있다는 이야기다.

반죽이 적당히 부풀어 오르고 탱탱해지면 오븐에 구워도 좋고 전자레인지에 구워도 잘만 하면 꽤 먹을 만한 빵이 생긴다. 반죽을 어떤 그릇에 어떤 모양으로 넣어 굽느냐에 따라 빵이 익는 정도와 모양이 달라지기 때문에, 한두 번 정도는 운에 모든 것을 맡기고 전자레인지를 돌리는 수밖에 없다. 어쨌든 어지간해서는 가정용 전자레인지로는 3분에서 7분 사이의 시간에 빵은 완성된다. 나는 3분 정도 전자레인지에 반죽을 돌린 뒤에, 잠깐 쉬었다가, 다시 3분 정도 전자레인지에 더 돌리면서 제대로 익는지, 타지는 않는지 살펴본다.

운이 좋아서 맨 처음 만들어본 빵도 그럭저럭 먹을 만했다. 두 번째 만들 때에는 더 촉감이 부드러운 것을 만들 수 있었다. 어떤 생막걸리를 이용해 효모를 집어넣어주었는지, 생막걸리, 물, 설탕, 소금의 양은 각기 얼마나 넣었는지, 어느 정도의 온도에서 몇 시간 동안이나 효모를 키웠는지에 따라 빵의 촉감이 달라진다. 효모의 습성에 따라 설탕이나 소금 양이 너무 많으면 잘 살지 못하거나 활발히 활동하지 못할지도 모른다. 반대로 효모가 너무 활동을 활발히 하면 지나치게 이산화탄소가 많이 생겨서 빵 촉감이 좀 이상해질 수도 있다. 이렇게 여러 가지로 조건을 바꾸어가면서 빵을 만들고 그 차이를 정확하게 기록해둔다면, 그것은 훌

륭한 과학 실험이다.

실제로 전문적으로 빵을 만드는 곳에서는 어떤 효모를 어떤 조건에서 길러야 빵 맛이 좋은지를 실험을 통해서 확인한다. 그렇게 확인한 방법으로 자기 회사 빵만의 좋은 맛을 만들어낸다. 특히 좋은 빵 맛을 만들어낼 수 있는 효모를 찾아낸 회사는 그 효모를 특허 같은 지식재산으로 등록하여 자기 회사만의 비법이라고 보호하기도 한다.

효모보다 더 좋은 것이 있을까

안타깝게도 아무리 효모를 이용하는 기술이 발전하더라도 다양한 요리를 만드는 데에는 피할 수 없는 어려움도 있다. 어쩔 수 없이 효모를 이용해서 빵을 만드는 것은 살아 있는 생물을 길러 가며 그 생물이 무슨 작업을 하기를 바라는 일이다. 생태계에서 생물이 하는 일은 아무래도 그때그때 우연에 따라 달라질 수밖에 없고 아무리 조절해도 항상 일정하게 일어나지는 않는다. 생명이란, 삶이란 그런 것이기 때문이다.

그래서 19세기의 학자들은 화학을 적극적으로 이용하는 방법을 개발하고자 했다. 어떤 물질을 반죽 속에 골고루 섞어 넣고 그 물질이 아주 극히 작은 조그마한 폭죽 같은 역할을 하게 만들 수 있다면, 음식을 만들 때 빵 터지면서 빵을 부풀어 오르게 할 수 있지 않겠나 상상한 것이다. 결국 연구 끝에 화학자들은 그런 상상 속의 물질을 찾아냈다. 이런 물질을 팽창제라고 하는데, 가장 널리 쓰이는 것은 탄산수소소듐sodium bicarbonate이라고도 하는 탄산수소나트륨이다. 베이킹소다, 식소다라고 하는 물질이다.

탄산수소나트륨은 사람이 먹을 수 있는 물질인데, 그러면서도 열을 가하면 분해되면서 그 안에서 이산화탄소가 튀어나오는 물질이다. 빵을 구울 때에는 당연히 열을 가하게 되므로 이 물질을 섞어놓고 빵을 구우면 이산화탄소가 곳곳에서 튀어나온다. 그래서 이 물질이 효모가 하는 역할을 대신하게 된다. 이런 반응은 약간의 산성 물질이 있으면 더욱 잘 일어나기 때문에 탄산수소나트륨을 넣어 빵을 만들 때에는 레몬즙같이 산성을 띤 물질을 넣으면 빵이 더 잘 만들어진다고 말하는 사람도 있다.

아예 산성을 띠는 물질을 미리 같이 섞고 다른 빵 만들 때 필요한 성분도 조금 첨가해서 제품으로 판매하기도 한다. 이런 식으로 제조된 제품이 바로 베이킹파우더다. 베이킹파우더는 과자 만들기에서 케이크 만들기까지 널리 사용되고 있다. 어디에든 원하는 양만큼 집어넣을 수 있고 그 양을 정확히 정해서 조리법을 만들기도 좋다.

★★★ 시식평: 빵이 쿠키 맛이다. 그렇지만 보통은 된다.

09

볶음밥

전자총으로 연구하는 5000년 전의 밥

가와지볍씨의 발견

서울 지하철 3호선을 타고 북쪽 끝까지 가면 대화역에 도달한다. 이곳에서 6번 출구로 나와서 어느 초등학교 방향으로 조금 걸어가면 평범한 주택가가 나온다. 이 지역은 그야말로 흔히 볼 수 있는 주택가다. 근처에는 여러 아파트 단지가 있어서 자기 나름대로 멋진 건설 회사 상표를 자랑하고 있는 곳도 있고, 조금만 더 나아가면 화려한 갖가지 쇼와 박람회가 벌어지는 킨텍스 전시장도 있다. 하지만, 이 근처는 그냥 보통 연립주택이 차분하게 모여 있는 조용한 동네일 뿐이다.

사실 이곳은 한국 음식 역사에서 매우 중요하고 굉장히 오래된 유적지가 있던 곳이다. 지금은 동네를 돌아보아도 그 흔적을 찾기란 힘들다. 평범해 보이는 길을 한 바퀴 빙 돌며 구석구석 살펴본다고 해도 음식과 관련된 대단한 곳은 없어 보인다. 간신히 동네 분식집이나 국숫집 같은 곳을 찾아낸다고 해도 오래된 곳일 가능성은 높지 않다. 무슨 유적이 있는 느낌은 잘 들지 않는다. 그럴 수밖에 없는 것이, 이 일대 전체는 20세기 후반에 개발된 신도시다. 사람들이 많이 옮겨 살며 이런저런 가게들이 생긴 것도 정부 정책에 따라 개발이 시작된 후다.

그런데 신도시가 생기기 전에 이 주변은 그저 평범한 들판이었다. 웅덩이 진 곳에는 물이 괴어 늪 비슷한 것이 있었고 그보다 높은 땅의 질이 좋아 보이는 곳에는 사람들이 모여 살았던 것 같다. 특별히 대단한 장군이나 높은 벼슬아치 같은 사람들이 멋진 집을 짓고 살던 곳은 아니었다. 세기를 하나 지나 100년 전에도 그 모습은 그대로였다. 정확한 자료는 없지만 500년 전 조선 시대에도 이곳은 거의 같은 모양이었을 것이다. 1000년 전 고려 시대에도, 2000년 전 백제, 고구려, 신라 삼국이 막 생겨난 시대에도 이곳은 그냥 별것이 없어서 농사나 짓는 빈 들판이었던 것으로 추측된다.

이곳의 진정한 가치는 그로부터 더 시대가 거슬러 올라가도 비슷한 모습이었다는 점이다. 3000년 전 청동기 문명의 영향이 미쳤느냐 아니냐 하던 시기에도 이곳은 비슷한 모습이었던 것으로 보이며, 4000년 전에도 비슷한 모습이었을 것이라는 의견이 있다. 심지어 5000년 전에도 이곳은 비슷한 모습이었을지도 모른다. 빈 들판에 농사나 조금 짓는 곳이라는 이 지역에 대한 묘사는 5000년 동안 달라지지 않았다.

그 때문에 이곳은 한국 음식에 관한 유적 중에 대단히 중요한 곳이 되었다. 바로 여기에서 약 4000년 전에서 5000년 전 무렵, 먼 옛날에 쌀농사를 지었던 흔적이 발견되었다는 주장이 나왔기 때문이다.

여기에서 발견된 쌀을 흔히 "가와지볍씨"라고 부른다. 평범한 신도시 주택가에서 발견된 이 쌀 몇 톨이 한국에서 쌀농사에 관한 가장 오래된 증거로 등장했다. 가와지볍씨보다도 더 오래된 쌀이 있었던 것 아니냐는 연구가 가끔 나오기는 하지만, 가와지볍씨만큼 많이 연구되고 증거도 제법 잘 갖춰진 사례는 흔하지 않다.

가와지볍씨가 발견된 것은 1991년이었다. 1980년대 말, 1990년대 초에는 신도시 개발의 열풍이 불고 있었다. 한국이 발전하고 있다고 하지만 사람들이 사는 형편은 나아지지 않는다는 이야기가 세간에 많이 돌았고, 집값, 땅값이 너무 빠르게 오른다는 점이 문제로 많이 지적되고 있었다.

이 때문에 한국 정부는 대단히 많은 집을 한꺼번에 지어서 내어놓자는 계획을 추진했다. 넓지 않은 땅에 많은 집을 지으면서 한국인이 좋아하는 도시 생활과 쉽게 연결하려면 고층 아파트를 짓는 것이 손쉬운 방법이었다. 똑같은 모양의 아파트를 계속해서 지어 올리는 것은 공사하기가 간편하고 빨리 진행할 수 있다는 장점도 있었다. 그 역시 한국인의 입맛에 맞았다. 이 때문에 1988년에서 1992년 사이에 전국에 지어진 아파트의 숫자는 거의 200만 채에 가까웠다. 아파트 한 채에 네 사람씩이 살 수 있다고 치면, 덴마크나 핀란드 같은 나라의 인구 전체가 살 수 있는 정도의 아파트를 몇 년 사이에 다 지어버린 것이다.

그중에서도 서울 근처의 소도시와 들판에 새로 지은 아파트 단지들이 바로 신도시가 되었다. 나중에 비슷한 신도시들이 더 생기기 때문에 1980년대 말, 1990년대 초에 생긴 신도시들을 흔히 1기 신도시라고 부른다. 분당, 일산, 중동, 평촌, 산본에 아파트 단지들이 갑자기 수없이 들어섰다. 그러니까 족히 4000년 이상 그냥 들판이었던 곳이 졸지에 주택단지로 바뀐 것도 결국은 1980년대 땅값과 부동산 투자의 힘이었다는 이야기다.

그 과정에서 어마어마한 넓이의 땅을 파헤치고 갈아엎다 보니 혹시 무슨 옛 유적을 건드리게 되지 않을까 싶어 몇몇 학자들이 발굴 조사를 하고 싶어 했다. 이융조 선생의 글 「고양 가와지볍씨: 조사와 연구」에 따르면 이융조 선생과 그 동료 연구팀이 이 지역에 온 것은 1991년 5월이었다고 한다. 발굴 조사가 잘 진행된 것을 보면 아마 날씨도 좋았지 싶다. 그런 계절에 선사 시대의 흔적을 발굴하겠다고 대학생 여럿을 포함한 발굴팀이 들판에 왔다고 한다.

젊은 연구자와 학생들이 뭔가 나오지 않을까 싶어 봄날의 들판으로 나온 것까지는 좋았는데, 정말 아무것도 없는 들판이라는 것은 큰 문제였다. 적어도 며칠은 머물면서 작업을 해야 할 상황이었는데 식당이나 숙소는커녕 널찍한 민가 한 채를 찾기가 어려웠다. 그보다 전에는 농사짓는 사람들이 꽤 살고 있었을 테지만, 발굴팀이 도착했을 무렵에는 이미 신도시 개발로 땅을 팔고 사람들이 모두 떠나버려서 변변한 건물 자체가 드물었을 것이다.

이곳저곳을 헤매다가 이융조 선생은 김수원이라는 분의 집이 남아 있는 것을 발견했다. 그는 사정사정해서 그 집에서 연구팀이 머물게 해달라고 부탁했다고 한다. 그렇게 해서 여학생들은 그 집의 빈방 하나와 그 집 딸 방 하나를 같이 쓰면서 자고, 남학생들은 적당히 헛간 같은 곳에서 대충 버티는 식으로 숙소를 마련하게 되었다. 이융조 선생은 장비를 둘 곳이 없어 돌아다니다가, 동네에 주인 없는 창고 같은 곳이 보이기에 그곳에 넣어두었는데 알고 보니 그곳은 장례를 치를 때 쓰는 상여를 보관하는 장소였다는 이야기도 남기고 있다.

학생들은 이융조 선생만 믿고 있었는데, 그 자신도 사실 어디서 어떻게 발굴을 해야 할지 장담할 수는 없었다. 그는 부담을 느끼면서도 한번 해보자 싶어서 애초 계획대로 늪지대였던 곳을 파헤쳐보는 작업을 시작했다. 하루 종일 남녀 학생들이 땅을 파고 또 파헤치며 거의 열흘 가까이 그저 땅을 파고 또 파는 단순하기 짝이 없는 일을 반복했다고 한다. 무척 힘들고 지겨운 작업이었을 것이다. 이 선생은 자신을 믿는 학생들에게 부끄러울 지경이었다고 회고하고 있다.

작업한 지 2주일이 지났을 무렵 땅을 1.5미터 정도 파 내려간 곳에서 한 학생이 "까만 흙이 보인다"고 소리쳤다. 천막 안에서 다른 작업을 하고 있던 이융조 선생은 그 소리를 듣고 놀라서 뛰어나갔다고 한다. 기다리고 있던 토탄층이 발견되었다는 소식이었다. 토탄층은 늪지나 진흙 구덩이 같은 곳에 여러 식물 따위가 섞여 묻히면서 완전히 썩지 않은 상태 그대로 숯처럼 검게 변하여 오랜 세월이 지난 곳이다. 석탄 비슷한 것이 생기고 있는 단계라고 볼 수도 있다. 이런 곳에는 몇천 년 전의 흔적이 묻혀 남아 있는 수가 있다. 발굴팀이 찾아 헤매던 먼 옛 시대의 물건 중 무엇인가를 찾아낼 수 있을지도 모른다.

토탄층을 발견한 후 발굴팀은 그 일대를 집중적으로 파내며 조사하기 시작했다. 얼마 후 그곳에서 나무통 하나를 발견해냈다. 오랜 옛날에 묻힌 것으로 보이는 나무통이었다. 이융조 선생은 팀원들에게 대단한 것을 찾아냈다고 흥분한 목소리로 말했다. 아마도 고생하는 팀원들을 기쁘게 하려고 일부러 더 기쁜 모습을 보여주면서 이야기했을 것이다. 그때 그는 "아마 우리나라에서 찾아낸 가장 오래된 나무일 것이다"라고 말했다고 한다.

바로 그 나무통 위의 흙에서 단 한 톨의 씨앗이 나왔다. 한눈에 보기에도 쌀 모양이었던 것 같다. 정황상 족히 몇천 년은 묵은 볍씨인 듯했다. 발굴팀은 어마어마한 양의 흙을 파헤치고도 그 단 한 톨의 쌀알 때문에 크게 감격했다. 어쩌면 그것이 한국에서 처음으로 쌀밥을 만들어 먹었던 사람이 남긴 흔적일 수도 있었다.

주변의 다른 발굴팀까지 합세하여 그날 저녁 내내 파티가 열렸다. 팀원들은 새벽까지 흥분하며 기뻐했다고 한다. 어찌나 감격했는지 이융조 선생은 그 한 톨의 쌀알을 보고 갑자기 농사를 지으며 쌀 한 톨을 소중하게 여기라고 말하던 본인 아버지의 기억이 떠오르며 눈물이 왈칵 쏟아져 학생들이 있던 천막 밖으로 나올 정도였다고 한다.

그 한 톨의 씨앗이 지금 우리가 가장 당연한 음식이라고 생각하는 한국의 밥이 언제부터 있었냐는 물음에 대한 그때까지 내놓을 수 있는 가장 좋은 대답이었다. 모닥불을 피워놓고 노래하며 놀고 지낸 그다음 날 아침 다시 감상적인 느낌으로 현장을 돌아보니, 이 교수는 문득 파헤친 다른 흙 속에 또 다른 쌀알이 들어 있을지도 모른다는 생각이 들었다고 한다. 발굴팀은 의논 끝에 파헤쳐 쌓아놓은 흙을 다시 일일이 뒤져보기로 했다.

커다란 플라스틱 물통에 물을 담아놓고 파헤쳐놓은 흙을 전부 학생들이 일일이 체로 치기 시작했다. 당시 2학년 김영민 학생이

다른 학생들을 이끌었다고 하는데, 김영민 학생은 여학생들에게 인기가 많고 익살에 능한 편이라 혼자서 갖가지 웃긴 소리를 하며 종일 이어지는 힘든 일을 달래주었다고 한다. 「고양 가와지볍씨: 조사와 연구」에 실린 내용을 보면 어린이 애니매이션 주제곡 같은 것을 신나게 부르기도 했다고 하는데 워낙에 깊이 기억에 남은 추억인지 이융조 선생은 그 주제곡이 무엇이었는지도 기억하고 있었다.

그렇게 해서 총 열한 톨의 쌀알을 흙 속에서 추가로 찾아냈다. 신도시 개발을 앞두고 아무것도 없는 그 들판에서 발굴팀에게 숙소를 빌려주었던 분이 자기 집 근처를 예전부터 "가와지"라고 부른다고 말해주었기 때문에 이때 발견된 수천 년 전 한국 쌀농사의 증거에 "가와지볍씨"라고 이름 붙였다고 한다.

5000년 전의 쌀알을 연구하기

먼 옛날의 것으로 보이는 고대의 쌀알이 발견되자 연구진은 이 쌀이 정확히 어떤 것이고 무슨 특징이 있는지부터 연구했다.

우선 쌀의 모양부터 연구했다. 쌀에는 흔히 우리가 멥쌀이라고 부르는 한국에서 가장 흔한 쌀 형태가 있다. 쌀알의 길이가 길지 않고 작고 통통한 편이며 밥을 지으면 끈끈하게 잘 달라붙는다. "찰기가 있다"라고도 한다. 학계에서는 이런 쌀 종류를 흔히 자포

니카japonica라고도 한다.

그런데 먼 옛날의 쌀이라는 가와지볍씨는 요즘 우리가 먹는 멥쌀과는 좀 달라 보였다. 무엇인가 다른 품종일 수도 있을까? 한국이 아니라 전 세계로 범위를 넓혀보면 이런 멥쌀을 먹는 사람들은 그렇게 많지 않다. 한국에서는 과거에 흔히 안남미라고도 불렀던 인디카Indica쌀을 먹는 사람들이 외국에는 훨씬 많다. 세계에서 생산되는 쌀 중에 90퍼센트가량이 인디카쌀이라고 한다. 인디카쌀은 멥쌀에 비하면 훨씬 길쭉하게 생겼고 밥을 지어도 서로 잘 달라붙지 않는다. 옛날 한국 사람들은 인디카쌀은 밥을 지어도 훅 불면 날아간다고 해서 그것을 신기한 식재료로 여기는 경우도 꽤 많았다.

이런 차이가 나는 이유는 몇 가지를 생각해볼 수 있다. 가장 자주 언급하는 것은 두 쌀의 아밀로스amylose 함량 차이이다.

쌀에 들어 있는 전분도 당분의 일종인데, 당분이라는 물질은 100만 배 크기로 확대해서 보면 탄소 원자들이 산소 원자와 함께 육각형 모양으로 붙어 있고 거기에 수소 원자가 붙어 있는 물질의 형태인 것이 많다. 이런 육각형 모양이 하나하나 따로 떨어져 돌아다니는 물질이 포도당이고, 이런 육각형 모양이 둘씩 붙어 있는 것이 설탕이다. 세 개에서 대여섯 개 정도의 육각형 모양이 붙어 있는 물질을 바로 올리고당이라고 한다. 단맛이 난다는 점에서 다들 비슷비슷하지만 조금씩 성질은 다르다. 요리에 사용하기 편하고 입에 달기에는 설탕이 매우 요긴하지만, 요즘에는 설탕보다는 올리고당이 이런저런 이유로 더 좋을 수도 있다는 광고가 많이 보이기도 한다.

육각형 모양이 더 많이 붙어 있는 물질은 없을까? 있다. 육각형 모양이 탄소, 산소, 수소 덩어리가 수백 개, 수천 개가 길게 연결되어 무슨 쇠사슬이나 실 모양처럼 되어 있으면 그 물질을 바로 아밀로스라고 한다. 쇠사슬이나 실 모양이라고 하지만 그 쇠사슬 모양의 굵기는 100만분의 1밀리미터 정도밖에 되지 않고, 보통은 스프링이나 꽈배기처럼 돌아가는 형태로 되어 있다. 이것이 바로 쌀, 밀, 보리, 감자, 고구마 같은 식량의 주성분인 전분의 기본이다. 우리가 밥을 먹어서 힘을 낸다고 하면, 바로 이 100만분의 1밀리미터짜리 쇠사슬 모양의 물질이 어마어마한 양으로 얽혀 있는 것을 먹는 것이고, 몸속에서는 이 물질이 다시 소화 과정에서 화학반응을 일으켜 쇠사슬 고리 하나하나로 쪼개져서 포도당으로 변하여 사용된다는 뜻이다.

그런데 전분에는 기본 전분 성분이라고 할 수 있는 아밀로스만 들어 있는 것이 아니다. 아밀로펙틴amylopectin이라고 해서, 아밀로스가 그냥 기다란 실 모양으로 되어 있는 것이 아니라 도중에 이리저리 나뭇가지가 가지를 치듯이 여러 가닥의 실이 붙어 있는 형태인 것도 있다. 아밀로스는 기다랗게 뻗어난 실 모양이기 때문에 서로 차곡차곡 잘 쌓일 수가 있지만, 아밀로펙틴은 서로 다른 모양으로 이리저리 가지를 친 형태이기에 차곡차곡 쌓이기는 어렵고 대신 이리저리 복잡하게 엉키기 쉽다. 바로 이 차이 때문에, 아밀로스와 아밀로펙틴 사이에 성질의 차이가 생긴다.

아밀로펙틴이 많을수록 밥을 지었을 때 더 쫀쫀하고 찰기가 많은 쌀이 된다고 한다. 반대로 이야기하면 아밀로스가 많을수록 밥이 푸슬푸슬하고 찰기가 없어진다는 이야기다. 서로 잘 붙지 않는 밥이 된다는 인디카 품종의 쌀은 아밀로스가 30퍼센트까지 가기도 하며, 반대로 찹쌀의 경우에는 아밀로스가 1퍼센트 정도밖에 되지 않아 전분에서 아밀로펙틴이 차지하는 비중이 무척 높다. 찹쌀로 밥을 하면 밥알이 쫀득쫀득하게 붙는다.

고양시에서 발견된 가와지볍씨는 인디카에 가까운 품종이었을까? 그런데 가와지볍씨는 인디카로 보기에는 또 보통 멥쌀과 비슷해 보이기도 했다. 인디카를 살짝 닮은 멥쌀 정도로 생각할 만했고, 인디카와 멥쌀의 중간에 해당하는 뭔가 다른 쌀이라고 해야 될 것 같은 느낌이기도 했다.

이런 이유로, 연구 초창기에는 현재 우리가 보고 있는 쌀 품종들이 정확히 정착되지 않은 시대였다는 의견이 나오기도 했다. 예를 들어서 멥쌀과 인디카의 중간에 해당하는 쌀이 있었는데 그것이 한국, 중국, 일본에서 심어 몇백 년, 몇천 년 길러가는 가운데 점점 변하면서 멥쌀처럼 변해갔고, 반대로 동남아시아나 인도에서 심어 기르면서 점점 변해 인디카처럼 변해갔다는 이야기다. 또

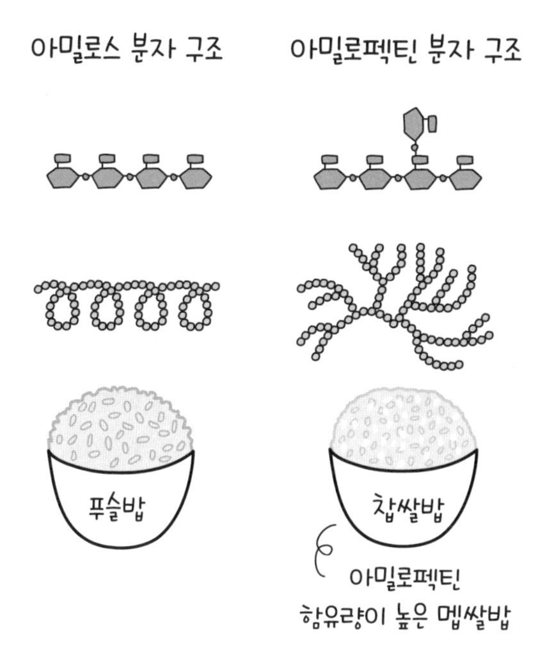

는 여러 가지 다양한 품종의 뿌리가 되는 쌀들이 큰 구분 없이 뒤섞여 있었는데, 그중에 살아남아 퍼진 특이한 것 두 가지가 멥쌀과 인디카가 되었다고 상상해볼 수도 있었다.

2011년에 미국 뉴욕 대학교 유전체 시스템 생물학 센터를 비롯한 공동 연구팀이 쌀의 유전자를 연구한 결과, 쌀이 멥쌀과 인디카, 두 종류로 갈린 것은 3000년 전에서 4000년 전 사이라는 주장이 나온 적이 있다. 가와지볍씨는 약 5000년 전 사이의 것으로 보고 있으므로, 그렇게 보면 멥쌀과 인디카로 쌀이 나뉘기 이전, 둘의 조상에 해당하는 중간 정도 되는 쌀이 가와지볍씨라는 주장은 아귀가 들어맞는 듯 보인다.

물론 여기에 대해 반론이 없는 것은 아니다. 안승모 선생 같은 학자는 가와지볍씨는 그래도 멥쌀에 더 가까워 보인다는 점을 지적한다. 이렇게 인디카와 비슷하게 생긴 멥쌀이 과거 다른 나라에서 발견된 사례도 없지는 않으므로 일단은 멥쌀의 조상으로 보는 편이 더 맞지 않냐는 의견을 펴고 있기도 하다.

입자가속기의 등장

가와지볍씨에 관한 세세한 주장 하나하나가 관심거리가 된 이유는 역시 가와지볍씨가 너무 오래된 것이었기 때문이다. 국내 고고학계에서는 한국에서 벼농사의 증거가 충분해지는 것은 청동기 시대 정도부터라고 보고 있었다. 1990년대까지만 해도 거의 모든 교과서에서 한국에서 벼농사는 청동기부터 시작되었다고 이야기했다. 벼농사 문화가 한국으로 전파될 만한 정황을 따져보거나, 벼농사에 필요한 농사 기술을 생각해볼 때에도 청동기 시대 문화가 발생할 즈음이라면 이야기가 쉽게 맞아든다.

그런데 가와지볍씨는 약 5000년 전의 것으로 추정되었다. 이

때는 청동기 시대를 앞서서 대부분의 학자들이 신석기로 보는 시기다. 신석기 시대 한반도에 살던 사람들이 벼농사에 도전할 만한 기술을 과연 갖고 있었을까? 흙 속에서 파낸 열두 톨의 볍씨 중에 오래된 것 몇 톨만으로 과연 몇천 년의 시간을 뒤엎을 수 있을까? 이런 것은 어려운 문제였다. 가와지볍씨에 대한 연구 보고가 처음 나왔을 때에는 의심의 눈길을 보내거나, 갑자기 과감한 주장을 한다고 보는 사람들도 적지 않았을 것이다.

특히 사람들이 많은 관심을 가졌던 문제는 과연 그 쌀알이 농사를 지은 흔적이 확실하냐는 점이었다. 그냥 저절로 자라난 야생 벼일 수도 있다는 뜻이었다. 지금 한국에서는 쌀이라면 농사를 지어서 키우는 것이 당연한 식물이지만 사실 쌀은 야생에서도 자랄 수 있다. 한국에서 볼 수 있는 소는 다 외양간에서 키우지만 먼 옛날에는 사람 손을 타지 않은 들소들이 산과 벌판을 돌아다녔을 것이라고 상상해볼 수 있는 것과 비슷하다.

학자들이 갖고 있었던 것은 쌀 몇 톨뿐이다. 이 쌀이 농사지은 것이 맞냐고 물어볼 수 있는 사람은 이미 몇천 년이라는 시간의 저편으로 사라지고 없는 상황이었다. 무엇인가 다른 방법으로 쌀알을 조사해보아야 했다. 학자들이 사용한 것은 바로 작고 간단한 입자가속기가 달린 장비를 이용하는 방법이었다.

입자가속기란 아주 작고 가벼운 알갱이를 주로 전기의 힘을 이용해서 빠른 속도로 날아갈 수 있도록 가속해주는 기계를 말한다. 보통 과학 실험에서는 이렇게 가벼운 알갱이를 날아가게 한 뒤에 그것을 어딘가에 충돌시키면서 그때 발생하는 현상을 여러 방법으로 측정하거나 관찰할 때가 많다. 입자가속기 중에는 거대한 규모를 자랑하는 것이 많다. 건물 하나 정도의 크기를 차지하는 것은 자주 볼 수 있고, 세계 최대의 입자가속기는 가속기의 크기를 킬로미터 단위로 따진다.

단, 가와지볍씨를 연구하던 학자들이 사용한 장비는 특수한 전용 입자가속기는 아니었다. 이때 사용된 장치는 평범한 전자현미경이었다. 전자현미경에는 전자총이 달려 있다. 전자총은 전자를 한 방향으로 일정하게 쏘아주는 전자 부품을 말하는데, 전자는 아주 작고 가벼운 알갱이이고 또한 전자총은 전자를 쏘아내기 위해서 한 방향으로 전자를 빠르게 움직이게 해준다. 그러므로 전자총은 간단한 입자가속기라고 하기에 손색이 없다.

전자총은 한때 대단히 흔한 부품이었다. 1990년대까지만 해도 전자총은 텔레비전 속에 꼭 하나씩은 들어가야 했다. 지금이야 LCD나 OLED 같은 방식으로 얇고 가볍게 화면을 만들지만 20세기만 해도 텔레비전은 훨씬 무겁고 두껍게 생긴 커다란 유리통에 화면이 나오는 방식이었다. 지금도 가끔씩 영화배우가 텔레비전에 출연했을 때, "배우가 브라운관에 나왔다"라고 말하는 경우가 있는데 이런 옛날 텔레비전의 유리통 부분을 브라운관이라고 불렀기 때문에 생긴 표현이다.

옛날 텔레비전 속 브라운관의 한쪽은 화면이고 반대쪽에는 전자총이 달려 있다. 전자총 속에는 금속이 노출되어 있어서 전기가 흐르면 금속에서 전자라는 아주 작은 전기를 띤 알갱이가 튀어나오게 되어 있다. 전자는 매우 작아서 보통 금속 안의 전자는 그 무게가 대략 0.0000000000000000000000000001그램밖에 되지 않는다.

텔레비전에서 사용하는 전자총에서는 전자가 잘 떨어져 나오는 성질을 가진 세슘 등의 금속을 넣어두었다. 세슘 덩어리에서 전자가 튀어나올 때 브라운관 속의 부품에 강한 전압을 흐르게 해둔다. 그렇게 해서 전기의 양극이 음극을 끌어당기는 힘을 이용해서 튀어나온 전자를 한쪽으로 끌어당긴다. 끌리는 힘 때문에 전자는 빠르게 날아간다.

보통 텔레비전 속의 전자가 화면에 부딪힐 때에도 그 속도는 시속 수백만 킬로미터 이상은 될 것이다. 이때, 화면에는 빠른 속도의 전자가 부딪힐 경우 빛을 뿜는 물질을 칠해놓는다. 그러면 전자총에서 쏜 전자가 닿는 부분은 빛을 내게 된다. 만약 이 장치의 옆쪽에서도 전기를 살짝 걸면 전자는 그쪽으로도 당기는 힘을 받으면서 날아오는 방향이 살짝 비틀릴 것이다. 이렇게 조절하면 화면의 다른 부분에 전자가 부딪히게 할 수가 있다. 그렇게 전자가 부딪히는 위치를 이리저리 바꾸어가면서 화면에서 원하는 부분만을 필요한 정도만큼 빛나게 하면 원하는 모양의 그림을 만들어낼 수도 있다. 만약 영화배우의 얼굴 모양과 같은 형태로 전자가 부딪혀 빛나게 하면 화면에는 그 배우의 얼굴 모양이 보일 것이다.

전자총이라는 이 간단한 입자가속기는 브라운관 텔레비전의 전성기에 대단히 싼값으로 많이 생산되었다. 절정 무렵인 2000년에는 한국 전자 회사들이 생산한 브라운관의 숫자가 1억 대에 달했다. 이것은 전자총이 달린 브라운관을 공장에서 1년 내내 24시간 쉬지 않고 계속 생산한다고 했을 때 1초에 3대꼴로 전자총을 만들어냈다는 뜻이다. 한때 이렇게 많은 전자총을 만들었던 것치고, 한국어로 된 전자총에 대한 서적이나 자료가 부족하다는 점은 아쉽다. 그 시절 공장 기술자들이 전자총을 만들면서 경험한 추억들이 이리저리 퍼져나갔다면, 그래서 그런 이야기들이 입자를 가속하는 여러 다른 장치를 꿈꿀 어린이나 학생 들에게 재미난 이야기가 되었다면 더 좋았을 것이다.

전자현미경도 텔레비전 속 브라운관과 그 구조가 크게 다르지는 않다. 전자현미경이 텔레비전과 다른 점이라면 더 빠른 전자를 더 정밀하게 사용한다는 점과 화면에 전자가 부딪히는 대신에 보고자 하는 물체에 전자가 부딪히는 구조라는 점 정도다. 전자현미경에 달려 있는 전자총에는 보통 텅스텐이 달려 있어서 거기에서 전자가 튀어나오게 되어 있다. 그리고 빠르게 가속되어 날아가는 전자가 보려고 하는 물체에 부딪혔을 때 생기는 온갖 현상을 측정해서 그 물체가 어떤 구조로 되어 있는지 알아낼 수 있게 되어 있다.

광범위하게 많이 사용되는 전자현미경으로는 흔히 SEM scanning electron microscope이라고 부르는 주사전자현미경이 있다. 이 장비는 보고 싶은 물체에 전자가 부딪혔을 때, 날아온 전자를 맞고 그 힘 때문에 물체 표면에서 떨어져 나온 물체에 들어 있던 전자를 측정하는 장치다. 만약 가와지볍씨의 정중앙 부분을 알아보고 싶다면 가와지볍씨의 정중앙에 빠르게 날아오는 전자를 쏘아주고, 그 전자를 맞고 볍씨에서 떨어져 나온 전자를 측정해서 전자가 얼마나 어떻게 나왔는지 측정 장치로 재어본다는 이야기다. 납으로 만든 조각상이 있는데 거기에 납으로 된 총알을 발사한 후에 총알을 맞고 조각상에서 납 부스러기가 얼마나 바깥으로 튀어 오르는지를 보는 실험을 누가 한다고 상상해보자. 전자현미경은 그것과 비슷한 장치다. 전자현미경은 납 총알 대신에 아주 작은 전자를 전자총으로 쏜다.

만약 보려고 하는 물체의 평평한 부위에 전자총으로 쏜 전자가 부딪힌다면 그 부위에서 전자가 떨어져 나오려다가도 주위로 다시 흡수될 수가 있다. 결국 떨어져 나오는 전자를 측정해보면 별로 나오는 것이 없다. 반대로 뾰족하게 튀어나온 곳에 전자가 부딪혀서 거기에서 전자가 떨어져 나오면 주위에 흡수될 곳이 없으므로 전자가 많이 튀어나오게 된다.

주사전자현미경은 전자를 쏘는 것을 정밀하고 예민하게 조절하고 그 결과도 유용하게 볼 수 있을 정도로 잘 감지한다. 이것을 이용하면 아주 작은 크기의 물체도 세밀하게 살펴볼 수 있다. 0.1밀리미터 길이밖에 되지 않는 작은 먼지를 커다란 달력이나 칠판 크기로 확대해보는 것도 간단하다. 가격도 아주 비싸진 않아서 온갖 분야에 널리 사용되고 있다. 조수현 기자의 2012년 기사를 보면 한국 곳곳에서 사용되는 주사전자현미경은 2000대 정도라고 한다.

학자들은 이런 전자현미경으로 가와지볍씨를 크게 확대해서 보았다. 처음 사람들이 주목한 부분은 볍씨가 떨어져 나온 끄트머리였다. 쌀알이 발견되었다는 것은 쌀이 벼 줄기에서 끊어져 떨어져졌다는 이야기다. 그러니 전자현미경으로 그 끊긴 면을 세밀하게 살펴본 것이다. 만약 쌀알이 자연히 벼에서 떨어져 나왔다면 끄트머리가 서서히 낡아가다가 부드럽게 끊어질 것이니, 볍씨가 떨어져 나온 면도 부드럽고 매끈해 보일 것이다.

그런데 가와지볍씨의 떨어져 나온 면은 그렇게 보이지 않았다. 이 볍씨의 끊긴 면을 확대해서 보니 거칠고 우둘투둘하게 찢겨져 나온 듯했다. 누군가 강제로 뜯어낸 듯 말이다. 농기구 같은 것을 써서 사람이 잘라낸 듯한 모양에 가까웠다. 이것은 가와지볍씨가 그저 야생으로 우연히 자라났다가 쌀알이 떨어진 것이 아니라, 사람이 일부러 뜯어낸 곡식에 가까웠다는 증거였다. 그렇다면 이

쌀은 농사를 지어 기른 쌀일 가능성이 높아진다.

전자현미경으로 찾아낸 단서는 이외에도 더 있었다. 보통 식물의 몸에는 땅속에서 뿌리로 빨아들이는 여러 성분 중에 규소Si가 다른 물질과 결합해서 마치 작은 모래 알갱이처럼 자리 잡는 수가 있다. 이런 것을 그 형태에 따라 규소체phytolith나 규소괴라고 부른다. 규소체는 모래처럼 오래 보존되기 때문에, 규소체가 들어 있는 식물 자체는 다 썩어 없어지고 어딘가로 사라져버렸지만 그 속에 들어 있던 규소체는 몇백 년, 몇천 년이고 남아 있어서 옛날 그곳에 식물이 어떻게 살고 있었는가에 대한 흔적이 될 때가 있다. 윤순옥 선생 같은 학자는 강릉 경포호 근처의 옛날 흙 속에서 규소체를 찾아서 수백 년 전, 수천 년 전에 그 근처에 식물이 어떻게 살고 있는지 추측하는 연구를 했던 적도 있었다.

규소체를 전자현미경으로 크게 확대해서 보면 저마다 다른 모양이 보인다. 어떤 것은 길쭉했고, 어떤 것은 만두 같았다. 학자들은 서로 다른 종류의 식물에서 나온 규소체는 그 모양도 각기 다르다는 점을 알아냈다. 그러니까, 가와지볍씨 근처에서 발견된 규소체를 잘 살펴보면 어떤 쌀인지 알아낼 수 있을지도 모른다. 다행히 벼는 규소체가 비교적 잘 생기는 식물에 속한다. 어떤 연구자들은 모래 같은 규소체 성분이 벼의 줄기를 딱딱하고 튼튼하게 만들어주는 역할을 하고 있지 않을까 추측하기도 한다. 즉 규소체가 있기 때문에 벼는 똑바로 서서 길고 빳빳하게 자라날 수 있다는 것이다.

김정희 선생은 가와지볍씨 근처에서 벼에서 나온 것으로 보이는 규소체를 찾아냈다. 그것을 전자현미경으로 살펴보니, 모양은 야생 벼보다는 농사를 지어서 키운 벼에서 나온 규소체를 닮아 보였다. 가와지볍씨가 역시 5000년 전에 사람이 농사를 지어서 키운 쌀이 맞는다는 쪽에 가까운 단서였다.

아직까지도 가와지볍씨 연구는 이어지고 있다. 널리 알려지기도 해서 지금은 지역에서 가와지볍씨를 기념하는 박물관이 생기기도 했고, 가끔 기념 행사도 벌어진다. 세월이 그렇게 지나는 동안 이제 가와지볍씨는 과거에 비해서는 5000년 전에 농사지어 수확한 쌀이 맞는 것 같다는 의견이 좀 더 자리 잡아가는 듯 보인다.

어떤 것이 옛날 볶음밥 맛일까

가와지볍씨 논쟁은 아직도 완전히 사라지지는 않았다. 예를 들어 가와지볍씨가 애초에 어떤 경로로 경기도 고양시 대화역 근처까지 오게 되었는지는 여전히 수수께끼다. 보통 한반도의 벼농사는 육지 길을 따라 중국에서부터 한반도 북부에서 남부로 전해졌다고 보는 것이 쉬운 설명이다. 하지만 최근 들어 중국 남쪽 지역이나 동남아시아에서 바로 한반도 서쪽 지역으로 벼농사가 전해졌을 거라는 이야기도 종종 나온다. 정말로 그렇다면, 한국인이 지금도 밥을 먹고 사는 까닭은 동남아시아에서 한반도를 오가는 어느 용기 있는 5000년 전의 한 모험가가 볍씨를 들고 다닌 결과일지도 모른다. 몇천 년 전, 날씨와 지형이 달랐다면 지금은 바다인 곳이 육지였을 수도 있고 그렇다면 동남아시아에서 한반도로 오는 길이 조금 더 편했을 수도 있다.

나는 가와지볍씨의 밥맛이 어땠을지도 궁금하다. 가와지볍씨의 쌀로 볶음밥을 만들면 썩 잘 어울릴지도 모른다. 볶음밥은 간편하게 만들어 먹을 수 있고, 다양하게 변화시켜 만들어보기에 좋은 음식이다. 고기, 소시지, 마늘, 야채 같은 것을 먹고 싶은 대로 잘 다져서 원하는 대로 넣고 기름에 볶은 뒤에 간장과 밥을 넣고 다시 볶으면 된다. 다 만들어질 때쯤 버터를 넣어도 좋고, 다른 향신료를 뿌려도 된다. 어떤 재료를 어떻게 넣느냐에 따라 다양한 볶음밥이 탄생하고, 그중 가장 마음에 드는 것을 생각해 만들어 먹으면 된다. 김치를 썰어 넣어서 한식 느낌이 듬뿍 나는 김치볶음밥을 만들어도 좋고, 새우와 파인애플을 넣어 볶음밥을 만들고 월남쌈에 딸려 나오는 생선 소스 같은 것을 집어넣어 이국적인 동남아시아 음식 같은 맛을 내는 데 도전해보아도 좋다.

요즘은 동남아시아나 인도에서 유래한 음식은 원래 인디카쌀로 만들던 음식이기 때문에 인디카쌀로 만드는 것이 더 잘 어울린다고 생각하는 사람이 한국에도 많은 듯하다. 내 입맛에도 인디카쌀은 꼬들꼬들하고 고소하게 요리하는 볶음밥을 만들 때 더 맛이 좋은 것 같다. 쌀밥 자체가 갖고 있는 담백하고 구수한 맛을 즐기면서 반찬을 따로 집어 먹을 때에는 멥쌀로 지은 밥이 맛있지만, 쌀에 향신료를 배게 해서 조금 강한 맛을 느끼며 불에 볶은 맛을 즐길 때에는 인디카로 지은 밥이 제격이라는 생각도 해본다.

만약 가와지볍씨가 인디카와 한국 멥쌀의 중간 정도 되는 쌀이라면, 맛도 그 중간일지도 모른다. 그렇다면 잘만 한다면, 밥의 담백한 맛도 살고, 향기와 고소한 볶은 맛도 살며, 그대로 먹어도 맛있고, 먹다가 반찬을 좀 곁들여 집어 먹어도 맛있는 절묘한 볶음밥이 탄생할 수도 있지 않을까? 쌀은 기르는 데 손이 많이 가는 작물이다. 그런데 굳이 5000년 전 고양시 사람들이 처음 쌀을 재배해서 먹고 살기로 결심한 것은, 어쩌면 그런 볶음밥이 너무나 맛있었기 때문이라고 상상해보면 어떨까?

★★★ 시식평: 뭔가 딱딱하면서도 먹으면 너무 슬라임 같은 맛이야.

볶음밥

10

카르보나라

생명의 비밀

카르보나라와의 만남

내가 카르보나라라는 음식을 처음 먹은 것은 대학 1학년 때였다. 돌아보면 뭐든 그때 처음 접해본 것이 정말 많았던 것 같다. 예를 들면 3일 연속 밤을 샌다든가, 자전거 도둑을 잡으러 동네 곳곳을 돌아다니며 수색해본다든가, 슬리퍼를 신고 4킬로미터쯤을 걸어본다든가. 그런 경험을 다 그때 해보았다. 그게 아니라면 편미분이라든가, 열역학이라든가, 공유결합이라든가, 반응상수라든가, 뭐 그런 것도 그때 다 처음 접해봤다.

그 무렵 내가 자주 어울려 다니는 친구들은 기숙사 룸메이트와 룸메이트의 가까운 친구들로 이루어진 무리였다. 우리는 무엇인가 멋있고 재미있어 보이려 노력하는 대학생들이었지만 돌아보면 그 노력의 10 중 9는 매번 실패하는 젊은이들이었다. 이제 와서는 후회스러운 일이 너무 많아서 어디 숨고 싶어지는 추억도 많다. 사실 당시에 우리 스스로를 돌아보기에도 이미 그런 생각이 드는 날이 적지 않았다. 그래서 우리는 항상 "이대로 살면 안 되겠는데"라는 생각에 시달리며 하루하루를 보내곤 했다.

식생활도 대체로 그 분위기에 어울렸다. 큰마음 먹고 몰려 나가 무엇인가 맛있는 음식을 먹자고 하면 대체로 중국 음식점에서 짜장면과 함께 탕수육을 먹는 것 정도가 흔히 이루어지는 결정이었다. 그때 학교 근처에 왕비성이라는 중국 음식점이 있었는데, 점심시간에 가서 음식을 시키면 사람들이 짜장면이나 탕수육을 많이 시킬 줄 알고 항상 미리 그 메뉴를 만들고 있는 곳이었다. 덕분에 주문을 하면 엄청난 속도로 음식이 나오는 것으로 유명했다. 가끔은 들어가면서 주문을 하고 자리에 앉으면 벌써 짜장면을 들고 나오는 경우도 있었다. 거기서 좀 더 걸어 나가면 햄버거를 파는 패스트푸드 프랜차이즈 가게가 있었는데, 그 패스트푸드점에서 햄버거가 나오는 속도보다도 왕비성의 짜장면이 더 빨리 나왔던 것 같다. 패스트푸드라는데, 대체 뭐가 패스트란 말인가, 하는 생각도 했던 기억이 난다.

그런 삶을 살고 있었지만, 그래도 가끔 좀 더 건실하고 반듯한 친구들과 어울리게 되면 우리도 우리 삶의 틀에서 살짝 벗어날 때가 있었다.

나는 지금도 한국의 분식집이나 작은 음식점에는 왜 이렇게 "토마토"라는 말이 들어가는 가게가 많은가 하는 의문을 품고 있다. 그런데 내가 막 대학생이 되던 무렵에는 토마토 어쩌고 하는 이름의 가게들이 이곳저곳에서 정말 많이 생기고 있었다.

토마토는 무척 친숙한 식재료 이름이지만 순우리말이나 한자어가 아니라 외래어라는 느낌이 바로 든다. 감자, 양파, 파, 마늘, 사과, 딸기와는 다르다. 토마토가 딱히 귀한 식재료라거나 값비싼 음식은 아니다. 그래서 토마토라는 말이 들어가면 친근하고 친숙하면서도 어쩐지 약간 외국 요리를 파는 색다른 느낌에도 어울릴 거라는 생각이 드는 걸까? 토마토는 맛도 개운하고 모양도 상쾌하다. 그래서 토마토라는 말이 들어가면, 질척거리면서 밤새 달라붙어 술잔을 기울이게 되는 음식점이 아니라, 젊은이들이 밝은 날 활기차게 들르는 가게라는 인상을 주는 것도 같다.

무슨 이유인지는 여전히 정확히 모르겠다. 하지만 대포집 이름에 토마토가 들어가는 경우는 없어도, 학생들이 주말에 만나 식사를 할 법한 식당 이름에 토마토라는 말이 들어가는 경우는 확실히 많았다. 그러고 보면, 당시 이런 식당에서는 파스타나 피자를 파는 곳이 많았고 파스타나 피자를 팔다 보면 자연히 토마토 소스를 많이 쓰게 되기 때문에 토마토라는 이름이 들어가는 것이 자연스럽기도 했다.

그렇게 해서 어느 봄날, 주말에 맨날 같이 밥 먹는 친구들이 아닌 친구들과 같이 식사를 하러 갔을 때, 나는 토마토라는 말이 들어가는 학교 근처의 어느 식당에 갔다. 거기서 인생에서 처음으로 카르보나라를 먹어보았다. 카르보나라가 무슨 말인지 알 수 없어서 무엇인가 새로운 것을 먹어보자는 생각으로 주문한 음식이었다. 나는 지금도 새로운 식당에 가면 어떤 모양으로 무엇이 나올지 알 수 없는 음식을 주문한 뒤, 나올 때까지 도대체 어떤 음식일까 상상하며 기다리는 것을 좋아한다.

그리고 하얀 소스로 덮인 파스타가 나왔다.

스파게티 같은 이탈리아 국수 요리를 한데 묶어 파스타라고 한다는 것도 그날 눈짐작으로 알게 되었다. 그날은 처음으로 토마토소스가 아닌 소스를 이용한 파스타를 먹어본 날이기도 했다. 얼마 후에는 꽈배기나 리본 모양을 한 특이한 모양의 이탈리아 밀가루 음식도 다 일종의 파스타라고 한다는 것을 알게 되었다.

그렇게 한두 학기, 대학 생활을 하다 보니 좋아하는 파스타를 만드는 좋아하는 식당의 좋아하는 메뉴도 하나쯤 생겼다. 지금은 사라졌지만, 그때 대전의 만년동이라는 곳에는 친친이라는 식당이 있었다. 나는 그곳의 음식을 좋아했다. 특히 연어를 넣은 페투치니 파스타가 무척 맛있어서 매번 그것만 시켰던 기억이 난다.

좋아하는 식당의 좋아하는 메뉴를 하나 갖고 있다는 것이 나는 무척 뿌듯했다. 그냥 메뉴를 하나 좋아한다는 확신을 가진 것뿐이지만, 어린 마음에 뭔가 진정한 어른이 된 것 같고 인생의 경험이 쌓이며 성장한 기분도 들었다.

어릴 때 피자를 좋아해, 김치찌개를 좋아해, 라는 것처럼 어떤 메뉴를 좋아할 수는 있다. 그러나 식당과 메뉴를 합해서 좋아하게 되는 일은 그보다 드물다. 내가 식당을 골라서 이곳저곳 갈 기회도 없고, 어지간히 먹어보지 않고는 어느 식당이 정말 맛있는지 확신을 갖기도 쉽지 않기 때문이다. 게다가 내 경우에 좋아하게 된 그 식당의 그 메뉴는 누가 맛집이라더라, 라고 소개해줘서 알게 된 것도 아니고, 어느 잡지에서 선정한 실력 있는 식당이라는 이야기가 있어서 찾아간 것도 아니다. 스스로 여기저기 다니다 보니 내 판단으로 알게 된 곳이었다. 무슨 대단한 명성을 떨치던 최고의 가게는 아니었지만, 내 경험으로 알게 된 가게 중에서 남에게도 소개해줄 수 있을 만큼 맛있다고 판단한 곳이 생겼다는 점이 무척 기뻤다.

그러던 어느 날 나는 한 친구와 파스타를 먹고 돌아오는 길에 갑자기 궁금해서 물어보았다. “왜 카르보나라를 카르보나라라는 이름으로 부르는 거지? 그게 무슨 뜻인데?” 그러자 그 친구는 잠시 생각하더니, “글쎄, 거기 고기, 베이컨 같은 게 들어가잖아. 그거랑 상관있는 것 아닐까?”라고 대답했다.

그냥 그러고 말았는데, 확실히 카르보나라의 주재료 중에 하나가 베이컨인 것처럼 보이기는 했다. 하지만 그래서 그게 카르보나라라는 이름과 도대체 무슨 상관이 있는지는 알 수 없었다. 내가 그것을 알게 된 것은 그로부터 15년 정도 뒤였다.

카르보나라와 탄소

카르보나라라는 말뜻을 이해하는 게 무슨 엄청나게 어려운 문제라서 15년 세월이 필요했던 것은 아니다. 그날 바로 그냥 인터넷에서 검색해보거나 도서관에서 찾아보았다면 몇 시간 안에 바로 답을 알아냈을지도 모른다. 그런데 다른 생각할 것이 많았는지, 무슨 바쁜 일이 있었는지 그때 답을 알기 위한 노력을 기울이지는 않았다. 돌아보면, 무슨 엄청나게 바쁜 일이 있다고 그거 잠깐 찾아볼 생각을 못 했는지 아쉽기도 하다.

카르보나라를 여러 차례 먹고, "카르보나라 주세요"라는 말을 여러 번 하면서도, 도대체 카르보나라가 무슨 뜻인지, 왜 그런 이름을 쓰는지 모르면서 그 말을 사용하는 세월이 계속 지나갔다. 궁금해하고 답을 검색해보았을 법도 한데, 그렇게 안 했다. 예를 들어, 파스타 메뉴에는 봉골레, 봉골레 파스타라는 말이 많은데, 봉골레가 조개류의 해산물을 의미한다는 사실은 곧 어디선가 찾아보고 알게 되었다. 그런데 카르보나라는 이상하게도 찾아볼 생각을 못 했다. 카르보나라가 도대체 무슨 뜻일까? 혹시 지금 독자님께서 카르보나라를 드셔보신 적이 있다면, 그 뜻을 알고 계신가?

처음 카르보나라에 대한 질문을 했던 때와 하는 일도 달라지고, 사는 곳도 달라지고, 삶의 태도도 달라진 어느 날, 집 주변에 값싸게 이탈리아 음식을 팔겠다고 문을 연 가게가 생겼다. 저기서 뭐 하나 시켜 먹어도 맛있겠다는 생각을 하고 간판을 보았는데, 그 가게 이름이 하필 카르보나라라는 말을 변형한 이름이었다. 그러자, 15년 동안 잊고 있었던 질문이 다시 떠올랐다.

카르보나라가 도대체 무슨 뜻이지?

15년 전의 나와 그때의 나에게는 다른 차이가 한 가지 더 있었다. 15년 전의 나는 화학을 특별히 좋아하지는 않는 사람이었지만, 어쩌다 보니 그사이에 화학을 재미있어하게 되었고 화학 회사에 취직하여 환경 관련 부서에서 계속 일해오게 되었다. 그래서 나는 화학에 친숙했다. 화학에 친숙하면, 카르보나라라는 발음에서 쉽게 떠올릴 만한 말 하나가 있을 수밖에 없었다. 바로 카르본, 카본carbon이라는 말이었다.

카본은 탄소라는 뜻이다. 탄소 섬유를 영어로 카본 파이버carbon fiber라고 하기 때문에, 요즘은 흔히 탄소 섬유를 줄여서 속어처럼 말할 때에도 '카본'이라는 말을 쓴다. 예를 들어, 탁구채, 배드민턴채 같은 운동 기구나 낚싯대, 자전거 같은 기구를 살 때, 인터넷 쇼핑몰에 들어가보면 "카본 소재"로 되어 있어서 가볍고 튼튼하다는 말을 볼 때가 있다. 이때 카본 소재라는 말은 거의 대부분 탄소 섬유를 말한다. 보통 철이나 알루미늄 같은 금속으로 만들던 물건을 탄소 섬유를 활용한 다른 소재로 만들면 품질이 좋아지는 경우가 있기 때문에 그렇게 선전하는 것이다. "카본 소재"라고 말하면 "탄소 소재"라는 뜻이 되는데, 탄소 섬유는 흑연 같은 탄소 원자 덩어리를 아주 가늘게 실 모양으로 뽑아서 꼬거나 엮은 것을 말하기 때문에 물질 구성만 보면 역시 탄소 덩어리라고 할 수 있다. 그러니까, 탄소 섬유 소재를 "카본 소재"라고 말하는 것도 조금 혼동은 있겠으나 아주 틀린 말은 아니다.

요즘에는 탄소나노튜브니, 그래핀이니 해서 탄소를 이용한 다양한 소재가 두루 활용되고 있다. 그만큼 탄소가 다양한 화학반응을 일으키기에 유리하기 때문이다. 좀 심하게 말해서, 현대 화학은 탄소 원자가 들어가는 물질을 따지는 분야와 그 외의 분야로 나뉜다고 말해볼 수도 있다. 정확하게 들어맞진 않지만, 화학의 세부 분야를 유기화학organic chemistry과 무기화학inorganic chemistry으로 분류하면 대강 거기에 들어맞는다.

유기화학에 유기화학이라는 이름이 붙은 것은 유기화학 분야가 과거에는 생명체의 몸, 그러니까 유기체organism를 이루는 물질을 연구하는 분야였기 때문이다. 요즘 일상 생활에서도 "일을 잘하려면 팀이 유기적으로 협력해야 한다"라는 말이 흔히 쓰이는데, 이때 "유기적"이라는 말도 하나의 생명체처럼 잘 연결되어 같이 움직인다는 뜻이다. "유기적"이라는 말이 무슨 기름과 관계 있다고 생각해서 기름칠한 것처럼 잘 돌아간다는 뜻이라고 착각하는 사람을 본 적이 있다. 그런 뜻이 아니다. 살아 있는 생명 같다는 뜻이다.

따지고 보면, 유기화학이 발전하면서 그 분야가 넓어져 각종 기름, 석유, 플라스틱 연구를 하게 된 것도 사실이기는 하다. 기름과 석유 연구는 근대 유기화학의 굉장히 많은 영역을 차지하고 있다. 어느 쪽이든 그 모든 연구를 살펴보면, 역시나 탄소 원자와 그에 관련된 화학반응을 가장 중시하는 경향이 있다.

사람과 같은 생명체의 몸과 석유와 플라스틱의 공통점 중 하나는, 둘 다 탄소 원자가 아주 중요한 역할을 한다는 사실이다. 이런 물질들을 확대해 보면 모두 탄소 원자가 연결된 덩어리에 다른 원자들이 이리저리 다양한 모양으로 달라붙은 모습으로 된 것이 대부분이다. 사람 몸은 60~70퍼센트가 수분이라고 하는데, 수분을 뺀 나머지 30~40퍼센트의 물질 중에 대략 절반이 탄소 원자의 무게다. 설탕은 그 무게의 40퍼센트 이상을 탄소 원자가 차지한다.

다시 말해 지구상의 생명체는 대체로 물을 이루는 산소, 수소 원자와 탄소 원자가 주성분이다. 외계인이 나오는 SF물을 보면, 지구의 생명체를 보고 "탄소 기반 생명체"라고 부르는 장면이 종종 나온다. 지구가 아닌 외계의 머나먼 행성에는 전혀 다른 물질이 풍부하고 매우 새로운 화학반응이 일어날 것이기에 거기에는 탄소가 아닌 성분이 주로 활용되는 생명체가 있을 수도 있다고 상상했다는 뜻이다. 그런 외계 행성에는 "규소 기반 생명체"나 "질소 기반 생명체"가 있을지도 모른다는 것이 SF 작가들의 상상이다.

그러나 화학을 따져보자면, 설령 외계 행성에 가본다 하더라도 그곳의 생명체 역시 그냥 탄소가 주성분인 탄소 기반 생명체일 가능성이 꽤 높다. 왜냐하면, 탄소 원자는 화학반응을 복잡하고 다양하게 잘 일으킬 수 있는 재주가 특히 뛰어난 원자이기 때문이다. 생명체 같은 복잡한 구조가 생기기에는 어느 곳이든 탄소 원자가 가장 쓸 만한 재료다.

예를 들어, 탄소 원자는 다른 원자 네 개와 잘 붙을 수 있는 성질이 있는데, 이것은 다른 원자 두 개와 붙는 경향이 있는 산소나, 다른 원자 하나하고만 붙는 경향이 있는 수소에 비해 훨씬 더 복잡한 물질이 생길 수 있다는 뜻이다. 게다가 그렇게 붙는 강도도 좀 어중간하다. 그 덕택에 어떨 때에는 원자들끼리 튼튼하게 붙어 있다가, 조건이 좀 달라지면 열을 내면서 분리되기도 하는 등 다채롭고 다양한 화학반응을 일으키기에 유리하다. 그런 다채로움 때문에 탄소 원자로 만드는 물질은 온갖 특별한 기능과 모양을 가질 수 있고, 결국 그 때문에 다양한 모양을 가진 생명체를 이루기도 한다.

동물이나 식물의 몸속에 들어 있는 물질 중에 단백질을 보면, 뼈대를 이루고 있는 것이 탄소 원자다. 탄수화물 성분은 탄소와

물의 성분 원자로 되어 있기 때문에 탄소라는 뜻의 탄炭 자와 물이라는 뜻의 수水 자를 써서 그런 이름이 붙었다. 동물의 몸무게를 늘리는 지방 역시, 탄소 원자가 많이 들어 있기로는 크게 다를 바가 없다.

그러므로 생태계에서 얻을 수 있는 것들을 불에 태워보면, 복잡한 모양은 다 파괴되고 단순한 탄소 원자 덩어리가 남는 수가 많다. 이런 탄소 덩어리를 보통 숯이라고 하고, 한자로는 탄炭이라고 쓴다. 그래서 숯 같은 돌이라고 해서 석탄이라는 말이 나왔고, 숯을 이루는 원소라고 해서 "탄소"라는 말도 생긴 것이다. 석탄 역시 먼 옛날 식물들이 변해서 만들어진 것이므로 그 속에는 당연히 탄소가 무척 많이 들어 있을 수밖에 없다.

탄소를 영어로 카본이라고 부른다. 이탈리아어로도 그 비슷한 발음인 카르보니오carbonio라고 한다. 특히 이탈리아에서는 석탄이나 숯을 카르보네carbone라고 부른다. 그러므로 카르보나라라는 음식 이름도 바로 그 석탄, 숯, 또는 탄소에서 온 말로 보는 것이 중론이다. 이 사실을 알고 무척 감탄했다. 어디 말할 데도 없어서 혼자서만 너무 감탄한 나머지 기분이 좀 이상하기도 했다.

화학물질을 따지다 보면 그 물질에 탄소 원자의 숫자가 몇 개가 있으며 탄소 원자의 위치가 어디에 있는지를 살펴볼 때가 많다. 그래서 알파 카본이니 베타 카본이니 하는 말도 무척 많이 사용하게 된다. 그렇게 카본, 카본 하면서도 나는 발음이 비슷한 카르보나라가 카본과 같은 뿌리를 가진 단어라고는 한 번도 생각하지 못했다. 뒤늦게 알고 보니 너무 당연한 지식이었다. 아닌 게 아니라, 공교롭게도 카르보나라는 밀가루로 만든 국수 음식이라 탄수화물이 많이 들어 있기도 하다. 고기와 달걀도 넣으니 단백질도 든 음식이라 거기에도 탄소 원자가 많이 들어 있다.

단, 이탈리아 사람들이 카르보나라의 탄소 성분을 두고 카르보나라라는 이름을 붙인 것은 아니다. 몇 가지 설이 있는데, 현재 가장 많이 돌고 있는 이야기는 석탄 캐는 광부들이나 숯 만드는 사람들 사이에 인기 있던 파스타, 또는 그런 일을 많이 하던 가문의 사람이 퍼뜨린 파스타이기 때문에, 석탄 또는 숯이라는 뜻에서 카르보나라라는 이름이 붙었다는 설이다.

달걀은 익으면 왜 굳을까

작년에 나는 직접 카르보나라를 만들어보겠다고 결심하곤 조리법을 여기저기에서 찾아보았다. 한 가지 신기한 것이 있었다. 이탈리아 출신의 어느 영감님 요리사가 나와서 설명하는 영상을 보니, "카르보나라를 만들 때는 우유 크림을 넣을 필요가 없지요. 우유나 크림을 넣지 않아도 크림스러운 질감이 납니다"라고 강조하는 것 아닌가.

나는 또 한 번 카르보나라 때문에 놀랐다. 그 전까지 카르보나

카르보니오
탄소
→
카르보네
석탄
=
카르보나라
파스타

그러고 보니 카르보나라에 탄소가 잔뜩 들어 있네.
이제 알았냥?

라가 크림을 소스에 사용하는 크림소스 파스타의 대표 격이라고 생각했다. 한국 식당 중에는 카르보나라라고 할 수 없을 정도로 카르보나라와는 다른 맛이 나는 크림소스 파스타를 카르보나라라고 하면서 파는 곳도 있다. 그렇기 때문에 나는 카르보나라의 핵심이 무심코 크림소스라고 생각했다.

사실 한국뿐만 아니라 미국이나 영국 등 다른 나라에서도 카르보나라를 만들 때는 크림을 자주 사용하는 듯하다. 정작 카르보나라의 고향인 이탈리아에서는 크림 없이 만든다고?

이탈리아식에 따르면 카르보나라를 만들기 위해서는 먼저 약간의 올리브기름에 고기를 잘 볶는 것부터 시작해야 한다. 소금에 절여 만든 햄 비슷한 이탈리아의 고기를 얇게 썰어서 볶으면 된다고 한다. 나는 그 절인 이탈리아 고기라는 식재료를 실제로 본 적은 한 번도 없다. 많이들 쓰는 것처럼 고기 대신 베이컨을 쓰거나 아니면 얇게 저민 햄을 써도 맛은 괜찮다는 게 내 생각이다. 햄이나 베이컨 자체에서 기름이 좀 나오기 때문에 올리브기름은 너무 많이 넣을 필요는 없다. 반대로 기름이 너무 적게 나오는 햄을 썼다면, 올리브기름을 더 넣으면 된다. 너무 싱거워지는 것이 걱정된다면 이때 소금을 적당히 뿌린다.

거기에 삶은 파스타 면을 넣고 다시 볶는다. 이때 달걀을 휘저어 푼 것을 집어넣어야 한다. 노른자를 많이 쓰는 게 좋다. 보통 2인분을 만들면 달걀 두 개를 통으로 쓰고 달걀 노른자만 따로

카르보나라

빼내서 하나를 더 넣는 정도가 적당하다는 것 같다. 이때 달걀에 치즈 가루를 넉넉히 뿌려서 잘 섞어준다. 이때 사용하는 치즈도 멋진 카르보나라에 딱 맞는 이탈리아의 특별한 짭짤한 치즈를 뿌리면 최고겠지만, 다른 적당한 치즈를 넣은 뒤에 볶으면서 녹인 것도 나는 좋아한다. 내 입맛에는 그냥 적당히 짭짤한 체다치즈를 잘라서 넣은 뒤 그걸 볶으면서 녹여도 그럴듯했다.

치즈를 섞은 달걀을 넣으면 이제 모든 재료는 다 들어갔다. 적당히 팬에서 볶으면서 찐득하고 맛난 상태가 될 때까지 익혀주면 완성이다. 그러다가 달걀이 너무 많이 익으면 달걀이 아주 삶아져 카르보나라가 아닌 괴상한 음식이 될 위험도 있다. 모든 것이 조화를 이루며 적당히 익어서 슬쩍 소스가 찐득할 정도가 되고, 치즈와 햄의 향, 간이 잘 어울리면 훌륭한 카르보나라가 된다.

나는 크림을 사용하지 않는 그 이탈리아 영감님의 조리법을 써서 내 입맛에는 꽤 괜찮은 카르보나라를 만들었다. 무엇이든 맛있게 먹는 편이기 때문에, 내가 괜찮다고 하는 것이 그렇게 훌륭한 평가라고 할 수 없긴 하지만 나에게 흥겨운 결과였던 것은 분명한 사실이다. 이렇게 보면, 카르보나라 소스의 핵심은 고기와 치즈에서 나온 기름과 달걀이 섞이고, 이후 그것이 익으면서 조금씩 딱딱해지는 현상이 아닌가 싶다.

달걀이 익으면서 굳는다는 것은 요리에서 가장 먼저 발견할 수 있는 신기한 화학 현상이 될 만한 변화다. 이상하지 않은가? 물을 계속 끓인다고 해서 물이 딱딱하게 굳지는 않는다. 곰탕이나 우뭇가사리 같은 것을 끓여보면 오히려 뜨겁게 팔팔 끓일 때에 물처럼 보이고 차게 식혀야만 굳는다. 꼭 요리가 아니더라도, 뜨겁게 하면 녹고 차게 하면 얼어붙는 것은 거의 모든 물질에 적용되는 아주 기초적인 상식이다. 달걀은 도대체 무슨 신비한 힘이 있길래 열을 가하면 물같이 찰랑거리는 물체에서 오히려 굳어버리는가? 이런 현상은 정말 누구나 궁금할 만하지 않은가.

이 문제를 짧게 설명하면 달걀 속에는 많은 단백질 성분이 녹아 있는데 그 단백질들이 열을 받으면 변성이 일어나 성질이 바뀌기 때문이라고 이야기할 수 있다. 그 설명이 틀린 것은 아니다. 그렇지만, 달걀이 굳는 사소한 현상은 사실 현대 화학의 중대한 도전과 잘 통하는 소재이기도 하기 때문에 좀 더 상세히 이야기해볼 필요가 있다. 바로 단백질 접힘protein folding 문제가 달걀이 익으면 굳는 이유와 연결되기 때문이다.

단백질 접힘 문제를 푸는 인공지능

원래 단백질은 대충 만들면 아주 가느다란 실 모양이 된다. 굵기는 100만분의 1밀리미터 정도다. 이 실에도 탄소 원자가 많이 들어 있다. 탄소 원자들과 질소 원자가 이리저리 연결되어 가느다랗고 아주 긴 실 모양을 이루는 것이 단백질의 기본 형태다.

그런데 단백질은 그냥 매끈한 실 모양은 아니다. 실 주위에 무엇인가 우둘투둘하게 다른 원자들이 이리저리 항상 많이 붙어 있다. 그 우둘투둘한 부분들이 서로 끌어당기기도 하고 밀기도 하고 걸리기도 한다. 그 때문에 단백질은 긴 실 모양으로 풀린 상태가 아니라 꼬이고 엮인 상태가 되기 쉽다. 그러다 보면 실이 한 가닥으로 길게 있으려 해도 그대로 풀려 있지 않고 저절로 어지럽게 엉켜서 실뭉치처럼 된다. 그렇게 온갖 모양으로 엉킨 실뭉치들이 만들어지다 보면, 단백질 중 어떤 것은 뾰족해지고 어떤 것은 올가미 모양이 되기도 한다. 그 외에도 종류에 따라 단백질은 별별 다양한 모양으로 엉켜 들 수 있다.

이렇게 변한 단백질은 그 모양에 따라 서로 다른 기능을 하게 된다. 단백질의 복잡한 모양을 보다 보면 정말 기괴한 것이 많다. 어떤 것은 무언가를 싹둑싹둑 자를 수 있는 가위 모양이고, 어떤 것은 덫처럼 생겨서 다른 물질이 근처에 오면 붙잡아 가두는 모양을 하고 있다. 단백질들은 그런 색다른 모양 덕택에 온갖 활동을 하게 된다. 별별 다양한 단백질이 그런 식으로 생겨나 저마다 다른 모습을 갖추고 움직이며 생명체가 먹이를 먹고 분해하고 영양분을 흡수하고 자라나는 다양한 일에서 제 역할을 한다.

역으로 생각해보면, 그렇게나 복잡한 겉모습을 가진 단백질들도 따지고 보면 원래는 단순한 긴 실 모양일 수 있었다. 그게 이리저리 잘 엉켜서 복잡한 모양을 갖게 되었다는 이야기다. 이런 까닭에 실 모양의 단백질이 어떻게 엉켜서 특정한 모양을 갖추게 되었는지를 알아내는 것은 무척 중요하다. 단백질의 이런 특성 때문에 모든 생명이 모양을 갖추게 되는 것이다.

만약 한국인이 용어를 만들었다면 엉킴이라는 말을 사용했을 것 같기도 한데, 영어로는 이 과정을 실 모양의 "단백질이 접힌다fold"라고 부른다. 그래서 실이 엉키면서 모양을 갖추는 과정을 단백질 접힘이라고 한다. 탄소와 질소가 많이 붙어 있는 길쭉한 물질에 불과했던 것이 생명체를 움직이는 활동을 할 수 있도록 변신하는 과정이 바로 실이 엉키고 접히는 과정이다. 그리스 로마 신화에는 프로메테우스가 흙으로 사람을 빚은 뒤에 숨결을 불어넣어 생명을 갖게 했다고 하는데, 탄소와 질소 덩어리에 생명의 숨결이 들어가는 과정과 비슷한 일이 바로 단백질 접힘이라고 말하고 싶다.

달걀 속에는 이렇게 자기 나름대로의 기능을 위해 단백질 접힘을 거쳐 이런저런 모양으로 엉킨 채로 물속에 녹아 있는 단백질이 잔뜩 들어 있다. 여기에 열을 가해주면, 단백질은 이리저리 떨리고 움직이게 된다. 그러다 보면 점차 엉켜 있던 모양이 느슨하게 풀린다. 그러면 달걀 물속에 흐느적거리는 수많은 실 같은 단백질 가닥들이 생긴다. 그다음부터는 이제 그 느슨하게 풀린 모양들이 서로서로 옆 단백질에 달라붙는다. 원래는 수많은 단백질이 각자의 모양으로 엉켜 있다가 실타래가 풀린 후에 다 같이 엉키게 된다. 결국 수많은 단백질이 끝없이 들러붙은 거대한 규모의 떡진 상태가 되는데, 그렇게 되면 사람에게는 달걀이 익어서 굳은 것으로 보인다.

훌륭한 과학자라면, 단백질이 실처럼 풀려 있는 상태만 보고 그것이 과연 어떤 모양으로 엉켜서 결국 어떤 모습의 단백질이 될지 예상할 수도 있다. 말은 이렇게 했지만, 이런 예상을 정확하게 하기란 정말 어렵다. 대략의 이론은 나와 있고, 이런저런 방식으로 계산하고 추측하는 방법이 많이 개발되어 있기는 하지만, 정말 풀기 어려운 문제다.

그러나 이 문제에 학자들이 불나방처럼 계속 달려드는 이유가 있었다. 단백질이 실처럼 풀려 있는 상태일 때 어떤 모양인지 알아내는 것은 무척 쉬운 편에 속하기 때문이다. 아마 사람의 게놈genome, 즉 유전체를 판독해낸다는 실험에 대해서는 누구든 얼핏 들어본 적이 있을 것이다. 비교적 쉬운 실험 방법으로 유전체 판독은 가능하다. 유전체가 판독되면 사람 몸의 단백질이 실처럼 풀려 있을 때 어떤 모습이 되는지 대충 다 알아낼 수가 있다. 거기까지는 간단한 문제라는 말이다. 그에 비해 그 실 모양의 단백질이 실제로 몸속에서 엉켜서 어떤 모습으로 활동하는지를 알기 어렵다.

몸에서 단백질이 무슨 일을 하는지 알아내려면, 단백질이 실제로 엉킨 채 활동하는 모습을 알아야 한다. 또 단백질이 무슨 일을

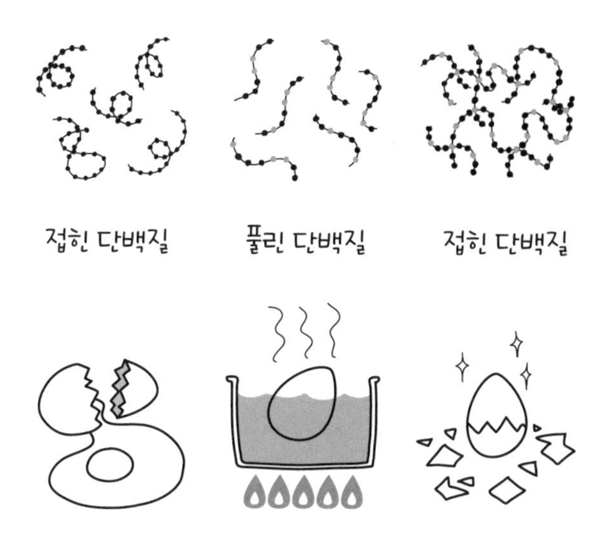

잘하지 못하기 때문에 병에 걸리는지 알아내기 위해서도 단백질이 어떻게 엉킨 모습이 되어 활동하는지를 알아야 한다. 만약 실처럼 풀려 있는 단백질 모양만으로 그것이 엉켜서 실제로 활동할 때의 모양을 예측할 수만 있다면, 쉽게 구할 수 있는 유전체 정보로 핵심인 단백질이 활동하는 모습을 알아낼 수 있다는 뜻이 된다. 이런 문제를 학자들은 "1차 구조로 3차 구조를 예측한다"라고 말하기도 한다.

3차 구조, 그러니까 실제로 활동하는 엉킨 상태의 단백질 모양을 정확하게 알아낼 수 있다면 정말 많은 일을 할 수 있다. 예를 들면, 그 단백질 모양에 잘 들어맞는 물질을 주입해서 단백질의 활동을 걸리적거리게 만들거나, 아니면 단백질이 반대로 더 잘 굴러다니게 도와줄 물질을 생각해낼 수도 있다. 그렇게 한다면, 단백질의 활동을 마음대로 조작할 수 있게 되고, 그러면 몸을 마음대로 조절하고 온갖 병을 치료할 수 있는 약을 개발할 수 있을지도 모른다. 어떤 과정에 의해 그렇게 단백질이 엉키는지 알아낼 수 있다면, 단백질이 생겨나고 사라지는 것조차 다른 물질을 이용해 조절할 수도 있을 것이다.

이렇게 단백질 엉킨 모습, 그러니까 접힘을 예상하는 문제를 "단백질 접힘 문제"라고 한다. 단백질 접힘 문제를 정복하는 것은 생명과학과 화학의 오랜 숙원이었다. 많은 사람이 단백질 접힘 문제를 쉽게 풀 수 있는 능력을 갖추는 것을 생명과학의 성배 Holy Grail, 그러니까 가장 훌륭한 보물이지만 결코 손에 넣기 어려운 마지막 목표와 같은 것이라고들 생각했다.

나는 대학원 시절 컴퓨터를 이용해서 이런저런 화학 문제를 풀이하는 공부를 했다. 그 시절 훌륭한 학자들이 고성능 컴퓨터로 단백질 접힘 문제에 도전하고 있다는 세미나에 몇 차례 참여한 적이 있다. 그때 단백질 접힘같이 어마어마한 문제는 저런 식으로 쉽게 풀릴 리가 없다고 속으로 생각했다. 단백질 접힘 같은 일에는 어지간하면 손을 대지 말아야겠다고 생각하기도 했다.

그러나 성실하면서도 도전 정신이 강한 과학자들은 꾸준히 단백질 접힘 문제에 도전했다. 실 모양으로 풀려 있는 단백질 모양을 보고 어떻게 엉키는 모양으로 변해서 실제 활동하는 단백질 모양으로 변하느냐를 누가 누가 잘 예상하는지를 두고, 정기적으로 학자들끼리 대결하는 대회를 열기도 했다. 대표적인 대회가 CASP다. 그러던 끝에 2019년 단백질 접힘 문제의 풀이에 획기적인 전환이 찾아왔다.

구글의 학자들은 인공지능 프로그램 알파폴드AlphaFold를 이용해서 단백질 접힘 문제에 도전했다. 알파폴드 팀 역시 CASP 대회에 출전했는데, 어느 정도 시간이 지나자 알파폴드 연구진은 그때까지 다른 어떤 단백질 접힘 문제 전문가들도 보여주지 못한 솜씨를 펼쳤다. 성적은 비할 바 없을 정도의 차이로 더 좋았다.

알파폴드의 원리 중에 대표적인 부분만을 간단히 설명하자면, 이미 어떻게 엉킨 모양이 되었는지 알고 있는 단백질들과 그 단백질들이 실 한 가닥 모양으로 풀려 있을 때의 모양을 모두 인공지능 프로그램에게 학습시켜서, 그 둘 사이에 어떤 규칙성이 있는지 프로그램이 찾아내도록 한 것이다. 프로그램이 그렇게 파악한 규칙성을 사람에게 알기 쉽게 설명시킬 수는 없지만, 프로그램은 나름대로 그 규칙성을 활용할 수 있다. 그래서, 어떻게 엉킬지 알지 못하는 실 모양의 단백질 모습을 프로그램에게 알려주면, 인공지능은 자신이 파악한 규칙성에 따라 그 단백질이 어떻게 엉킨 모양이 되어 활동할지를 예측해준다.

알파폴드의 성능은 점점 더 강력해지고 있다. 얼마 전에는 자신의 기능을 이용해서, 사람 몸속에 있는 모든 단백질이 어떻게 엉킨 채 활동하고 있는지, 그 모든 모습을 다 예상한 결과를 공개하기도 했다. 아직까지 갈 길은 멀지만 만약 이런 속도로 단백질 연구가 발달하면, 언제인가는 사람 몸속 모든 단백질을 마음대로 조작할 수 있게 되어 암을 비롯한 온갖 큰 병을 다 치료할 수 있게 되는 날이 올지도 모른다.

혹시 그 모든 과제에 대한 연구를 마치고 나면, 나중에는 달걀의 단백질이 열을 받아서 풀렸다가 다시 엉키며 굳어가는 것도 정밀하게 예상해내는 기술이 생기면 좋겠다. 그렇다면, 크림 없이 달걀만으로 카르보나라 소스를 만들 때, 상상할 수 있는 한 가장 맛있게 만들 수 있는 가장 정확한 방법이 탄생할지도 모른다.

★★★ 시식평: 과학이 국력.

11

냉면

현대 요리 과학의 기적

황등산의 보물

전라북도 익산에는 황등산이라는 산이 있다. 돌로 된 산인데, 마침 이 돌이 한국에서 석탑이나 돌조각의 재료로 예로부터 많이 사용하던 화강암이다. 특히 황등산의 화강암은 재질과 빛깔이 상당히 좋은 편이라서 가치가 있다. 예로부터 백제의 예술가들이 바로 황등산의 화강암을 캐서 탑이나 조각상을 만들었을 거라고 이야기하는 사람들도 있다. 백제 때 어디서 돌을 캤느냐 하는 것은 지금 와서 밝히기 어려운 문제이기는 하나, 20세기에 황등산에서 돌을 캐서 판매하는 채석장이 활발히 영업한 것은 명확한 사실이다.

이 황등산에는 이상한 전설이 하나 있다.

근처의 마을 중에 보삼말이라는 곳이 있다. 이 마을의 이름이 왜 보삼말이 되었느냐에 대해 도는 이야기 중 황등산의 보물 이야기가 있다. 내용은 단순하면서도 강렬하다. 거대한 돌덩어리인 황등산 속에 사실은 어마어마한 보물이 숨겨져 있다, 그 보물이 얼마나 굉장한지 그것만 있으면 한국인 전체가 석 달은 먹고살 수 있는 가치가 있다는 것이다. 보삼말이라는 마을 이름도 보물 3개월이라는 말에서 앞 글자를 따 지었다고 한다.

굉장히 귀중하고 도저히 다른 곳에서는 구할 수 없을 정도로 드문 물건이 깊숙이 숨겨져 있다는 뜻일까? 그게 아니면 황금이나 백금 같은 귀금속이 어마어마하게 많이 묻혀 있다는 이야기일까? 좀 이상한 계산이기는 한데, 2020년 기준 대한민국의 국민총생산은 1조 6000억 달러 정도였으니, 석 달간 대한민국인이 버는 돈은 400조 원 정도라는 계산이 나온다. 한국은 풍요로운 나라인 편이니 벌어들이는 돈이 먹고사는 데 드는 돈보다 좀 많다고 가정해도, 보물의 가치는 대략 수백조 원어치는 되어야 하지 않을까? 도대체 무엇이 그 속에 있어야 그만한 가치가 있을까?

아마 이 전설은 황등산이 워낙 거대한 바윗덩어리이니 과연 저 엄청난 바위 속 한가운데까지 누군가 뚫고 들어갈 수 있겠는가 하는 상상을 하다가 탄생한 막연한 이야기였을 것이다. 실제로 과학기술이 발달한 지금은 황등산의 거대한 바위들을 굉장히 많이 캐내어 산의 모양이 크게 변형되기까지 했지만, 딱히 수백조 원짜리 보물이 발견되지는 않았다.

그런데 "먹고산다"는 말에 초점을 맞춘다면, 황등산의 바위는 좀 다른 재미난 이야기 한 가지와 연결되어 있기는 하다. 이 수수께끼를 풀기 위해서는, 20세기 초 평양의 냉면에 관한 사연을 한 번 돌아볼 필요가 있다.

감칠맛의 신비

이야기는 잠시 한국에서는 『나는 고양이로소이다』를 쓴 사람으로 유명한 일본 근대문학 최고의 인기 작가 나쓰메 소세키로 옮아 간다. 1901년 무렵 그는 영국 런던에서 일본 조정의 지원을 받으며 머물고 있었다. 촉망받는 지식인들에게 선진국의 지식을 배워서 일본으로 돌아오라며 지원해준 당시 일본 정책의 혜택을 받았기 때문이었던 것 같다.

그 시절 나쓰메는 문학과 철학 분야에서 어느 정도 깊은 생각을 갖고 있었던 것으로 보이지만 동시에 어떤 한계나 답답함을 느끼기도 했던 듯싶다. 이 때문에 당시 나쓰메는 외롭고 불우하며 어두운 사람으로 변할 위기에 빠졌던 것 같다.

그러던 중 독일에서 이케다 기쿠나에라는 학자로부터 연락을 받게 된다. 이케다는 일본의 대학에서 화학을 가르치던 교수였는데, 이 시기에는 나쓰메와 비슷하게 독일에서 머물며 최신 화학과 그에 대한 기술을 익히기 위해 애쓰고 있었다. 그러다가 그는 영국의 화학 연구소인 데이비 페러데이 연구소Davy Faraday Research Laboratory로 건너가서 무엇인가를 배울 기회를 얻게 되었다. 런던에서 머물 숙소가 필요해졌고, 마침 미리 자리 잡고 있던 일본인 학자인 나쓰메의 연락처를 다른 동료로부터 듣게 되어 연락을 했던 것이다.

나쓰메는 자신이 머물던 하숙집에서 다른 방을 얻어 그것을 이케다가 쓰도록 준비해주었다. 덕택에 나쓰메는 화학 교수 이케다와 가까이 지냈다. 마침 이케다는 문학과 철학에도 관심이 많은 인물이었기에 나쓰메와도 활발히 교류했다고 한다. 나쓰메는 런던 체류 시절 내내 심도 있는 대화를 나눌 사람이 없어서 답답했는데 이케다와는 말이 잘 통했는지, 이 시기에 나쓰메와 이케다는 꽤 잘 어울렸던 것 같다. 도가와 신스케가 쓴 『나쓰메 소세키 평전』을 보면, 나쓰메는 이케다와 영문학에서부터 "이상적인 미인"에 관한 대화 등 별별 이야기를 다 나누었다고 한다. 제법 잡다한 농담을 주고받을 정도의 친구 관계였던 것으로 보인다. 이케다는 대략 1개월 정도를 나쓰메와 한집에서 지냈다.

지금 한국에서는 아무래도 이케다 기쿠나에보다는 나쓰메 소세키가 더 유명한 것 같다. 당시에는 이케다가 나쓰메에게 받은 영향보다는 나쓰메가 이케다에게 받은 영향이 더 컸을 것이다.

이케다를 만나며 최신 화학 기술과 빠르게 발전해가는 과학의 세계를 알게 된 나쓰메는 철학, 사상, 문학보다도 과학 분야에 참신함이 있다는 생각에 빠지게 된다. 한동안 나쓰메는 여러 가지 과학 이론을 이해하려고 애쓰기도 하고, 나름대로 궁리한 과학 실험을 해보려 했던 것 같다.

돌아다니는 이야기에 따르면, 이때 나쓰메 소세키가 아무도 이해하지 못할 과학 이론을 들먹이며 엉뚱한 실험을 하려고 한다는 소문이 돌았고, 이 때문에 나쓰메의 정신이 이상해졌다는 말이 일본에까지 전해졌다고도 한다. 일본에서 서둘러 그를 도로 불러들이려고 했다는 것이다. 다른 자료들을 보면 그 정도였던 것 같지는 않지만, 나쓰메가 이케다를 접하고 과학 발전에 자극을 받아 아주 새로운 도전을 하겠다는 생각을 품게 된 것은 사실인 듯싶다.

우리의 이야기는 여기에서 나쓰메 소세키를 따라가지 않고 이케다 기쿠나에를 쫓는다. 나쓰메 소세키가 일본으로 돌아와 『나는 고양이로소이다』, 『도련님』을 발표하며 일본 문학을 한 단계 앞 시대로 끌고 갈 무렵, 이케다는 도쿄 제국대학의 화학 교수로 일했다. 그는 『나는 고양이로소이다』의 등장처럼 단숨에 세상의 주목을 받지는 못했다. 하지만 결국 전 세계의 모든 요리를 바꾸어놓을 가능성을 가진 한 가지 연구에 착수한다.

전설처럼 전해지는 일화에 따르면, 이케다는 어느 날 아내가 해준 음식을 먹다가 갑자기 유난히 이상하게 맛이 좋았던 것이 신기해서, “여보, 도대체 뭘 넣었기에 오늘은 이렇게 맛있는 건가?”라고 물어보았고, 아내가 다시마 우린 국물을 사용했다고 하는 대답을 들었으며, 그 이후 다시마 육수의 비밀을 풀기 위해 도전했다고 한다.

그런 정도의 극적인 일화는 아니라고 해도 이케다가 유도후, 그러니까 한국으로 치자면 두부찌개 내지는 두붓국 비슷한 일본 음식을 끓여 먹을 때 다시마 우린 물을 잘 쓰면 맛이 좋아진다는 데에 관심을 가졌고, 이 무렵 그에 대해 본격적으로 연구한 것은 맞는 듯 보인다. 한국에서도 다시마는 흔히 국물을 내는 재료로 자주 쓰이고, 현대 한국의 인스턴트 라면에도 맛이 좋으라고 다시마를 넣은 제품이 유명한 편이다. 그러니 이케다가 맛을 연구할 때 다시마 우린 국물에서 착상을 얻었다는 것은 그럴듯한 이야기다.

일본의 우마미 인포메이션 센터라는 곳의 자료에 따르면, 이케다는 진작에 식품과 맛에 관심이 많았던 편이라고 한다. 예를 들어, 그는 독일에서 머무는 동안 독일 음식에 흔히 들어가는 고기, 토마토, 치즈 요리에는 새로운 맛이 들어 있다고 생각했고, 한편으로는 독일인의 체격이 일본인보다 크고 건장한 것을 보고, 그들이 먹는 음식에 무엇인가가 있을 거라는 식의 관심을 갖기도 했다고 한다. 나쓰메가 영국 생활에서 울적함에 빠져 있을 동안,

이케다는 독일 음식을 맛보며 일본인의 식생활을 바꾸어놓을 비밀을 찾을지도 모른다는 흥겨움을 느끼고 있었던 셈이다. 그러고 나서 일본에 돌아와, 어느 날 굉장히 맛있는 다시마 국물을 맛보고 다시 연구 의욕에 불타올랐다고 생각해보면 어떨까?

이케다 기쿠나에는 다시마 국물에서 맛을 내는 데 큰 역할을 하는 특별한 성분이 무엇인지 알아내고자 노력했다. 당연히 무엇인지도 모르는 물질을 분석해서 찾아낸 뒤에 그 성분 물질만을 확인하기 위해서는 막대한 양의 다시마로 실험을 해야 했다. 이케다가 실험을 하기 위해 그의 아내는 그 많은 다시마 국물을 끝없이 만들어야 했을 것이다.

실험은 대략 몇 개월에서 1년 정도가 걸린 것 같은데, 1908년경이 되어 이케다는 결론을 얻는 데 성공했다. 다시마 국물의 성분 중 글루탐산glutamic acid이라는 성분이 오묘하게 맛을 끌어올릴 수 있다는 결론이 나온 것이다. 이것은 단백질을 이루고 있는 여러 아미노산 중 혼자 떨어져 있는 물질이다. 그러니, 단백질이 풍부한 고기 요리나 치즈 요리에 확률상 글루탐산도 많이 들어 있을 수밖에 없었고, 거기에서 고기 육수의 특별한 맛이 나온다는 것도 가능했다. 토마토나 다시마는 비록 고기는 아니지만 그러면서도 글루탐산이 많이 들어 있는 편이기 때문에, 마찬가지로 요리에 사용하면 묘한 좋은 맛을 돌게 한다는 이론은 성립할 수 있었다.

이케다는 글루탐산이 주는 이 오묘한 맛을 일본어로 "우마미"라고 부르기로 정했다. 한국어로는 보통 감칠맛으로 번역한다. 그때까지 맛에 대한 이론으로는 혀가 느낄 수 있는 맛이란 단맛, 짠맛, 쓴맛, 신맛의 네 가지밖에 없으며 나머지는 혀가 느끼는 다른 감각과 코가 감지하는 향기로 인해 느껴지는 간접적인 느낌일 뿐이라는 이야기가 정설이었다. 그렇기 때문에, 이케다가 주장한 우마미는 진정한 맛이 아니며 어떤 특별한 효과로 음식 맛이 더 좋은 것 같은 느낌을 줄 뿐이라는 주장도 한동안 많이 퍼져 있었다. 그러나 설령 그 주장이 맞는다고 해도, 글루탐산이 포함된 음식이 분명히 더 맛있고, 그야말로 감칠맛이 도는 것은 사실이었다.

글루탐산은 조미료로 쓰기에 약간 불편한 점이 있었고 효과도 기대보다는 약했다. 그래서 이케다는 소금에서 나오는 소듐, 그러니까 나트륨을 집어넣어 글루탐산이 물에 더 잘 녹아 나오고 더 간편하게 사용할 수 있는 가루로 바꾸는 방법을 고안했다. 그렇게 해서, 소듐이 하나 들어간 글루탐산, 즉 모노소듐글루타메이트monosodium glutamate가 탄생하게 되었으니, 이 물질을 알파벳 약자로 부르는 이름이 대단히 유명해졌다.

바로 MSG다.

아미노산에서
글루탐산만 추출해
여기에 나트륨을 조금 넣으면?
미원?
아, 아니 맛소금!
노!
모노소듐글루타메이트!
MSG!
이케다 기쿠나에
퀴즈쇼
HO
O⁻Na⁺
NH₂

냉면과 조미료

현대에는 혀에서 감칠맛을 느낄 수 있는 신경작용이 일어난다는 사실이 확인되면서, 감칠맛은 제5의 맛으로 당당히 인정받고 있다. 이케다가 개발한 MSG는 시간이 흐르자 일본의 조미료 회사에서 대량 생산되어 실제 요리용으로 팔려나가기 시작했고, 이케다와 조미료 회사 모두 MSG 덕택에 막대한 돈을 벌 수 있게 되었다.

일본에서 가까운 한국에서도 일본의 MSG 업체는 자기 제품을 팔고자 했다. 특히 일본 회사는 당시 평양 냉면 가게들이 좋은 고객이 될 수 있다고 생각했다.

원래 냉면은 겨울철에 저장된 동치미 국물에 말아 먹는 메밀국수에 뿌리를 두고 있다고 보는 것이 보통이다. 그러다가 냉면이 맛있는 음식이라고 여러 사람들에게 인기를 끌면서 점차 사계절 언제나 냉면을 파는 가게들이 생겼고, 그러면서 뛰어난 냉면 맛을 선보이는 가게들이 탄생하며 발전했던 것으로 보인다. 그러던 중에, 지금처럼 고기를 우린 육수를 이용해서 냉면 국물을 만드는 방식도 퍼졌던 것 같다.

그러나 여름철에 고기 우린 육수로 냉면을 만들어 팔자니 아무래도 가게 입장에서는 어려움이 있었다. 장사가 잘되는 집이야, 언제나 손님이 최소한 얼마는 든다는 계산이 있을 테니 그에 맞는 양의 고기를 구하고 육수를 만들어서 만든 만큼만 팔면 별문제는 없었다. 그렇지만, 장사가 안 되는 집일수록 고기와 육수를 관리하기가 어려웠다. 장사가 잘될 줄 알고 많은 고기를 사놓았는데, 쌓인 고기와 육수가 남으면 자칫 더운 날씨에 상해서 못 쓰게 될 위험이 커진다. 지금처럼 냉장고가 흔한 시기도 아니고, 전기 사정이 좋은 시기도 아니었으니, 냉면 가게에서 고기 육수 관리는 골치 아픈 문제였다.

이러한 때에 MSG 회사에서 MSG라는 조미료를 이용하면, 훨씬 간편하고 빠르게 좋은 육수에 근접하는 맛을 낼 수 있다는 점을 홍보했다. 짠맛이 나거나, 고기 맛이 나는 음식이라면 어디에 넣어도 효과가 좋다는 평판이 있는 조미료가 MSG다. 자연히 이 시기의 냉면에도 충분히 적용해볼 만한 조미료였다. MSG 회사는 아예 냉면에 초점을 맞추어 적극적으로 광고를 한 적도 있다. 1931년 신문에 실린 MSG 광고를 보면, 맨 처음 적혀 있는 말이 "냉면+조미료=아름다운 맛"이라는 문구다. 그 말 아래에는 "모든 음식+조미료=아름다운 맛", "음식점+조미료=천객만래", 즉 1000명의 손님이 1만 번 찾아온다고 적혀 있다. 자신의 가게에 손님이 많이 들기를 애타게 바라는 식당 주인 입장에서, 이 광고는 MSG라는 신기술이 꿈을 이루어줄 수 있는 마지막 비법처럼 보이게 만들었을지도 모른다.

1932년에는 일본 MSG 회사에서 아예 평양의 주요 냉면 회사들을 모아서 "면미회"라는 모임을 결성하도록 지원한 일도 있었다. 그만큼 당시 냉면 국물 맛을 만드는 데 MSG를 넣는 것을 중시하도록 만들고 싶어 했다는 이야기다. 평양뿐만 아니라 원산에서도 원산면미회가 생겼다는 이야기도 있으니, 이 무렵 MSG는 차근차근 한식에도 뿌리를 내리고 있었던 것 같다.

실제로 지금 집에서 쉽게 냉면 육수를 만들어보라고 하면 가장 쉽게 해볼 수 있는 방법도 역시 MSG 조미료를 사용하는 방식이다. 양파, 대파, 쇠고기를 넣고 푹 삶아 국물을 내면서 거기에 간이 맞도록 국간장, 설탕, 식초를 적당히 넣으면서 동시에 MSG를 넣으면, 얼추 냉면 육수 맛이 나는 국물이 만들어진다. 이름 높은 냉면 가게의 육수 맛에 비할 바는 아니겠지만 짠맛, 단맛, 신맛을 내가 원하는 만큼 조절할 수 있어서 나만의 육수를 만들어보는 데에는 은근한 재미가 있다. 다른 고기를 같이 넣고 삶는다든가, 마늘이나 생강같이 국물에 흔히 들어가는 재료를 몇 가지 첨가해 본다든가 하는 식으로 좀 더 맛을 꾸며볼 수도 있다. 요즘에는 맛이 크게 강하지 않은 평양냉면이 인기인 시대라고 하니, 아주 명쾌하지 않은 맛이라고 해도 그럭저럭 먹을 만한 결과가 나올 거라는 희망을 품어볼 수도 있다.

현재 MSG는 대량 생산되는 조미료의 대표로 자리 잡은 추세다. 20세기 후반에 미국을 중심으로 MSG가 '중국 음식점 증후군'이라고 하는 몸에 안 좋은 영향을 줄 수 있다는 이야기가 돈 적도 있지만, 막연히 불안감 때문에 퍼진 이야기일 뿐이라는 것

양파 + 대파 + 쇠고기를 넣고 푹 삶으면서
국간장, 설탕, 식초, 마지막으로 MSG를 넣으면,
얼추 냉면 육수 맛

이 요즘의 결론이다.

지금은 한국의 식약처를 포함해서 세계 각국의 정부 당국에서 MSG를 일상적인 조미료로 사용하는 것에는 문제가 없다는 점이 확인된 상태다. 맛의 기본이 되는 소금 같은 물질이라고 하더라도 많이 먹으면 몸에 안 좋으니, MSG를 무슨 밥처럼 퍼먹어서는 안 될 것이다. 그러나 품질 관리가 잘되는 업체에서 생산한 MSG를 조미료로 사용한 음식이 특별히 몸에 해롭지 않다는 것이 여러 나라 당국의 결론이다.

맛의 보물

한식의 변화는 1945년 광복과 함께 잠시 혼란기를 겪는다. 일제강점기가 끝나면서 일본과의 교류가 일시적으로 끊어졌고, 그 과정에서 일본 회사가 만든 MSG가 한국에 수입되는 길이 막혀버린 것이다.

이러한 상황 때문에 어렵사리 구해 온 MSG는 비싼 값에 유통되었다고 한다. 많은 식당이 손님들이 원하는 맛을 예전처럼 내기 위해서는 어쩔 수 없이 겨우 구해 온 값비싼 MSG를 넣는 수밖에 없었다. 1940년대 말에서 1960년대 초까지는 이렇게 갑자기 일본과의 무역이 어려워지는 바람에 한반도 남해안에서 밀수업자들과 밀수업자 주변을 둘러싼 해적들이 들끓는 시대가 잠시 펼쳐지기도 했는데, 모르긴 해도 일본에서 MSG를 입수해서 몰래 한반도로 들여오는 것도 당시 부산, 거제도, 통영 등지 해적들의 일이기도 했을 것이다. 옛날 향신료를 구하기 위해 유럽인들이 아시아로 탐험을 떠난 뒤에 신항로 개척 시대가 시작되었고, 그 이후 유럽 출신 해적들이 이곳저곳에서 들끓게 된 것이 유명하다. 그렇다고 한다면, 1950년대의 한반도 해적들은 MSG라는 과학의 향신료를 구하기 위해 밤바다를 숨어 다니는 도적들이었다.

상황이 이랬으니 일본에서 MSG를 구해 오는 데 매달릴 것이 아니라, 한국에서 직접 생산해보자는 기술에 도전한 사람도 있었다. 그중에서 성공을 거둔 사람으로 가장 잘 알려진 이가 바로 임대홍 회장이다.

기록을 보면 임대홍 회장이 원래는 공무원이었으며, MSG 개발에 뛰어들 무렵엔 무역업자였다. 둘 다 맞는 이야기라고 치면 임 회장은 처음에는 공무원이었거나 공공 기관에서 일하다가 나중에는 무역업자로 직업을 바꾼 것이 아닌가 싶다.

크게 이상한 생각은 아니다. 당시만 해도 지금처럼 자유로운 수출과 수입이 한국 경제를 발전시키는 원동력이라는 생각이 많이 퍼져 있지 않았기 때문에 수출, 수입이 철저하게 나라의 통제를 받던 시기였다. 그러니, 공무원들의 일하는 방식에 친숙하고, 법과 제도, 공공 기관과 공무원을 잘 알면 자연히 수출과 수입을 하는 것도 편리한 시대였다. 아마 그런 관계 속에서 임 회장은 공무원 생활을 하다가, 무역업에서 성공할 기회를 내다보고 직업을 바꾸었다고 추측해볼 수 있다.

무역업자로 일하던 가운데 그는 MSG가 수입되지 못해 많은 사람이 괴로워하고 있다는 사실을 알았을 것이다. 임 회장을 회고하는 기록을 보면, 그가 "은둔의 경영자"라는 말을 들을 정도로 나서는 것을 싫어하고 화려한 행사나 복잡한 의전을 꺼린다는 이야기가 보인다. 임 회장은 대신 기술 개발이나 공장 운영에 유독 관심이 많은 사람이었다고 한다. 그런 것을 보면, 사업 초창기에 그는 기술 분야에 특히 많은 관심을 가진 사람이었다고 추측해 볼 법도 하다. MSG라는 것이 있고, 그것이 고기 국물의 맛을 더할 수 있는 물질이라는 사실을 일단 이해했고, 기술에 관심이 많은 사람이 있다고 치자. 그것을 대량 생산하는 기술을 개발하기만 하면 비싼 값에 팔 수 있는 성분이 공장에서 콸콸 쏟아져 나온다는 꿈을 꿀 수 있다. 이런 생각은 사업가로서 도전해볼 만한 목표였을 것이다.

그 기회가 언제까지나 열려 있는 것은 아니었다. 일본은 한국 바로 곁에 있는 강대국인 만큼 언제인가는 다시 외교 관계를 회복하게 될 것이었다. 그날이 오면 분명히 많은 일본 제품들이 한국에 정식 수입되기 시작할 것이다. 실제로 1965년 한국과 일본의 외교 관계는 정상화된다. 1950년대 중반의 사업가들 입장에서는 대략 10년 안에 일본 제품과 경쟁할 수 있을 정도로 싼값에 위생적인 MSG를 대량 생산하는 기술을 개발해야만 사업에 성공할 수 있었다. 실제로 1955년 무렵 한 회사가 MSG를 국내에서 생산해서 판매했지만, 자리 잡지 못하고 잊힌 일도 있었던 것으로 보인다.

임 회장은 대담하게도 일단 자신의 사업을 정리하고 일본으로 떠났다. 그리고 엉뚱하게도 일본의 MSG 회사 공장에 직원으로 취업했다. 그 공장에서 일하면서 MSG를 생산하는 기술을 최대한 배워보려고 했다.

말단 작업자로 취업했을 테니, MSG 생산의 핵심 기술을 연구하는 부서와는 거리가 먼 일을 했을 가능성이 높다. 그렇지만, 나는 그의 이런 행동이 무모하지만은 않았을 거라고 생각한다. MSG는 원래 그렇게 복잡한 물질이 아니다. 단백질에서 분리되는 간단한 아미노산에 소금에서 나오는 소듐을 넣으면 만들어진다. 여차하면, 다시마 국물이나 고기 국물에서 성분 한 가지만 걸러내는 방식으로도 얻을 수 있다. 그러니, 어떤 재료를 구해서 얼마 동안 작업을 하고, 어떤 규모의 공장을 어떤 방식으로 가동하는가 하는 정도도 중요한 정보다. 어떤 방식으로 직원들을 관리해야 위생적으로 작업할 수 있고, 누가 어떤 기준으로 얼마나 철저히 관리해야 품질을 일정하게 유지할 수 있는지 등을 알아야 믿을 수 있는 품질의 MSG를 만들 수 있다는 것도 중요하다. 이런 내용은 눈썰미가 좋은 사람이 관심을 갖고 공장에서 일하며 이것저것 열심히 물어보고 다니면 어느 수준까지는 알 수가 있다.

게다가 임대홍 회장은 그때까지는 기계를 돌리며 물건을 생산해서 판매하는 일을 경험해본 적이 없었다. 공장과 제조업을 운영하는 최소한의 상식과 경험을 익히기 위해서라도 좋은 공장에서 일해보는 경험은 가치가 있었을 것이다.

일본 회사의 공장에서 일하는 생활을 마치고 한국으로 돌아온 임 회장은 부산에 자신만의 공장을 차렸다. 임 회장의 고향은 원래 전라북도였지만 아마 무역업을 할 때 항구를 드나드느라 부산에 아는 사업가들도 생기고, 그곳의 기술자들과도 친숙해졌기 때문에 부산을 사업 터전으로 삼았던 것 같다. 첫 번째 공장은 부산 대신동에 있었다고 하는데, 몇 년 후 부산 거제동에 옮긴 공장이 수십 년간 가동되었다. 이곳에서 만들어 전국에 조미료를 공급했기에, 이 지역 사람들에게는 지금도 그곳이 '조미료 공장터'로 잘 알려져 있다. 물론 지금은 그 두 번째 공장터 역시 많은 한국의 다른 도시처럼 아파트 단지로 변해 있다.

임 회장의 첫 번째 공장은 495제곱미터 규모였다고 하니, 말이 공장이지 조금 큰 가게 하나 정도의 규모였다. 그런 정도의 공장에서도 하루에 몇십 봉지, 몇백 봉지의 조미료를 만드는 것은 초창기에도 가능했을 것이다. 그렇게 생산되는 가루는 전국의 음식점에서 애타게 찾는 귀중품이었다. 그 정도면 처음 하는 사업으로서는 괜찮은 규모였다. 공장에서는 이만하면 쓸 수 있겠다 싶은 조미료가 생산되어 나오기 시작했고, 임 회장을 믿고 사업을 같이 시작한 동료들은 모두 기뻐하며 그 MSG를 맛보았을 것이다.

순조롭게 진행될 줄 알았던 MSG 생산 사업에서 마지막으로 풀리지 않는 골칫거리가 있었다. 생산 과정에서 사용한 쇠 그릇의 쇠 성분이 조금씩 맛을 변질시킨다는 사실을 깨닫게 된 것이다. 언제라도 항상 품질이 일정하고 위생적이고 믿을 수 있는 조미료를 만들기 위해서는 이런 일은 없어야 했다. 최악의 경우, 쇠 성분이 영향을 미칠 때마다 기계를 멈추고 그릇을 새것으로 바꾸거나, 다시 모든 장비를 식히고 청소하는 방법을 사용해야 했을 것이다. 그런 식으로 공장을 돌린다면, 원래 노렸던 양의 10분의 1, 100분의 1도 생산하지 못하게 된다. 그래서는 여러 사람이 인생의 꿈을 걸고 투자한 사업이 망할 수밖에 없었다.

임 회장과 기술자들은 원래 사용한 쇠 그릇을 대신할 다른 성분으로 만든 솥을 찾아다녔다고 한다. 아마 황금으로 솥을 만들었다면 괜찮았을 것이다. 황금의 성질은 거의 모든 물질에 대해 변질시키지 않으니 간단히 문제는 해결된다. 그렇지만, 조그맣게 시작한 작은 회사에 황금 솥을 살 만한 돈은 없었다.

온갖 궁리를 한 끝에 기술진은 돌로 솥을 만들어서 쇠 그릇 대신에 사용하면 별문제가 없다는 사실을 알아내고, 거대한 돌을 깎아서 장비를 만들기로 했다고 한다. 임 회장은 익산 황등산의 유명한 화강암을 이용하면 가장 좋을 거라고 보고 실제로 그곳의 돌로 솥을 만들었다. 이 방법으로 기술진은 한국산 MSG 생산의 마지막 난관을 돌파하는 데 성공했다.

이후, 그 돌솥을 통해 무제한에 가까운 양의 조미료가 쏟아져 나왔고, 한국의 조미료 산업을 사실상 독점한 임 회장은 막대한 돈을 벌어들이며 사업을 넓혀나갔다. 세월이 흐르자 그는 한국을 대표하는 재벌 기업을 일군 창업자의 한 명으로 남게 되었다.

지금도 군산의 MSG 공장에는 이때 만들어서 사용했던 황등산의 돌로 만든 솥이 자랑스럽게 전시되어 있다고 한다. 한국의 수많은 음식점과 한국인의 입맛이 조미료 때문에 바뀌게 되었으니, 돌솥에서 나온 조미료가 한 나라의 식문화를 바꾼 것은 사실이다. 이렇게 보면, 황등산에 막대한 보물이 묻혀 있다는 보삼말 마을의 전설도 어느 정도는 사실로 이루어진 셈이다. 돌솥으로 시작한 이 회사의 가치는 현재 7,000억 원을 넘는다. 이 정도 액수면 황금 솥을 몇백 개는 만들 수 있다.

조미료 전쟁

냉면을 포함해서 지금도 많은 음식에 MSG가 사용되고 있다. MSG를 너무 많이 넣으면 모든 음식 맛이 비슷해진다면서 좋아하지 않는 사람도 있다. 그러나 어느새 MSG가 우리 식생활에 깊게 자리 잡은 것은 부인하기 어렵다.

MSG 시장을 두고 국내 회사들이 1970년대를 전후로 치열한 경쟁을 벌였던 이야기도 꽤 알려져 있다. 특히 설탕 제조하는 사업, 즉 제당 사업으로 큰 성공을 거두었던 이병철 회장이 MSG 사업에 도전했던 이야기는 유명하다. 이병철 회장은 한동안 한국에서 가장 유명했던 갑부였기에, 그의 MSG 사업 도전은 임대홍 회장에게 큰 위협이었을 것이다. 이병철 회장의 회사는 식품 사업에서 이미 경험이 풍부했고, 충분한 기술과 자금을 탄탄하게 갖추었다는 점에서도 위협적이었다. 이병철 회장 역시, 자기 회사의 실력이라면 임대홍 회장의 조미료 사업을 이길 수 있을 만한 계산이 섰다고 보고 사업을 시작했던 것 같다.

그러나 긴 시간 이 회장의 MSG 사업은 임 회장의 사업을 넘어설 수 없었다. 우스갯소리로 도는 이야기에 의하면, 이 회장이 "내 마음대로 안 되는 것이 세상에 세 가지가 있는데 골프, 자식, 조미료 사업이다"라고 했다는 말을 여기저기에서 읽은 기억이 있다.

1960년대에서 1970년대에 걸쳐 두 회사는 최고의 모델을 기용해서 열렬한 광고전으로 대결했다. 1960년대 한국 영화 배우 중 최고로 꼽히는 김지미 배우가 임 회장 회사의 MSG 광고에 긴 시간 출연했는가 하면, 당시 MSG 회사들의 광고에서는 MSG로 맛있는 음식을 만들면 음식을 골고루 많이 먹게 될 것이고, 그러면 영양분이 골고루 몸에 들어올 것이고, 그러면 몸도 튼튼해질 것이고, 그러면 뇌도 잘 발달될 것이고, 다시 그러면 공부도 잘하게 된다는 식의 논리가 등장하기도 했다. 한동안은 조미료 포장지 몇 개를 모아서 보내주면 어떻게 저떻게 해서 어마어마한 선물을 경품으로 주겠다든가 하는 아주 노골적인 판촉 대결이 양쪽에서 벌어지기도 했다.

어느 식당, 어느 가게에 어느 회사 MSG를 공급하겠다는 것을 두고 양쪽 영업 사원들이 열렬한 대결을 벌이는 것이 극히 치열했던 시기가 한동안 이어지기도 했다. 조미료 전쟁이라는 말이 결코 과장이 아니었다. 당시 영업 사원들 간에 감정이 격해져서 격투를 벌였다는 이야기가 전해지기도 했을 정도다.

세월이 흘러, 지금은 두 회사 모두 국내 판매 이상으로 수출에서 벌어들이는 금액이 더욱 많아졌기에 이런 극단적인 경쟁은 가라앉은 상태다. 절대 같이할 수 없을 것 같던 라이벌이었는데, 20여 년 전에는 임 회장의 손녀와 이 회장의 손자가 결혼을 했다는 소식이 나오더니, 그러고 나서는 헤어졌다더라, 두 사람이 지금은 어떻게 살며 누구를 만나며 지낸다더라 하는 이야기로 또 다른 풍문이 돌기도 했다. 절묘한 냉면 육수 맛만큼이나 세상일은 어떻게 되는지는 알기 어려운 문제인 듯싶다.

★★★ 시식평: 이렇게 맛있는 요리를 만들어줘 고마워.

12

피자

코뿔소의 뿔을 만드는 심정으로

떡과 빵의 차이

도대체 왜 떡을 치는 것일까? 떡을 만들 때 그것을 치는 과정은 한국인에게 익숙한 모습이다. 절구 같은 곳에 떡의 재료를 넣고 방망이나 떡메 같은 것으로 열심히 찧고 친다. 영화에서도 종종 나오는 장면이고 텔레비전 연속극이나 만화의 장면으로 등장하기도 한다. 보통 이런 방법을 오래 잘 반복하면 떡이 맛있어진다는 설명이 이어지기도 한다.

그런데 도대체 떡을 두들기면 왜 맛있어지는가? 예를 들어서 떡을 쳐서 맛있어진다면 왜 밀가루 반죽으로 만드는 빵이나 국수 같은 음식은 그렇게 하지 않는가? 떡을 치는 것이 재료에 무슨 화학반응을 일으키는 데 도움이 되며, 빵과 국수는 무엇이 다른 걸까?

떡을 치는 과정을 이해하려면, 만드는 방식을 조금 자세히 알아볼 필요가 있다. 아마 요즘은 어지간해서는 가정에서 떡을 쳐가면서 만드는 경우가 거의 없을 것이다. 그도 그럴 것이, 현재 우리가 쉽게 만들어 먹는 떡 중에 상당수는 굳이 그렇게 떡메로 치지 않아도 만들어진다. 찹쌀가루를 물과 함께 섞어서 반죽을 만들고 쪄내되, 그 속에 다른 재료를 넣거나 거기에 고물을 묻히면 이런저런 떡이 완성된다. 요즘은 전기밥솥을 이용해서 백설기 같은 떡을 쪄내는 방법도 알려져 있다. 이런 떡을 만들기 위해 굳이 떡을 어디에 넣고 칠 필요는 없다.

현재의 떡 만드는 방법을 기준으로 보자면, 반죽을 먼저 만들어두지 않을 때 쳐대는 과정이 필요한 것으로 보인다. 떡 반죽이 완성되지 않은 형태로 재료가 가공되었을 때, 그것을 쫄깃한 상태로 만들기 위해 떡을 두들기고 친다고 보면 된다.

예를 들어, 쌀떡을 만들기 위해 우선 쌀을 그대로 쪄서 밥 비슷하게 만든다고 해보자. 그 밥을 계속 두들기고 쳐서 밥알들이 그야말로 떡지게 만든다. 다른 재료와 잘 섞인 상태에서 떡을 치는 작업이 반복되면, 밥은 점차 떡으로 바뀌어간다. 이렇게 하면, 떡을 굳이 고운 가루로 만들지 않아도 떡을 만들 수 있다. 그러므로 기술이 부족했던 옛 시대에는 떡을 치는 방식이 만들기에 유리했던 것이다. 꼭 쌀을 밥처럼 만든 뒤 떡으로 치는 것뿐만 아니라,

다른 재료로 떡을 만들 때도 비슷한 방식으로 쳐서 만들 수 있다.

이렇게 두들기고 쳐서 만드는 떡의 가장 기본 방식을 한번 보고 나면, 떡을 칠 때 어떤 반응이 일어나는지도 어느 정도 짐작해볼 수 있다.

생쌀은 가까이 붙여두어도 끈적하게 달라붙지 않는다. 생쌀이 달라붙게 하려면, 뜨거운 물 속에 넣어서 호화반응이 일어나게 해야 한다. 물이 쌀 속에 들어가서 쌀 안의 전분 성분이 해체된다. 그렇게 물과 열기 때문에 전분이 한번 쪼개졌다가 다시 붙으면서 쌀은 끈끈하게 붙는 성질을 갖게 되는데, 이를 호화반응이라고 한다. 이 때문에 쌀을 일단 한번 쪄서 호화반응이 일어나게 해주고, 그것을 계속 내리치면 끈끈해진 쌀 알갱이들이 파괴되고 해체되면서 그 속의 전분 조각들이 튀어나와 서로 마주칠 기회가 점점 더 늘어나게 된다. 전분 조각들은 이리저리 들러붙게 될 것이다. 호화반응의 결과를 살려서 쌀알을 거대하게 떡진 상태의 줄줄이 연결된 전분 덩어리로 만들어가는 것이다.

그 때문에 떡이 맛있게 만들어지려면 어떻게든 호화반응이 잘 일어나주어야 한다. 찹쌀의 경우, 전분을 이루고 있는 물질 중에 아밀로펙틴이 특히 많은 편인데, 아밀로펙틴은 잘만 하면 쫀쫀한 질감을 만들기에 도움이 되기는 하지만 부서지고 달라붙는 호화 현상이 잘 안 일어날 가능성도 있는 물질이다. 그렇기에 대체로 찹쌀을 이용할 때에는 따뜻한 물을 같이 사용해주라고들 한다. 예를 들어, 떡을 치지 않고 그냥 가루를 반죽해서 만드는 방식을 쓸 때에도 찹쌀가루를 이용할 때에는 따뜻한 물로 반죽을 해서 살짝 익히듯이 하는 익반죽 조리법이 많이 알려져 있다. 역시 그냥 물을 쓰지 않고 열기를 내는 뜨거운 물을 써서 물과 열을 받아야 이루어지는 호화반응, 즉 끈끈해지는 현상을 더 잘 일으키려고 이런 일을 하는 것이다.

빵이나 피자 반죽에도 전분이 들어 있고, 빵과 피자 역시 굽는 과정에서 호화 현상이 나타나기는 한다. 그렇지만 빵이나 피자 반죽이 쫄깃해지는 원리는 떡과는 다르다. 그렇기 때문에 굳이 떡을 쳐서 만드는 일은 있지만 빵을 쳐서 만드는 일은 보기 힘들다.

밀가루 반죽이 쫀득해지는 데에는 전분이 아닌 다른 성분이 더 중요한 역할을 한다. 한마디로 밀가루에는 전분보다 더 센 것이 들어 있다는 뜻이다. 쌀과 달리 빵의 재료인 밀가루를 반죽하면 이 성분을 만들어낼 수 있고, 그것이 밀가루 반죽을 쌀보다 훨씬 더 심하게 쫀쫀하게 만들 수 있다. 그러므로, 빵이나 피자를 만들 때에는 다른 것보다 이 성분의 힘을 충분히 활용할 수 있는 반응을 잘 일으켜야 한다.

그것이 한동안 세간에서 화제가 되었던 물질, 글루텐gluten이다.

한국 피자의 전통

한국에서 피자 이야기를 해본다면, 워커힐 호텔부터 말해보고 싶다. 나는 남정임, 구봉서 배우가 나온 영화 〈워커힐에서 만납시다〉라는 1960년대 영화를 통해서 워커힐 호텔을 처음 알게 되었다. 이 영화의 내용은 한국전쟁 중에 고생을 한 남정임 배우의 배역이 평화가 찾아온 1960년대에는 가수의 꿈을 이루기 위해 노력하고 있고, 워커힐 호텔의 쇼 무대에서 노래 부르는 사람으로 일하게 된 후 좋은 사람들을 만나게 된다는 이야기다. 말하자면 일종의 뮤지컬 영화라고 볼 수도 있겠다.

1960년대에 이런 영화가 나온 것은 워커힐 호텔이 당시에는 미국식 쇼인 워커힐쇼를 공연하는 곳으로 유명했기 때문이다. 1960년대 초, 한국 정부는 한국에 머물던 미군 부대의 장교들이 휴가가 생기면 마땅히 놀 만한 곳이 없어서 일본으로 건너간다는 것을 알게 되었다고 한다. 소문에 따르면, 미국인이 즐길 수 있을 만한 휴양 시설을 서울 외곽에도 건설하겠다는 목표로 탄생된 곳이 워커힐 호텔이라고 한다.

이 말은 사실에 가까울 것이다. 다른 곳에서는 보기 힘들었던 미국식 쇼 무대를 호텔의 자랑거리로 내세운 것부터가 미국인 손님을 노린 것이다. 따지고 보면 "워커힐"이라는 이 지역 일대를 일컫는 지명부터가 미군 손님을 생각해 붙인 이름이다. 잘 모르고 보면, 워커힐이라고 하니 걷기 좋은 언덕이라는 뜻으로 붙인 이름인가 싶기도 하겠지만 사실 워커힐은 한국전쟁 중 사망한 미국 군인, 워커 장군을 기리기 위해 붙인 이름이다.

워커힐 호텔이 건설된 후, 이 지역의 가장 높은 언덕배기 꼭대기에는 전망대 건물이 생겼다. 걸어가자면 한참 계단을 걸어 올라가야 하는 곳이다. 한동안 술을 파는 바로 운영되기도 했는데, 볼수록 건물 모습이 특별하다. 피라미드를 거꾸로 엎어놓은 것 같은 모습인데, 현대 한국 건축에서 중요한 건축가로 평가받는 김수근 선생이 설계를 맡아 젊은 시절 그의 개성을 뽐내며 만든 건물이다. 우주를 향해 나아가는 느낌, 미래 세계가 얼른 오면 좋겠다는 상상을 추구했던 1960년대 세계의 유행이 한국의 서울에도 잠깐 머물다 간 느낌을 준다.

나는 얼마 전에 볼일이 있어서 워커힐 호텔에 갔다가 이 꼭대기 전망대 건물을 인터넷으로 검색해보고 나서야 그게 김수근 선생의 설계인 줄 알게 되었다. 김수근 건축 중에 내가 친숙하게 생각하고 있었던 것은 서울 지하철 3호선 경복궁역 정도였다. 경복궁역을 보면 콘크리트로 만들어진 현대 도시의 건물이라는 느낌이 분명히 들지만, 그런데도 그 속에 고즈넉한 느낌도 있고 고전적인 개성도 있는 느낌이 든다. 그런 게 나는 건축가의 솜씨라고 생각했다.

워커힐 호텔의 전망대는 시대를 초월한 독특한 모습으로 서 있어서 다른 느낌으로 놀라웠다. 서울 시내 중심가와는 약간 먼 지역, 나무숲 사이에 솟아 있는 높은 곳에 들어서 있는 건물은 복잡한 도시 속에서 살짝 감추어진 비밀 장소 같은 느낌도 있었다.

지금은 바로 그 건물이 피자 가게로 활용되고 있다. 검색해보니, 아는 사람들 사이에서는 꽤 유명한 식당이었다. 신기했다. 유명 건축가가 지은 건물, 서울 시내지만 숲이 유지되고 있는 곳에 숨겨진 곳, 높다란 위치에서 도시 경치를 내려다볼 수 있는 멋진 전망이 있는 그런 곳인데, 박물관도 아니고 기념관도 아니고, 그렇다고 값비싼 입장료를 내야만 들어갈 수 있는 부유한 사람들의 비밀 클럽도 아니고, 피자 가게라고?

이 피자집은 1988년 영업을 시작한 가게로, 피자를 전문으로 파는 가게로는 한국에서는 굉장히 초기에 영업을 시작한 곳이다. 물론 1980년대 후반이면, 여러 가지 외국 음식을 다양하게 파는 유명 식당의 메뉴 중에 피자도 하나쯤 섞여 있는 가게도 여러 군데였을 거라고 추측해본다. 아마 이태원과 같은 외국인 밀집 지역에 피자를 파는 조그마한 가게 하나 정도는 있을 법도 한 시기다. 그렇지만, 큰 규모로 건물을 차지하고 피자를 전문으로 판다는 것을 내세우는 가게가 흔했다고 보기는 어려운 시점이다. 그런 시대에 이 피자 가게는 호화로운 전망대를 차지하며 영업을 시작했으니, 한국 피자의 뿌리가 있는 가게라고 하기에는 부족함이 없다고 생각한다.

워커힐 호텔의 성격과 함께 이런 옛일을 생각해보면, 그 위치에 피자 가게가 있다는 것도 그렇게 엉뚱할 것은 없다. 피자란 음식이 이탈리아에서 시작되었지만 미국에서 발전하고 더욱 유행한 음식이니, 미국 문화를 파격적으로 선보이며 자리 잡은 이 호텔 지역에 미국인들이 고향의 맛을 찾아갈 만한 피자 가게가 있다는 것은 상당히 어울린다. 현재 피자는 평범한 사람들에게 가까운 음식이기는 하지만, 1988년에는 머나먼 나라의 외국 음식이었다는 점에서 특이하다. 서울 근처에 미국식 휴양지를 건설하겠다는 계획에서 탄생되어, 몇 킬로미터 한적한 길로 빠져나온 것뿐인데 다른 나라 문화 속으로 들어간다는 느낌에 어울린다. 한국의 피자 가게라면, 지하철역 근처나 아파트 버스 정류장 앞에 있어야 어울리겠지만, 지금도 이 전망대 건물에 입주한 피자 가게는 직접 자동차를 운전해 차도를 달려 외딴곳으로 왔다는 느낌 속에서 건물로 들어가는 방식을 유지하고 있다.

나는 이 피자 가게의 피자를 꼭 한 번 먹어본 적이 있다. 값은 평범한 피자에 비해 비싼 편이었지만 확실히 맛은 있었다. 뿌리가 있는 맛이 이런 것인가 싶기도 했다. 흔히 먹는 피자 맛과 조금 달랐다. 그렇다고 미국 뉴욕 길거리에서 먹을 수 있는 정통 미국식 피자를 그대로 가져온 맛도 아니었다. 정말 그런지 어떤지는 모르겠지만, 1988년의 솜씨 좋은 미국의 피자 가게를 따라 하면서 어느 외딴 가게에서 시작한 맛이 나름대로 30여 년 혼자서 변해오면 이런 맛이 날까 싶었다.

고구마 피자에 대한 고민

그렇게 생각해보면 피자만큼 종류가 다양하고, 만드는 사람마다, 가게마다 맛이 다양해질 수 있는 음식도 드물다. 피자 반죽의 모양과 두께, 굽는 방법에 따라서 음식의 틀이 달라질 수 있고 거기에 어떤 소스를 사용하느냐에 따라 기본 맛이 달라진다. 여기에 더해 어떤 재료를 그 위에 추가로 뿌리느냐, 즉 어떤 토핑을 사용하느냐에 따라 피자에는 별별 이름을 다 붙일 수 있다.

한동안 나는 피자에 고구마 으깬 것을 뿌리는 것이 매우 이상하다고 생각했다. 맛이 없었다는 이야기는 아니다. 나는 고구마를 싫어하지도 않는다. 그런데 도무지 그게 피자 맛에 어울린다는 생각이 들지가 않았다. 피자는 짠맛, 기름진 맛, 고소한 맛이 두드러지는 음식 아닌가. 고구마는 단맛, 담백한 맛, 물렁한 맛이다. 고구마는 고구마의 맛을 피자 덕분에 잃어버리고, 피자는 고구마 덕분에 피자 맛을 잃어버리는 느낌이었다. 합쳐놓은 결과가 맛없어서 못 먹을 정도라고 할 수는 없지만, 어쩐지 애초에 피자를 싫어하는 사람이 피자의 독특한 맛을 가려버리고 대신에 딴 음식을 먹기 위해서 먹는 음식이 고구마 뿌린 피자 같았다. 생선회를 내어놓았더니, 불에 구워 먹는 느낌이라고 하면 비슷할까. 김치를 내어놓았더니, 물에 씻어서 먹는 느낌이라고 하면 비슷할까. 바삭한 튀김을 내어놓았을 때 일부러 눅눅해질 때까지 기다리다 먹는 느낌이라고 하면 비슷할까. 구운 생선도 맛있고, 물김치도 맛있고, 눅눅한 튀김도 못 먹을 것은 없지만 그래도 아쉽지 않은가? 나에게 고구마를 넣은 피자는 그런 식으로 아쉬웠다.

인생을 살면서 내가 성장했다는 느낌을 받을 때가 많지는 않았지만, 2010년대 중반 즈음의 어느 날, 나는 그 비슷한 느낌을 받은 적이 있다. 그날, 내가 고구마 뿌린 피자도 괜찮다고 받아들이고 있다는 사실을 깨달았다. 여전히 고구마 피자를 가장 좋아하는 피자라고 생각하지는 않지만, 가능하면 점점 사라졌으면 좋겠다는 생각은 버리게 되었다. 뭐, 어차피 이것저것 다 올려서 먹는 음식인데 그걸 먹는 사람이 있다면 그런 사람도 있을 수 있다고 생각하게 된 것이다.

그렇게 따지자면, 나도 나름 약식으로 피자 만드는 방법을 알고 있다. 30년 전통의 피자 가게 맛과는 거리가 아주 멀지만 이것도 그런대로 괜찮다. 나는 피자 반죽을 만들기가 귀찮아서 직접 만들기보다는 보통 그냥 멕시코 음식에 사용하는 토르티야를 사다가 그걸 얇은 피자 반죽 대신이거니 하면서 사용한다. 잘만 하면 그것도 얇게 만든 피자 반죽 대용으로는 쓸 만하다.

여기에 토마토케첩에 올리브기름을 조금 뿌리고 필요하다면 물도 섞어서 만든 소스를 골고루 바른다. 너무 싱겁다면 소스에 소금을 좀 뿌려도 좋다. 그 위에 체다치즈 같은 치즈를 잘라서 좀 뿌리고 햄을 얇게 썰어 골고루 뿌린다. 햄을 한번 구운 다음에 뿌리는 것도 괜찮은 방법이라고 생각한다. 얇게 썬 토마토를 적당히 뿌려 곁들이는 것도 괜찮다. 다시 그 위에 모차렐라치즈 조각을 뿌린다. 여기까지가 내가 생각하는 기본 피자다. 많이 부실하다고 생각할지도 모르겠지만, 고구마 뿌린 피자를 받아들일 수 있는 내 마음속에서는 이 정도면 먹을 만한 피자다.

제대로 된 피자 가게라면 이것을 화덕이나 오븐에서 구울 것이다. 나는 기름을 바른 그릇에 올려 전자레인지에서 조리하거나, 아니면 기름 뿌린 팬에 올려서 그냥 그대로 굽는다. 피자에 어울리는 좋은 화덕이나 오븐을 설치하고 관리할 만한 재주가 나에게는 없기 때문이다. 너무 뜨겁지 않게 오래 잘 구워서 재료를 충분히 잘 익혀주고 치즈가 골고루 녹게 한다. 그러고 나서 마지막에 어느 정도는 센 불에 적당히 구워 피자 반죽 부분을 좀 그슬려 노릇노릇하고 바삭하게 만드는 것이 좋다.

여유가 있다면, 모차렐라치즈를 뿌리기 전에 다른 토핑을 곁들여서 만들고 그것을 구우면 더 맛있다. 그렇게 해서 내가 좋아하는 재료를 특히 듬뿍 넣은 나만의 피자를 만들어낼 수 있다. 역시 가장 손이 쉽게 가는 것은 파프리카나 피망을 잘라 뿌리는 것이다. 한번 볶아서 넣어도 좋다. 올리브 통조림의 올리브를 잘라서 뿌린다든가, 양파나 양송이 버섯을 얇고 가늘게 썬 것을 한번 볶아서 뿌리는 것도 좋은 생각이다. 올리브기름에 고기 간 것을 볶은 뒤에 피자에 뿌리는 것도 괜찮다. 맛을 돋울 수 있는 재료는 뭐든 생각해서 넣는다. 정성을 기울인다면 토마토케첩으로 대충 만든 소스 대신 제대로 된 소스를 만든다는 것도 훌륭한 생각이다. 자유롭게 피자를 입맛에 맞게 가꾸어가면 된다.

그리고 뭐, 정 그러고 싶다면 삶은 고구마를 으깨서 뿌려도 된다.

유럽인이 빵을 먹고 동아시아인이 밥을 먹는 이유

피자 반죽을 직접 만든다면 밀가루에 물과 소금을 넣고 섞은 뒤 주물러가며 만들어야 한다. 밀가루 얼마에 물을 얼마나 넣는지, 밀가루를 반죽하면서 어느 정도의 힘으로 얼마나 주물럭거려야 하는지, 그러다가 또 어느 정도 아무것도 안 하고 가만히 그냥 놓아두어야 하는지 알아야 한다. 그 정도를 잘 조절해야 쫄깃하면서도 구웠을 때 고소하고 겉면이 바삭한 느낌도 풍부한 피자 반죽이 탄생한다. 말처럼 쉽지 않은 일이다.

피자를 반죽하면 밀가루 속에 있는 단백질이 서로 점점 엉겨 붙으며 더 커다란 단백질 덩어리가 된다. 밀가루는 탄수화물이 많이 든 물질이다. 단백질이 들어 있다니 좀 이상할 수도 있을 텐데, 모든 생물의 몸을 이루는 기본 재료가 단백질이라는 것을 생각해보면, 밀도 생물인 이상 그 가루에 단백질이 어느 정도 들어 있다는 사실이 크게 이상할 것은 없다. 따지고 보면 특별히 고기를 많이 먹고 사는 사람이 아닌 이상, 많은 사람이 단백질을 어디에서 주로 먹게 되는지를 계산해보면 고기 못지않게 곡식을 먹을

글루텐 덕분에
쫀쫀한 맛이 나는 피자다.
피자도 만들었냥?

때다. 그러니까 밥, 빵, 국수 같은 음식을 갑자기 안 먹으면 탄수화물뿐 아니라 단백질 부족에 시달릴 수도 있다는 이야기다.

어디에 들어 있는 단백질이든 단백질은 대개 수천 개 이상의 많은 원자가 복잡한 모양으로 붙어 있는 모습의 물질이다. 밀가루 반죽에서는 그 속의 여러 가지 단백질을 이루고 있는 많은 원자들 중에 몇 안 되는 황 원자가 중요한 역할을 한다. 반죽을 주물럭거리며 이리저리 부딪히게 하는 동안, 단백질 속의 황 원자는 서로가 갈고리처럼 걸리며 달라붙을 수 있다. 바로 이 덕분에 밀가루를 반죽하면 쫀득해진다.

특히 단백질 중에서 시스테인cysteine이라는 이름이 붙은 아미노산이 있는 부위의 황이 갈고리처럼 서로서로에게 걸리는 지점이다. 이 화학반응은 생물에 중요하게 활용될 때가 많다. 예를 들어, 사람의 손톱, 발톱이나 머리카락같이 질기고 딱딱한 부위에는 케라틴keratin이라고 하는 물질이 많다. 손톱 성분인 케라틴이 생기려면 단백질의 시스테인 부분이 서로서로 달라붙으며 찰칵 걸려 튼튼해지는 과정이 필요하다. 손톱, 발톱은 딱딱해서 꼭 뼈 같지만 사실은 단백질 성분, 즉 고기 성분에 더 가깝다.

사슴 같은 동물의 뿔도 겉면이 케라틴 계열 재질로 덮여 있는 경우가 많고, 특히 코뿔소의 뿔은 뼈 부분 없이 케라틴 계통의 재질로만 되어 있다. 그러니 코뿔소 뿔은 뼈가 아니라 아주 억센 손톱 같은 재질이다. 우리가 밀가루 반죽을 하면, 코뿔소 뿔이 생겨나기 위해 필요한 화학반응과 비슷한 반응이 아주 미약하게 살짝 일어나면서 반죽을 쫀쫀하게 하고 있는 셈이다.

이런 과정을 통해 반죽 속에서 단백질은 자꾸 서로 붙으며 커진다. 이 화학반응이 반복되면 그 크기가 너무 커져서, 그 사이에 다른 물질들이 끼이거나 들어갈 수도 있을 정도로 커지기에 이른다. 이런 상황을 교과서에서는 "3차원 망상구조가 발달한다"고 설명한다. 단백질들끼리 서로 엮이며 달라붙다 보니, 전후좌우 상하로 이리저리 어지럽게 그물 모양을 이루게 되었다는 뜻이다.

이렇게 변한 단백질은 꽤 튼튼하다. 단백질로 된 동물의 고기에 질긴 느낌이 있듯이, 이렇게 탄생한 밀가루 반죽 속의 단백질은 쉽게 허물어지지 않는다. 그 덕택으로 반죽은 탱탱해진다.

피자 반죽을 잘 만드는 사람들은 이때 반죽을 정말 깔끔하게 잘 만들어서, 마치 탱글거리는 공 모양에 가깝게 보일 정도로 만들어내기도 한다. 이런 단백질의 이름이 글루텐이다. 밀가루로 만든 반죽에는 이런 작용을 할 수 있는 단백질이 특히 많이 들어 있다. 그래서 밀가루로 반죽을 하면, 다른 곡식에 비해 특히 더 쫀쫀한 반죽을 만들 수 있다. 글루텐 덕택에 쫀쫀한 재질이 될 수 있기에 밀가루로 빵을 구우면 빵 속에 들어 있던 이산화탄소, 수증기, 공기 같은 기체들이 쉽게 새어 나오지 않아 빵이 잘 부풀게 된다. 쫀쫀한 글루텐이 기체를 잡아 가두면서 부풀어 오르는 고무풍선의 고무 역할을 하는 것이다. 쌀에는 글루텐 계열의 단백질이 거의 없기 때문에 쌀가루로는 이런 화학반응을 일으키기 어렵다. 때문에 쌀을 먹는 사람들을 굳이 억지로 빵 같은 복잡한 음식을 만들지 않고, 보통은 쌀 모양 그대로 밥을 지어 먹는다.

좀 더 생각해보면 밀가루 안에 이런 독특한 단백질이 더욱 많이 있다면, 글루텐을 더 튼튼하게 많이 만들어서 반죽을 더 쫀쫀하게 만들 수도 있다. 그래서 가게에 밀가루를 사러 가보면, 단백질이 든 정도에 따라 등급을 분류해서 팔기도 한다.

영어로 단백질이 많이 든 밀가루를 센 가루strong flour, 단백질이 별로 없는 밀가루를 약한 가루weak flour라고 하는데, 각각 글루텐이 잘 발달해서 쫀쫀해지기 좋은 밀가루, 그렇지 못한 밀가루라는 뜻이다. 밀가루 회사마다, 용어마다 기준은 좀 다르지만 단백질이 15퍼센트 들어 있는 밀가루라면 어지간하면 상당히 센 밀가루라고 할 것이다. 그 말을 번역해서 한국에서는 강력분, 그 반대는 박력분이라는 말을 쓰고, 그 중간을 중력분이라고 한다.

그러므로 쫄깃한 맛이 특히 많이 필요한 빵이나 국수를 만들 때에는 당연히 글루텐이 튼튼하게 생겨 잘 잡아줄 수 있는 강력분을 써야 하고, 쫄깃한 맛보다는 바삭하게 만들어야 하는 과자를 만들 때에는 박력분이 좋다. 나는 강력분, 박력분이라는 말을 처음 들었을 때부터 의미를 알아채기가 너무 어렵다고 생각했는데, 오히려 영어에서는 더 쉬운 말을 써서, 요즘에는 강력분을 "빵 밀가루bread flour", 박력분을 "케이크 밀가루cake flour"라고 부

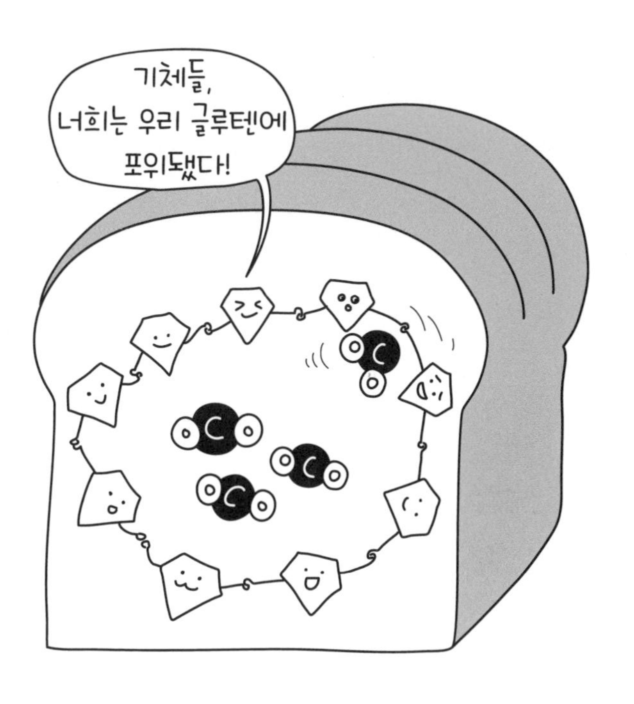

르고, 그 중간을 "다목적 밀가루all purpose flour"라고 부른다.

밀가루에만 글루텐이 있는 것은 아니다. 밀로 분류되지는 않지만 밀과 몇 가지 특징이 비슷하게 생겼고 비슷한 맛이 나는 호밀 역시 글루텐이 나오는 재료다. 밀보다 훨씬 적은 양이기는 하지만 보리에서도 글루텐이 나온다. 사실 보리와 밀은 한 가지로 분류할 수는 없지만 쌀과 밀의 관계에 비하면 몇 가지 닮은 점이 있는 비슷한 식물이다. 그래서 한자어로 말할 때는 밀을 "소맥"이라고 하고, 보리를 "대맥"이라고 부를 때가 있다. 가게에서 과자나 비스킷 같은 것을 사서 그 성분과 재료가 무엇인지 써놓은 부분을 읽어보면 "소맥분"이라는 말을 자주 볼 수 있는데, 말이 어려워서 그렇지 그냥 밀가루라는 뜻이다.

쌀을 수확한 뒤에 껍질을 벗겨 판매하면서 쌀을 깎는 과정을 도정이라고 하고, 거의 깎지 않아 거친 느낌이 나는 쌀을 현미라고 한다. 밀도 마찬가지로 밀가루를 만들 때 밀알을 깎는 과정을 거친다. 쌀을 현미로도 먹을 수 있는 것처럼, 밀도 거의 깎지 않으면 거친 느낌을 낼 수가 있다. 그렇게 만든 것을 통밀이라고 부른다. 또, 파스타나 피자 같은 이탈리아 요리에 자주 사용되는 듀럼밀이라는 것도 있는데, 이 듀럼밀이라는 식물은 밀과 아주 가깝지만 보통 밀과는 종이 다른 식물이다.

밀가루에서 글루텐만 뽑아내서 그 글루텐을 여러 제품을 만들기 위한 재료로 따로 활용할 수도 있다. 앞서서 글루텐이 잘 발달하면 고기 단백질 비슷하게 튼튼해진다고 비유했는데, 정말로 밀가루의 글루텐을 뽑아서 인조 고기, 식물성 고기 대용품을 만드는 재료로 활용하기도 한다. 그 외에 낚시를 위해 떡밥을 뿌릴 때, 떡밥 재료로 글루텐을 자주 사용하기도 한다. 생선을 가루로 만든 것에 곡식 가루와 글루텐을 섞어 뭉치면 쫀득한 떡밥이 완성되어 물고기들을 유혹할 수 있다.

글루텐 프리의 가치

사람이 밀 농사를 시작한 것은 대단히 오래되었다. 1만 년 이상 역사를 거슬러 올라가야 최초로 밀을 재배한 사람을 만날 수 있을 거라고 보는 의견이 주류다. 그러니 아주 긴 세월 동안 사람들은 밀가루로 반죽을 해서 여러 음식을 만들어 먹었을 것이다. 글루텐이 매우 적은 반죽을 만들어서 쿠키와 비스킷만 먹으며 산 종족이 어느 나라에 있었다면 모를까, 밀로 음식을 만들어 먹은 이상은 다들 글루텐의 쫀쫀함을 활용해 여러 음식을 만들었을 것이다. 그러니까, 사람이 글루텐을 먹어온 세월 역시 밀의 역사와 함께할 정도로 대단히 길 것으로 짐작된다.

그런데 20세기에 접어들어 글루텐이 사람 몸에서 의외의 현상을 일으킬 수 있다는 점이 확인되었다. 특정 체질을 가진 사람의 경우, 글루텐이 소화되어 사람의 소장에 들어가게 되면 그 글루텐에서 떨어져 나온 물질 조각을 그 사람의 면역 체계가 마치 무슨 독소나 세균처럼 받아들이게 되는 경우가 있다고 한다. 이 사람의 배 속에서는 글루텐을 물리치기 위한 맹렬한 반응이 일어나 배는 온통 충격을 받게 된다. 소장까지 글루텐이 들어간 후에 그 속에서 일종의 알레르기 반응을 일으키는 것이다.

무슨 음식을 먹었을 때, 두드러기가 난다거나 갑자기 재채기가 나온다면 알레르기 증상이라는 것을 쉽게 알아채고 조심하기가 좋을 것이다. 그렇지만, 이 경우에는 원인이 되는 물질이 배 속 깊숙이 소장에 들어가서야 몸이 반응하기 시작한다. 자칫하면, 그냥 소화가 좀 안 되나 보다, 내가 요즘 몸이 안 좋나 보다, 나는 원래 좀 허약한가 보다라는 식으로 착각하기 쉬운 증상이 일어난다. 이 증상은 20세가 되어서야 그런 것이 있다는 사실이 확실히 밝혀졌고, 배에서 생기는 병이라는 뜻으로 셀리악병celiac disease이라는 이름을 얻었다. 현대에는 셀리악병 증상을 보이는 사람인지 아닌지 확인할 수 있는 진단 검사가 개발되어 널리 실시되고 있다.

이런 체질을 가진 사람이 아주 많지는 않다. 그래도 미국 같은 나라에서는 100명 중 한 명꼴은 된다고 한다. 100명 중 한 명이면 적다고 생각할 수도 있지만, 보기에 따라서는 미국 국민 중 300만 명의 사람이 이런 증상을 갖고 있다는 뜻도 된다. 미국인은 너무나 자연스럽게 빵, 과자, 파이, 피자 같은 음식을 자주 먹는데, 그런 음식을 먹으며 평범한 삶을 사는 것만으로 자기도 모르게 몸속에서 심각한 알레르기 현상을 겪을 수 있는 사람들이 300만 명이나 된다는 뜻이다.

때문에 미국에서는 글루텐이 없는 음식을 먹자는 유행이 한동안 상당히 많은 사람의 관심을 끌었다. 실제로 셀리악병이 있는 사람들은 글루텐이 없는 음식을 먹어야만 건강히 지낼 수 있다. 쌀밥에 김치를 많이 먹곤 하는 한국이라면 그나마 사정이 좀 나을 텐데, 밀가루로 만드는 음식이 워낙 많은 미국에서 이런 사람들은 정말 고생 고생해서 글루텐 없는 음식을 찾아다녀야 했다.

그 때문에 글루텐이 없는 빵, 글루텐이 없는 피자 같은 식품들이 계속해서 인공적으로 개발되어 출시되었다. 그렇게 신제품 음식이 계속 판매되다 보니, 글루텐은 점점 나쁜 물질로 악명을 얻게 되었고, 글루텐이 없는 음식, 즉 글루텐 프리gluten free 음식에 대한 인기는 서서히 높아지기도 했다.

글루텐이 셀리악병을 일으켜서 사람을 괴롭히는 것 이외에 다른 방식으로 사람에게 폐가 될지도 모른다거나, 글루텐이 아닌 밀가루 속의 다른 성분이 체질에 따라 몸에 예상외의 영향을 끼칠지 모른다는 의견을 내놓는 사람들도 종종 등장하고 있다. 밀은 먼 옛날부터 인류가 너무나 흔하게 먹어온 농작물이며, 너무나 널리 쓰이는 재료이기에, 쿠폰을 모아 주문하는 피자부터 화려하게 치장한 케이크까지 온갖 음식에 쓰이는 흔하디흔한 재료다. 그런 밀에 여전히 이렇게 연구해야 할 과제가 많다는 사실은 어찌 보면 과학의 깊이에 대해서 생각하게 해주는 문제이기도 하다.

★★★ 시식평: 냉동 피자보다는 맛있다.

13

고등어구이

고소함의 알파와 오메가

오메가는 뭐고 3는 뭘까

오메가3가 몸에 좋다는 말을 몇 번 들어보았을 것이다. 도대체 오메가3가 뭘까?

조금 관심이 있어서 관련된 이야기를 알아보았다면 그 오메가3라는 것이 고등어 같은 몇 가지 생선의 지방 성분에 많이 들어 있다는 이야기도 들어보았을 것이다. 그렇다면, 생선에서 발견된 물질에 왜 오메가3 같은 이상한 이름이 붙었을까? 생선지방 3호라든가, 고등어물질Z 같은 이름이 붙는 것이 자연스럽지 않을까? 왜 뜬금없이 오메가라는 말이 붙었고, 3은 또 무슨 뜻일까?

오메가3라는 이름은 전적으로 화학에서 온 말이다. 별로 어려울 것은 없지만, 화학에 아무 신경도 쓰지 않고 살아왔다면 약간 복잡한 이야기일 수는 있다. 그렇지만 오메가3 같은 말을 왜 사용하는지 살펴보면, 화학 연구에서 사람들이 어떤 문제에 관심을 갖는지 많은 것을 알 수 있다.

이야기는 탄소 원자에서부터 시작된다. 생물의 몸에서 활용되는 화학물질이나 생활에 요긴하게 쓸 수 있는 물질에는 탄소 원자가 많이 들어 있는 경우가 흔하다. 그러니, 화학물질의 형태나 반응에 대해서 따질 때에는 탄소 원자를 기준으로 둘 때가 매우 많다.

라이터나 휴대용 가스버너에 활용되는 부탄가스를 예로 들어서 생각해보자. 뷰테인butane이라고 부르기도 하는 부탄가스는 확대해보면 눈에 보이지 않을 정도로 아주 작은 알갱이 여러 개가 이리저리 날아다니는 모양의 물질이다. 이 알갱이는 4개의 탄소 원자와 10개의 수소 원자가 붙어 있는 덩어리로 되어 있다. 덩어리 하나, 그러니까 알갱이 하나의 크기는 100만분의 1밀리미터 단위로 재야 하는 정도다. 그래도 H2O, 즉 물 입자 하나보다는 훨씬 크다.

부탄가스를 이루고 있는 탄소 원자들이 4개라고 했고, 탄소 원자에 대해 이런저런 연구를 많이 한다고 하니까, 부탄가스를 이루는 4개의 탄소 원자들에 각각 이름을 붙여 불러볼 수도 있겠다. 볼라벤, 템빈, 카이탁 같은 태풍명처럼 이름을 수집해서 쓸 수도

지방 입자를 확대해서 본 모습

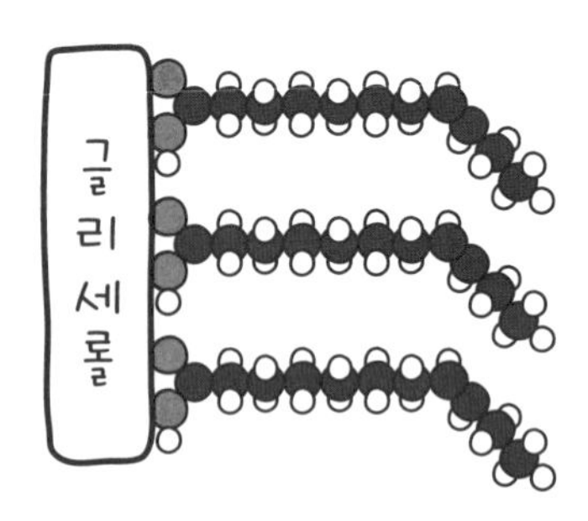

있을 것이다. 그러나 이렇게 이름을 붙이면 외우기가 어렵다. 월트 디즈니 애니매이션에 나오는 휴이, 듀이, 루이 같은 이름을 붙여서 부를 수도 있겠지만, 그러면 분명히 저작권 문제가 생길 것이다.

그래서 현재 학자들이 자주 쓰는 이름은 좀 재미없는 방식으로 붙인 것이다. 어떤 하나의 기준점에서 가장 가까운 위치의 탄소 원자를 알파alpha라고 부르고, 그 옆에 붙어 있는 것을 베타beta라고 부르고, 그 옆에 붙어 있는 것을 감마gamma라고 부르는 식으로 그리스어 알파벳을 차례로 붙여 이름 삼는다.

부탄가스를 다시 예로 들어서 말해보자면, 부탄가스를 이루고 있는 4개의 탄소 원자 중에 맨 가장자리 수소를 기준으로 삼아 이름을 붙였을 때, 알파 탄소라고 하면, 그 수소에 가장 가까이 바로 달라붙어 있는 탄소 원자를 말한다. 그 알파 탄소에 연결되어 그다음에 붙어 있는 탄소를 베타, 그다음 자리에 달라붙어 있는 것을 감마, 또 그다음 자리에 연결되어 있는 것을 델타delta라고 부른다는 이야기다. 실제로 부탄가스는 알파 탄소, 베타 탄소, 감마 탄소, 델타 탄소, 총 4개의 탄소가 줄줄이 연결된 모양으로 덩어리져 있고, 거기에 이리저리 수소 원자가 붙어 있는 모양이다.

한국에서는 탄소라는 뜻의 영어 단어인 카본carbon이라는 말을 써서, 물질 속에 들어 있는 탄소 원자를 알파 카본, 베타 카본이라는 식으로 부르기도 한다. 다시 말해, 탄소가 4개가 들어 있는 부탄가스는 맨 가장자리 수소 원자를 기준으로 해서 알파 카본, 베타 카본, 감마 카본, 델타 카본이 차례로 줄줄이 붙어 있는 모양이다.

그렇다면 오메가3에서 오메가라는 말은 무엇일까? 오메가omega는 그리스어 알파벳의 마지막 문자다. 알파, 베타, 감마, 델타, 엡실론epsilon…… 하는 순서로 헤아려나가면, 오메가는 스물네 번째 글자가 된다. 그러니까 탄소 원자가 들어 있는 물질이 뭔가 있는데 그 물질을 이루고 있는 원자들 중에서 화학반응을 잘 일으켜서 기준이 될 만한 부분으로부터 따져나갔을 때, 줄줄이 탄소가 길게 연결된 부분이 있고, 그래서 탄소 원자가 총 스물네 개나 연속으로 길게 연결되어 있으면, 그 맨 마지막 탄소 원자를 오메가 탄소, 곧 오메가 카본이라는 이름으로 부르게 된다.

그렇다면 모르기는 해도 이 물질은 탄소 원자가 쇠사슬 모양, 줄줄이 비엔나 모양으로 상당히 길게 연결되어 있는 길쭉한 모양의 물질일 거라는 생각을 해볼 수 있다. 부탄가스는 탄소가 네 개밖에 없어서 델타 탄소까지밖에 없었는데, 뭐가 되었든 스물네 번째 탄소까지가 있을 정도라면 상당히 길고 복잡한 모양으로 원자들이 붙어 있는 물질일 것이다.

여기까지 생각했다면 훌륭하다. 크게 틀린 생각은 아니다.

하나 더 생각해볼 것은 오메가라는 말은 정확히 스물네 번째라는 뜻으로 쓰일 때도 있지만, 맨 마지막이라는 뜻으로 쓰일 때도 있다. 일상생활에서도 가끔 "알파이자 오메가다"라는 표현을 쓸 때가 있는데, 그 말은 알파벳의 처음부터 끝까지, 그러니까 말할 수 있는 전부 다라는 뜻이다. "고등어구이에서는 불 조절이 알파이자 오메가다"라고 말했다면, 고등어구이를 할 때에는 불 조절이 유의 사항의 처음이자 끝, 모든 것이라는 의미다. 꼭 스물네 번째까지라는 뜻이 아니다. 고등어구이를 할 때 유의 사항이 1번부터 100번까지 있는데, 1번부터 24번까지가 불 조절과 관련된 항목이라는 뜻으로 불 조절이 알파이자 오메가라는 말을 하지는 않을 것이다.

그러므로 오메가 탄소라고 하면, 스물네 번째 탄소를 뜻하는 말이라기보다는 보통 물질을 이루면서 줄줄이 연결되어 있는 탄소 중에서 기준 위치에서 가장 멀리 떨어져 있는 탄소 원자를 말한다. 고대 전설에서 누가 "알파이자 오메가다"라고 말하면 세상 만물, 그 모든 것들 전부라는 어마어마한 뜻이겠지만, 화학물질에서 알파이자 오메가라고 하면, 탄소 원자가 줄줄이 붙어서 100만 분의 1밀리미터 정도 크기의 모양을 이루고 있는 것을 놓고 볼 때 그 맨 첫머리 부분과 맨 마지막 꼬리 부분을 말하는 것뿐이다.

여기에 하나 더해서, 화학에서 물질을 이루는 원자에 알파 카본, 베타 카본, 오메가 카본이라는 말을 쓸 때에는 그냥 아무 특징도 없는 맨 가장자리 수소 원자를 기준으로 말할 때보다는 화학 반응을 잘 일으킬 수 있을 만한 특정한 부분을 기준으로 말할 때가 많다. 화학반응을 잘 일으켜주는 원자들의 모임을 여러 가지로 분류해서 모아놓은 것을 작용기functional group라고 부른다. 그러므로 보통 알파 카본이라는 말은 어떤 작용기 바로 옆에 가장 가까이 붙어 있는 탄소 원자라는 뜻이고, 베타 카본이라는 말은 그 알파 카본 옆에 붙어 있는 탄소 원자라는 뜻이 된다.

다시 오메가3로 돌아가서 보면, 오메가3라는 말에서 유의할 점은 오메가3를 정확하게 쓸 때에는 오메가-3, 그러니까 오메가 빼기 3이라고 쓰는 것이 맞는다는 사실이다. 눈썰미 있는 독자라면 여기서 바로 알아챘겠지만, 오메가-3라는 말은 맨 뒤에서부터 거꾸로 헤아려 세 번째라는 뜻이다. 참고로 오메가-0라는 말을 쓰지 않기 때문에, 오메가-1이 맨 마지막 첫 번째 자리, 그러니까 맨 끄트머리의 오메가 탄소 그 자체를 말한다. 그리고 거기에서 하나씩 거꾸로 거슬러 올라오면서 오메가-2 탄소, 오메가-3 탄소라는 이름을 붙일 수가 있다. 조금 더 학술적인 글에서는 오메가는 스물네 번째와 헷갈릴 수도 있으므로 오메가 대신에 n이라는 알파벳을 써서, n-3라는 말을 쓰기도 한다.

오메가3라는 말은 신비의 암호명 같은 것도 아니고 누가 붙여준 멋진 이름도 아니다. 그냥 그 물질을 확대해서 보았을 때 물질을 이루고 있는 탄소 원자들 중에서 하나를 지목하는 말일 뿐이다. 그중에서도 가장 멀리 떨어진 곳에 붙어 있는 탄소부터 거꾸로 헤아려 세 번째 위치를 말하는 것이다. 특별히 대단한 뜻은 없다. 오메가3라는 말에서 바로 알 수 있는 것은 탄소가 꽤나 줄줄이 이어진 모양을 하고 있다는 정도 아닐까 싶다. 참고로 고등어에 들어 있는 오메가3의 경우 스물두 개의 탄소 원자가 줄줄이 이어진 긴 모양을 뼈대로 하고 있다.

그런데 그게 도대체 뭐라고 몸에 좋다느니 안 좋다느니 하는 걸까? 탄소가 길게 이어져 있는 물질이 몸에서 무슨 소용이 있는 것일까? 왜 하필 또 뒤에서 세 번째 위치를 따질까? 그 위치가 뭐 어쨌다는 뜻일까? 이런 의문에 답하기 위해서는 그 물질들의 모양과 특징을 좀 더 살펴봐야 하고, 그것을 위해서는 도대체 지방과 기름이란 정확히 무엇을 말하는지 따져볼 필요가 있다.

불포화지방이 왜 더 좋다는 걸까

오메가3는 지방에서 나온 물질이다. 간략한 소개 글을 보면, 오메가3를 그냥 생선 기름에서 뽑은 물질이라고 할 때도 있다. 꼭 생선 기름이 아니라고 하더라도, 오메가3가 지방과 관련이 있는 것은 맞는다. 오메가3는 지방의 일부를 일컫는 말이다.

오메가3와 관계가 없는 지방이라고 하더라도 대부분의 지방에는 탄소가 많이 붙어 있어서 확대해서 보면 길쭉한 모양으로 보이는 물질들이 들어 있다. 이런 길쭉한 부분을 지방산fatty acid이라고 한다. 그러나 지방산만 있다고 그게 지방이 되지는 않는다. 지방산이 뭉쳐서 붙어 있어야 한다.

보통 지방산 세 개가 연결된 경우를 가장 전형적인 것으로 보는데, 마치 길쭉한 지방산 세 개를 누가 클립이나 집게로 꼭 집어서 붙여놓는 것 같은 모양으로 한쪽이 붙어 있다. 그런 모양으로 지방산이 붙어 있으면 지방이 된다. 다시 말해보자면, 지방이 되려면, 지방산과 함께 지방산을 연결해주는 그 클립, 집게, 머리 쪽의 연결 부위가 있어야만 한다. 이때 그 집게 역할을 하는 물질을 글리세롤glycerol이라고 한다. 피부 보습제나 손 세정제의 원료로 많이 쓰여서 미끌거리는 감촉이 나는 물질인, 바로 그 글리세롤이다.

글리세롤은 모든 지방 공통이다. 결국 여러 지방이 서로 다른 성질을 나타내는 것은 지방을 이루고 있는 지방산 부분이 어떤 것으로 되어 있느냐의 차이다. 따라서 생물들은 습성과 생활 방식에 따라 서로 다른 지방산으로 이루어진 지방을 몸에 품고 있다. 오메가3는 그중에서 고등어 같은 생선의 지방에 들어 있는 지방산이다.

국립중앙박물관 보존과학부의 유혜선 선생이 발표한 자료를 보면, 백제의 등잔에서 발견된 미세한 성분을 기체 크로마토그래피 같은 기술로 분석해본 결과, 그 속에서 독특한 지방산이 발견되었다고 한다. 그 지방산의 무게와 특징은 사슴의 지방, 또는 들기름에서 발견되는 지방 속에 포함된 지방산과 비슷했다고 한다.

먼 옛날 남아 있는 극소량의 지방산을 분석한 이 같은 연구의 결과로, 1400년 전 백제 사람들이 밤에 등잔불을 밝히고 놀거나 책을 읽을 때에는, 아마도 사슴의 지방에서 짠 기름이나 들기름을 연료로 사용했다는 사실을 추측해볼 수 있다. 요즘은 화려한 파티를 하기 위해 밤에 멋진 조명을 설치하려고 디스코 볼이나 레이저 조명을 만드는 회사에서 제품을 산다. 하지만 1400년 전 백제에서 밤을 즐기는 사람들이 등불을 밝히려고 할 때에는 사슴 사냥하는 사냥꾼들에게 연락을 했을 거라는 이야기를 지방산 분석 결과로 상상해볼 수 있다.

지방산에 들어 있는 산이라는 말에서 알 수 있듯이, 지방산은 글리세롤과 붙어 지방을 이루지 못하고 혼자 떨어져 나와 돌아다닐 때에는 약간의 산성을 띨 가능성이 있는 물질이다. 그 이유는 지방산만 떨어져서 물에 녹이면 산성을 낼 수 있는 산소 원자 둘, 수소 원자 하나, 탄소 원자 하나가 붙어 있는 덩어리를 공통으로 품고 있기 때문이다. 이런 산성을 내는 덩어리를 카복실carboxyl기라고 부른다. 가장 흔하게 볼 수 있는 식초의 신맛을 내는 아세트산acetic acid에도 바로 카복실기가 들어 있다. 아세트산은 카복실기 다음에 탄소 원자 하나와 수소 원자 셋이 더 달려 있을 뿐인 간단한 물질이다. 더 간단한 것으로는 개미의 몸속에서 만들어지는 개미산, 즉 폼산form acid도 있다. 개미산에는 카복실기에 수소 하나만 붙어 있을 뿐이다. 넓게 보면, 아세트산이나 개미산도 지방산의 일종이다. 지방이라고 하면 기름기라는 느낌이 드니까 식초가 지방과 무슨 상관이 있을까 싶지만, 화학에서는 결코 거리가 멀지 않은 물질이다.

지방산을 이루는 탄소들에 이름을 붙여서 알파 탄소, 베타 탄소, 감마 탄소로 부를 때, 그 기준이 되는 위치도 바로 카복실기가 붙어 있는 위치다. 그렇게 보면 지방산이라는 물질에서는 카복실기라고 부르는 부분이 머리 쪽에 해당하고, 그 뒤로 탄소 원자가 줄줄이 길게 붙어서 꼬리 모양이 되는 형태를 갖고 있는 셈이다. 그중에서도 마지막 꼬리 끝에 해당하는 탄소 원자가 오메가 탄소가 된다. 지방산의 카복실기 쪽이 머리, 반대쪽을 꼬리라고 부른다면, 머리가 붙잡혀 있느냐 아니냐에 따라 성질이 달라진다는 상상을 해볼 수 있다. 지방산이 아주 작은 용과 같은 짐승이라는 상상을 해보자. 지방산의 머리 부분이 활발히 활동하면 산성을 잘 나타낼 것이다. 아가리를 벌리고 날뛰는 지방산 용은 식초의 아세트산 같은 산성 성분이 된다. 그러나 만약 지방산의 머리 부분이 글리세롤에게 붙잡혀 셋씩 엮여 꽁꽁 묶이게 된다면 날뛸 수 없다. 그 꼴이 된 것이 완성된 지방이다.

오메가3는 오메가라는 말이 있으니 반대로 꼬리에 가까운 쪽에 뭔가 특징이 있다는 이야기다. 그러면 마지막으로 남는 문제는 꼬리 쪽부터 세 번째 자리에 도대체 뭐가 있느냐는 것이다. 이 이야기를 하자면 역시 지방 이야기를 할 때 많이 듣게 되는 불포화지방산을 이야기해야 한다.

기름기가 있는 고기 종류의 식재료를 이야기할 때에 많은 사람이 그래도 "그 기름 속에 불포화지방산이 들어 있으면 좀 좋다"는 이야기를 많이 한다. 지방산이란 것은 글리세롤로 연결되기 전 지방의 재료가 되는 길쭉한 물질이라는 이야기를 방금 했다. 그러니까, 불포화지방산이란 지방에서 그렇게 꼬리처럼 길게 드리운 부분 중에 무엇인가가 불포화 상태, 즉 포화되어 있지 않은 상태라는 뜻일 것이다. 그 예상대로, 포화지방산이란 뭔가가 충분히 달릴 만큼 달려 있는 지방산이란 뜻이고 불포화지방산이란 그렇지 않은 지방산이다.

여기에서 이야기는 다시 탄소 원자의 성질로 돌아간다. 지방산의 길다란 모양을 이루고 있는 재료인 탄소 원자는 대체로 자기 주변 4개의 원자와 연결되려는 경향이 있다. 예를 들어, 가스레인지의 연료로 흔히 쓰이는 도시가스의 주성분은 메테인methane이라고도 하는 메탄가스인데, 이 물질을 크게 확대해서 보면 탄소 원자 하나를 중심으로 우주에서 가장 흔한 원자인 수소 원자 4개가 사방으로 연결돼 있다. 4개의 원자와 결합하려는 탄소 원자의 경향을 완전히 다 만족시켜주었다고 해서, 이런 식으로 수소가 붙어 있는 물질을 포화 상태라고 한다. 수소 원자가 붙을 만큼 다 붙어 있다는 뜻이다.

지방산의 탄소 원자는 앞뒤로 줄줄이 연결되어 길다란 꼬리 모양을 이루고 있다. 그러니 이런 탄소 원자는 대개 앞으로 자기 앞의 탄소 원자와 연결되어 있고, 뒤로 자기 뒤의 탄소 원자와 연결되어 있다. 그러면 4개의 원자와 잘 연결된다는 탄소 원자에게 남는 연결 기회는 두 번뿐이다. 만약 우주에서 가장 흔한 원자인 수소 원자 2개가 어디선가 흘러와 지방산을 이루고 있는 중간의 탄소 원자에 달라붙으면, 그 탄소 원자는 4개의 원자와 연결되려는 성질을 완전히 만족하며 더 이상은 원자가 잘 붙을 수 없다. 그리고 지방산을 이루고 있는 모든 탄소 원자가 이렇게 수소 원자와 붙을 수 있을 만큼 최대로 가지런히 다 붙어 있는 것을 포화된 탄소만 있는 지방산이라고 해서 포화지방산이라고 한다. 반면, 수소가 붙어 있는 개수가 몇 개 부족해 보이는 모양이 된 것이 바로 불포화지방산이다.

요컨대, 포화지방산은 가지런히 다른 원자가 붙어 있을 수 있는 자리에 수소 원자가 모두 다 잘 붙어 있는 모양으로 되어 있는 지방산이다. 수소 원자가 좀 덜 붙어 있어서 엉성한 모양을 하고 있다면 불포화지방산이 된다. 그렇기 때문에, 포화지방산은 모양이 규칙적이고 서로서로 잘 쌓여 있을 수 있다. 그래서 대체로 포화지방산은 엉겨 붙고 굳어서 딱딱한 고체 형태가 되기 쉽다고 예상된다. 포화지방산이 몸에 들어가면 아무래도 혈관에 쌓인다거나, 몸 어딘가에 차곡차곡 붙을 확률이 더 높다고 보아서 나쁘다고들 한다. 그런 이유로 불포화지방산이 포화지방산보다는 낫다는 말이 나온 것이다.

단, 포화지방산이 많다고 고체가 된다는 것은 대략적인 경향일 뿐으로, 고체 지방이라고 해서 무조건 포화지방산 덩어리는 아니다. 예를 들어 돼지고기 비계는 덩어리져 있으니까 다 포화지방산 아닌가 싶지만, 오히려 버터에 포화지방산이 더 많다고 한다.

이것으로 드디어 오메가3에 대한 설명이 끝난다. 오메가3란, 지방을 이루고 있는 부위 중에 지방산이라는 곳에 수소 원자가 포화지방산보다는 좀 덜 붙어 있는 물질을 말한다. 그런 물질들 중에서도 특히 꼬리에서부터 헤아려 세 번째 자리, 즉 오메가-3 자리에 수소 원자가 덜 붙어 있는 지방산을 일컫는 말이 오메가3다.

사람의 몸에서 지방과 지방산은 그냥 살을 찌게 하는 것 외에도 이곳저곳에 쓸모가 많다. 그중에서도 오메가3 지방산은 사람의 몸에서 저절로 만들어지지 않는 물질이다. 그래서 오메가3 지방산이 몸에서 필요하다면 그것이 들어 있는 다른 음식을 먹는 수밖에 없다. 오메가3 영양제가 좋다는 광고가 등장한 까닭은 바로 이런 배경에서다.

건강 식품 광고에 나오는 화려한 문구를 모두 다 믿을 필요는 없겠지만, 사람의 눈이나 뇌에서 오메가3 지방산이 발견되는 것으로 보아, 그런 부위의 성장에 오메가3 성분이 필요하지 않은가 하는 의견은 종종 언급되는 편이다.

고등어 굽는 방법

오메가3뿐만 아니라 고등어는 몸에 지방 성분이 무척 많은 생선이다. 그럴 수밖에 없다. 고등어는 다른 물고기를 잡아먹는 것을 좋아하는 동물이다. 한국 고등어의 90퍼센트 이상이 모이는 부산항에서는 멸치가 많이 잡히면 고등어도 잘 잡힌다는 이야기가 돌 때가 있다. 고등어가 멸치를 먹고 살기 때문에, 멸치가 풍부한 해에는 그것을 먹고 사는 고등어도 잘 살 것 같다고 해서 그런 추측이 생겼다. 속설에는 가끔 고등어들이 해초를 많이 먹을 때도 있기는 한데, 그런 특이한 고등어들은 특별히 품질이 더 좋다고 한다.

몸에 지방질이 많은 이런 생선들의 무리를 한국에서는 등푸른 생선이라 하고, 영어권에서는 비슷비슷한 무리의 생선들을 일컬어 기름진 생선oily fish이라는 말을 자주 쓰기도 한다. 고등엇과 생선들도 여기에 포함된다. 고등엇과라고 하면 상당히 넓은 범위의 분류로 우리가 흔히 말하는 고등어뿐만 아니라, 고등어 못지않게 생선구이로 많이 먹는 삼치나, 참치라고 이야기하기도 하는 다랑어 등도 모두 포함된다.

그중에서 우리가 정확히 고등어라고 부르는 것은 고등엇과 물고기 중에서도 고등엇속, 참고등어종으로 분류되는 물고기다. 그런데 참고등어가 아니라고 하더라도, 고등엇속에 속하는 망치고등어 같은 다른 고등어종들도 생김새나 습성은 상당히 비슷하다. 그래서 그런 종들도 그냥 고등어로 통칭될 때가 많다. 흔히 노르웨이고등어라고 하는 제품은 노르웨이 어부들이 잡은 대서양고등어종을 말하는데, 마찬가지로 참고등어와는 다른 종이지만, 같은 고등엇속으로 분류된다.

이런 고등어들 모두 지방질이 풍부해서 구울 때에는 식용유를 별로 쓰지 않아도 굽다 보면 자체의 기름이 나온다. 그렇기에 고등어구이는 무척 고소하고 각별히 맛이 좋다. 고등어를 구울 때 한 가지 귀찮은 것이 있다면, 고등어가 냉동 상태로 거래되는 경우가 많아 얼어 있는 것을 녹여야 한다는 사실이다. 이것은 고등어가 쉽게 부패되어 비린내가 나기 쉬운 생선이기 때문이다. 특히 고등어 중에는 아예 소금에 절여져서 자반고등어로 팔리는 것도 한식에서는 널리 사용된다. 이런 식재료가 등장한 것도 냉동기술이 없고 교통도 발달되지 않은 과거에 고등어를 운반해서 다른 지역으로 가져가려 했을 때 비린내가 푹푹 나는 꼴로 변한다는 문제를 해결하기 위해서였을 것이다.

생선 특유의 비린내에서 가장 큰 역할을 하는 물질은 아민[amine]류로 알려져 있다. 아민이라는 말은 암모니아와 뿌리가 같은 말로 질소 원자와 수소 원자가 붙어 있는 물질이 재료가 되어 만들어질 수 있는 물질이라는 뜻을 품고 있다.

필수아미노산 같은 말에 나오는 아미노라는 말도 아민과 뿌리가 같다. 한국에서 인기 많은 약인 아로나민골드나, 건강식품 재료인 글루코사민 같은 말의 마지막 발음은 '-아민'으로 끝나는데

이 역시도 말 그대로 아민류로 분류되는 물질이라는 뜻이다. 이렇게 몸에서 여러 가지 용도가 많은 것을 보면, 아민은 대개 화학반응을 어느 정도 잘 일으키는 편이라는 사실을 짐작해볼 만하다. 그런 아민 계통의 물질 중에서도 공기 중에 솔솔 피어올라 사람 콧속에 들어가서 화학반응을 일으킬 수 있는 물질은, 코의 신경을 건드려서 사람이 냄새를 느끼게 한다.

생선의 몸에는 TMAO라는 약자로도 부르는 산화삼메틸아민trimethylamine oxide이라는 물질이 들어 있다. 생선이 살아 있을 때에는 이 물질이 어느 정도 유지되지만, 목숨을 잃으면 이 물질은 빠르게 분해되기 시작한다. 그러면 산화삼메틸아민이 그냥 삼메틸아민으로 변하는데, 이 물질이 바로 공기 중으로 솔솔 피어오르며 코를 자극하는 대표적인 물질이다. 약자로 TMA라고 부르기도 하는데, 이 물질은 생선 비린내를 상징하는 물질처럼 언급되곤 한다. 그러므로 상해가는 생선에는 TMA가 꽤 많이 피어오르고 있다고 할 수도 있고, 사람에 따라서는 이 냄새가 아주 약간은 서려 있어야 생선다운 맛이 난다고 생각하기도 할 것이다.

생선 냄새의 주원인이 TMA를 비롯한 아민류라고 한다면 이것을 좀 줄이는 방법도 생각해볼 수 있다. 예를 들어, TMA만 잘 녹여서 씻어내는 물질을 찾아낸다면, 생선을 그 물질에 담가서 헹궈내 비린내를 빼는 것이다. 나는 그래서 우유에 생선을 담가서 좀 헹구라는 말을 들어본 적도 있고, 쌀뜨물에 생선을 담가서 헹

구면 비린내가 줄어든다고 하는 사람을 본 적도 있다. 내가 직접 해본 적은 없지만, 두 방법 모두 TMA를 잘 묻혀서 빼내는 원리를 이용하는 것 아닌가 싶다.

좀 더 단순한 방법으로는 생선에 레몬즙을 뿌리는 방법도 있는데, 이것은 레몬즙의 산성이 TMA와 반응하도록 하여 다른 물질로 바꿔버리는 원리로 보인다. 레몬즙 뿌리기는, 회를 먹을 때를 비롯해서 온갖 생선 요리에 자주 쓰이는 방법이기도 하다. 나는 고등어구이와 레몬 향이 딱 맞아떨어진다는 느낌은 들지 않아 이 방법을 즐겨 쓰지는 않는다.

내가 가장 좋아하는 방법은 TMA가 생기기 전인 신선한 생물 고등어를 구해서 바로 굽는 것이다. 단, 그런 생선을 구하기가 쉽지는 않으니 최대한 잘 냉동 보관되어 유통된 고등어를 찾아 굽는 것이 그나마 좋은 방법이다. 좋은 고등어가 많이 잡힌 시기에 부산으로 들어와 유통된 고등어를 골라 사다 보면 확실히 괜찮은 물건이 걸릴 때가 있다. 부산의 어시장에서는 고등어 배가 들어왔을 때, 엄청난 양의 고등어를 분류하는 작업을 하는 광경을 볼 수 있을 때가 있다. 그 모습을 보면 21세기 최첨단 인공지능 시대라고 하면서 고등어 분류은 아직도 수많은 중년 여성이 쪼그리고 앉아 손으로 분류하는 방식을 사용하고 있어서, 괜히 오래 지켜보게 된다.

냉동 고등어를 요리하려고 녹이는 것이 귀찮으면, 그냥 얼어 있는 채로 바로 굽는 방법을 쓰기도 한다. 냉동 고등어를 그대로 약한 불로 충분히 오랜 시간 굽는데 뚜껑을 덮어놓고 조금은 찐다는 듯한 느낌으로 천천히 열을 가하며 가끔 뒤집어가며 속까지 잘 익힌다. 그러고 나서 나중에 뚜껑을 벗기고 강한 불로 구운 맛을 내도록 지져주는 방법을 사용한다. 그러면 마이야르 반응(특정 당류와 아미노 화합물에 의해 일어나는 갈색화 반응)이 꽤 일어나면서 내 입맛에는 그럭저럭 괜찮아진다. 고등어의 풍부한 지방과 단백질이 일으킨 마이야르 반응의 생성물들이 모두 맛의 재료가 되기 때문에 조미료 없이, 소금 약간 정도면 양념은 충분하다.

이 수법을 사용할 때에는 초반에 고등어가 얼어 있을 때에도 고등어를 굽기 시작해야 하기 때문에 처음에는 콩기름 같은 식용유를 좀 뿌려놓아야 한다. 굽다 보면 녹아내린 물에, 기름에 온통 범벅이 되어, 그 모든 것이 흥건하게 고등어 옆에 고이기도 한다. 그러면 중간에 기름과 물을 좀 따라 버려야 할 때도 있다. 기름과 물이 끓어오른 것이 덮어놓은 뚜껑에 맺혔다가 잘못하면 여기저기 줄줄 흘러내릴 때도 있다. 이런 문제를 잘 다루는 것은 내 솜씨로는 쉽지 않았다.

빛의 고등어

고등어를 편하고 쉽게 잘 굽는 방법 말고, 내가 고등어에 대해서

이렇게 불에 구우면
마이야르 반응이 있어서
맛있어지지.
마이 야들야들한
고등어!

훨씬 궁금한 문제가 한 가지 더 있다. 그것은 고등어 잡는 방법에 관한 것이다.

요즘 고등어잡이는 여러 척의 배가 한 팀이 되어 바다에 나간 뒤에 음파를 이용한 탐지기로 바다 밑에 고등어가 많이 모여 있는지 감지한 다음, 여러 배가 협동으로 잡는다. 대개 배들의 기함 역할을 하는 본선이 있고, 불을 밝히는 역할을 하는 등선이 한두 척 같이 있으며, 그 외에 잡힌 고등어를 수시로 싣고 부산항으로 운반하는 배들이 무리를 이룬다. 한번 팀을 이루어 바다에 고등어잡이 배 행렬이 나서면 몇 주일 동안 남해 곳곳을 떠돌며 물고기 떼를 쫓아다닌다.

고등어를 잡을 때에는 여러 배들이 그물을 들고 수백 미터 거리에 걸쳐 퍼진 뒤에 깊은 바다까지 그물을 내려 고등어 무리를 가둔 뒤에, 한 번에 그물을 주머니 모양으로 좁히면서 끌어 올린다. 이렇게 하면, 작은 마을 하나 정도의 넓이에 퍼져 있는 고등어 무리를 모조리 다 잡아들이게 된다. 한 번 잡으면 톤 단위로 헤아려야 할 정도의 엄청난 양을 몇 시간이고 끌어 올려야 한다.

고되고 힘든 일이기에 한국에서 하는 조업이지만 한국인뿐 아니라 꿈을 찾아 바다에 뛰어든 동남아시아 여러 나라의 젊은 선원들이 함께 일하는 경우가 많다. 고등어잡이는 겨울철에 이루어질 때도 잦은데, 동남아시아 여러 나라의 선원들은 열대 고향 땅에서는 한 번도 겪어보지 못한 칼바람이 부는 한국 바다에서 밤새도록 한국인들과 같이 일한다. 이렇게 여러 나라, 여러 특기, 여러 사연을 가진 사람들이 다 같이 힘을 모아 호흡을 맞춰 일해야만 우리가 고등어를 먹을 수 있게 된다.

이와 같이 고등어를 대량으로 잡을 때에는 밤에 불을 켜놓고 그 불을 향해 고등어 무리가 달려들도록 유인하는 경우가 많다. 고등어는 물 깊이 내려가기도 한다. 그렇기 때문에 아예 수중등이라고 하여, 강한 빛을 내뿜는 메탈할라이드metal halide 등 같은 전등을 튼튼하고 투명한 관 속에 넣고 아주 긴 전선을 연결해서 바다 깊은 곳으로 몇 개씩 집어넣기도 한다.

메탈할라이드 등은 실내 체육관이나 경기장의 대형 조명등으로 쓰이기도 한다. 기본 원리를 보자면 번개가 치는 이치인 아크 방전arc discharge을 이용해서 센 빛을 내는 장치다. 그러면서도 속에 메탈할라이드로 분류되는 물질인 아이오딘화소듐sodium iodide 같은 물질을 속에 살짝 같이 넣어둔다. 그러면 전등을 켰을 때, 그 물질이 열기 속에서 끓어오르며 색깔을 조금 변하게 한다. 그렇게 해서 주변을 밝히기 좋은 색으로 빛이 조절된다.

아직까지 내 조사가 부족하고 배운 것이 모자라서 그런지, 도대체 고등어가 왜 그 불빛을 밤에 보게 되면 그렇게 떼 지어 모여드는지 과학적으로 세밀하게 설명된 연구 결과를 찾지 못했다. 그런 습성을 가진 물고기들이 꽤 있어서, 양성주광성positive phototaxis을 가진 물고기라고 분류한다는 말은 나와 있는데, 고등어가 어떤 이유로 강한 양성주광성을 갖고 있는지, 무슨 원리로 빛만 보고 그물 속으로 모여드는지 명쾌한 답을 알 수 없었다.

한 가지 이론으로, 작은 생물들의 주야수직이동diel vertical migration과 관련이 있는 현상이 아니겠느냐는 이야기를 만들어볼 수는 있다. 주야수직이동이란, 주로 크기가 작고 연약한 바다 생물들이 낮에는 바다 깊은 곳에서 머물고 밤에는 얕은 곳으로 올라오는 습성이 있는 것을 말한다. 이런 작은 생물들은 적의 먹이가 되기 쉽기 때문에, 낮에는 적의 눈길을 피해 햇빛이 들지 않는 깊은 곳으로 가고, 밤에는 여러 가지 영양분이 될 만한 것들이 많은 바다 표면 쪽으로 이동하는 듯하다. 그렇다면, 고등어들은 그런 먹이가 되는 작은 물고기들을 따라다니며 추적하기 위해 밤이 되면 얕은 쪽으로 올라오는 것 아닐까? 그러면서도 달빛이나 별빛 때문에 조금이라도 사냥감이 잘 보인다면 유리할 테니, 밝은 빛이 있는 곳으로 더 가고 싶어 한다고 해보면 어떨까?

상상해보면, 고등어잡이 어선들이 메탈할라이드 등으로 만든 수중등을 물속에 넣으면, 고등어들에게 그 모습이 확실히 굉장히 눈길을 끌기는 할 것이다. 번쩍이는 번개를 길쭉한 유리관 속에 넣어서 대단히 강한 빛을 내뿜는 것 같은 물체가 사뿐히 높은 곳에서 내려와 먼 데까지 밝히고 있다니! 고등어들에게는 충격적일 것이다. 도대체 누가, 무슨 기술을 이용해서 그런 것을 만드는지 고등어들은 상상도 할 수 없을 것이다. 사람이 그런 고등어 입장이라면, 마치 외계인의 거대한 비행접시가 어느 날 밤 도시 상공에 수도 없이 나타나 도시 한가운데의 교차로 상공을 뒤덮는 듯한 충격을 받지 않을까?

더군다나, 그 수중등 위에는 다른 등을 잔뜩 밝힌 등선들이 더 막강한 빛을 내뿜고 있기에, 고등어들 눈에는 갑자기 밤이었던 온 세상이 그 부분만 훤하여 밤낮을 초월한 듯 보일 것이다. 사람들의 세상에 그런 광경이 펼쳐진다면, 과연 많은 사람이 모여들지 않을까?

혹시 고등어의 양성주광성에 대해서 명확히 설명해주실 수 있는 독자가 계시다면, 부디 어디에든 글을 써주시어 많은 사람이 같이 읽을 수 있도록 해주시기를 부탁드리고자 한다.

★★★ 시식평: 절반 정도 맛있다.

14

도토리묵

몰타 기사단의 상징과 도토리묵의 관계

몰타 기사단의 문장

전혀 상관없을 것 같았던 이야기들이 돌고 돌아서 서로 연결될 때 멋지고 놀랍다는 느낌이 든다. 추리 영화에서 처음에 별것 아닌 듯 등장했던 장면이 다른 단서에 연결되면서 나중에는 중요한 소재로 활용되고 사건의 놀라운 정체가 드러날 때에도 비슷한 느낌을 받는다. 이번에 소개할 것도 그런 이야기다. 결론부터 말해보자면, 중세 유럽에서 활동하던 시절 구호기사단이라고 하던 몰타 기사단에 관한 소재 중 하나가 돌고 돌아 엉뚱하게도 도토리묵을 쑬 때 중요한 전분에 관한 이야기로 연결되는 사연이다.

나는 특별히 가리지 않고 이런저런 영화를 다 즐겨 본다. 흘러

간 옛날 영화나 흑백 영화도 종종 보는 편이다. 그런 옛 흑백 영화를 여러 편 보다 보니까 1940년대 무렵에 나온 보통 옛날식 누아르라고 하는 영화들에 재미를 붙이게 되었다. 이런 영화들은 도시의 밤거리를 배경으로 비정한 범죄자의 이야기, 숨겨진 악행을 파헤치는 이야기, 또는 산업 사회의 힘든 삶 속에서 좌절하는 사람들이 범죄에 엮이며 고생하는 배배 꼬인 사연을 다루곤 한다.

그런 영화들 중에서 나는 탐정이 나오는 이야기를 좀 더 좋아한다. 이런 영화에는 특별히 장사가 잘되지도 않고 그렇게 높은 평판을 받지도 않지만 끈기 있게 일을 잘하는 고독한 탐정이 등장해서, 슬쩍 찌푸린 피곤한 표정으로 도시 이곳저곳을 돌아다니며 사건을 푸는 내용이 펼쳐지기 마련이다. 이런 영화에는 탐정 자신이 느끼고 생각하는 바를 독백으로 주절거리는 내용이 내레이션으로 나오곤 하는데, 이런 것이 대단히 재미있다. 과하게 폼을 잡는다고 읊조리는 내용이 간혹 엉뚱하게 들리는 것이 이상한 재밋거리가 되기도 하거니와, 답답해도 어떻게든 버텨내며 일을 해나가려는 사람의 애쓰는 유머 감각이 길바닥 먼지처럼 피어오르는 느낌이 전해질 때에는 애정이 간다.

이렇게 탐정이 나오는 옛날 누아르의 대표로 자주 손꼽히는 영화가 〈몰타의 매 The Maltese Falcon〉다. 이런 영화의 주인공을 여러 번 맡아 잘 해내는 것이 장기가 되었던 험프리 보가트가 주인공을 맡았고, 이런 영화의 악당 역할로 역시 인기를 모았던 피터 로

리가 악당 역할로 등장한다. 게다가 각본은 이런 영화의 줄거리로 자주 사용되었던 대실 해밋이 쓴 탐정 소설 시리즈, 샘 스페이드 이야기의 소설을 한 편 가져온 것이다. 이런 부류의 영화들을 상징하는 표본으로 꼽기에 부족함이 없다.

영화 제목에 나오는 "몰타의 매"라는 것은 별로 중요한 소재는 아니다. 등장인물들이 몰타의 매를 차지하려고 다투기는 한다. 그렇지만 영화를 보고 기억에 남는 것은 그렇게 다투는 과정에서 여러 인물이 보여주는 모습, 대사, 폼 잡는 연기 같은 것들이다. 영화가 끝나고 시간이 조금만 지나도, 몰타의 매가 어쩌다 중심 소재가 되었는지는 잘 기억도 나지 않게 된다. 그냥 범죄자들이 서로 속고 속이고, 쫓고 쫓기고 할 동기가 필요해서 등장하는 보물이 뭐가 되었든 하나 필요하니까, 몰타의 매가 나왔을 뿐이다. 그러니까 제목이기도 한 몰타의 매는 전형적인 맥거핀이다.

도토리묵의 전분과 이야기를 이어가기 위해서는 몰타의 매, 그 자체를 좀 더 살펴보아야 한다. 영화 이야기는 여기서 그치고 몰타의 매와 그것을 만든 사람들에 대한 이야기를 해보겠다.

몰타의 매를 만든 사람들은 몰타라는 섬에 있던 중세 유럽 기사단의 무리다. 중세 시대 십자군 전쟁에 참전한 유럽의 많은 기사들 중에는 구호기사단 또는 병원기사단이라고 해서, 부상당한 기사 치료를 중시하는 기사 단체가 있었다. 이 기사단은 제법 믿음직하고 강한 무리들이라서 한때는 꽤 막강한 세력을 이루었다.

그러다가 16세기경이 되자 신성로마제국 황제에게 이탈리아 근처에 있는 몰타라는 섬에 머물며 다스려도 된다는 허락을 받아, 이들은 몰타 기사단으로 정착했다.

이후, 로마제국 황제는 몰타 기사단에게 충성의 맹세로 매를 한 마리씩 잡아다 바치라고 했고, 이것이 세월이 흐르는 사이에 몰타의 전통으로 자리 잡는다. 나중에는 값진 재료로 만든 매 모양의 조각상을 보석이나 귀한 물건으로 꾸며 장식품을 만들어 그것을 선물로 바치기도 한다. 즉, 영화와 소설에 나오는 몰타의 매라는 것은 몰타에서 날아다니는 진짜 매가 아니라, 바로 이렇게 제작된 값진 옛 시대의 보물 조각상을 말한다.

영화에서는 잘 보이지 않지만, 몰타 기사단에서는 예로부터 자신들의 특별한 문장을 만들어서 그것을 상징으로 사용했다. 나는 진짜 몰타의 매가 있다면, 거기에는 몰타 기사단의 상징을 어디엔가 새겨두었다거나, 그 몰타의 매가 진품이라는 증표에 몰타 기사단의 상징이 새겨져 있을 거라고 생각한다.

바로 그 문장이 몰타 십자가라고 하는 표식이고, 드디어 여기에서 이야기는 도토리 전분과 연결된다. 몰타 십자가는 더하기 기호처럼 생긴 평범한 모양이 아니라, 십자가의 가지 하나하나가 화살 끝 부분 모양으로 되어 있다. 종교적인 이유로 시작된 십자군 전쟁에 기사단의 뿌리가 있다 보니, 십자가를 변형한 모양을 문장으로 삼았던 것 같다.

누군데
몰타 기사단을
따라하느냐?
너희는 누군데
우리 전분 기사단을
표절하느냐?

그런데, 하필 곡식에 많이 들어 있는 전분을 약품 처리해서 수백 배 정도로 확대해보면, 오묘한 굴절 현상이 나타날 때가 있다. 빛이 이렇게 굴절되면 전분이 뭉친 조각에 꼭 몰타 십자가처럼 생긴 모양이 보인다. 교과서에서도 전분 모양을 현미경으로 관찰할 때 보이는 이 모양을 굳이 몰타 십자가라고 자주 묘사하는데, 처음 이 내용으로 교과서를 썼을 때 〈몰타의 매〉 영화가 유행했기 때문인지 어떤지는, 사실 잘 모르겠다.

중요한 것은 요리를 하면서 호화gelatinization반응이라고 하는 현상이 일어나면, 전분이 몰타 십자가 모양의 빛을 발하는 현상이 사라진다는 점이다. 전분을 이용하는 요리에는 호화반응이 필요한 것이 대단히 많다. 도토리묵을 만들 때에도 호화반응이 일어나야 하며 그에 따라 몰타 십자가 모양이 사라지는 현상이 꼭 잘 일어나주어야만 한다. 나는 묵을 비롯해서 전분이 들어간 음식을 먹을 때에는, 괜히 실없이 도토리 가루들을 점령하고 있는 아주 작은 몰타 기사단이 요리가 끝나갈 때면 패배해서 철수해 떠난다는 상상을 해볼 때가 있다.

도토리 가루가 묵이 되는 이유

한국어로 호화糊化라고 하면 무슨 말인지 얼른 알아듣기 어렵다. '호'라는 한자는 현대 한국어에서는 그렇게 잘 쓰지 않는 글자이기 때문이다. 친숙한 말 중에 이 한자가 들어가는 말을 찾아보라면, "애매모호曖昧模糊"라는 말 정도가 생각난다. 이 말도 정확히 무슨 뜻인지 이해하기는 어렵다. 애매모호라는 말 자체가 뜻을 설명하기에 애매모호하기 때문이다. "호" 자가 쓰이는 다른 말로는 "호도하다"가 있다. 명확하지 않은 주장인데 대충 덮어서 넘어가려는 주장을 할 때 "그런 식으로 호도하지 말라"는 표현을 쓰는데, 그때 바로 이 "호" 자가 쓰인다. "호도하다"는 말의 원래 뜻은 풀로 갖다 붙인다는 뜻이다. 그러니까 명확히 짚고 넘어가자면 그렇게 말하면 안 되는데, 대충 풀로 붙여서 때우고 넘어간다, 덮고 넘어간다는 말이다. 그때 쓰이는 호라는 한자는 바로 끈끈한 풀을 일컫는다. 그러므로 호화반응이란 말 그대로 옮기면 전분이 풀처럼 변하는 현상을 말한다.

그렇게 생각하고 보면 호화반응이 어떤 것인지 감을 잡기가 어렵지 않다. 밥을 지으면 딱딱한 씨앗이었던 쌀알이 말랑해지고 곧 찰기가 생겨 끈적해진다. 밥알 하나하나는 어딘가에 풀처럼 잘 달라붙는다. 그래서 밥풀이라는 말도 있고, 종이를 붙일 때 풀이 없으면 밥알을 짓이겨서 풀처럼 붙여도 된다. 그러고 보니 "호구지책"이라는 말이 있는데, 이 말은 "입에 풀칠하기 위한 방책"이라는 뜻이다. 입에 풀칠한다는 말은 밥이나 죽을 먹다 보니 입에 끈끈한 풀 기운이 묻는다는 뜻으로, 겨우겨우 먹고산다는 의미의 비유법이다. 그렇기에 호구지책은 먹고살기 위해 어쩔 수 없이 생각해낸 방법을 말한다.

게다가 밀가루 풀처럼 전분 성분이 들어 있는 물질을 가공해서 무엇인가를 붙이는 풀을 일부러 만들어서 사용하는 사례도 있다. 이렇게 생각해보면, 전분 성분이 들어 있는 물질을 요리하다 보면 호화반응은 대단히 자주 일어나는 듯싶다. 자주 접할 수 있는 만큼, 나는 호화반응이라는 어려운 말 대신에, 끈끈이반응, 끈끈이화반응 정도의 말을 써서 번역했다면 훨씬 더 이해하기 쉽지 않았을까 하는 생각도 해본다.

끈끈이반응이든, 호화반응이든 그런 반응이 전분에서 일어날 수 있다는 사실을 알고 생각해보면 신비하게 느껴진다. 쌀은 분명히 딱딱한 곡식이다. 쌀을 물에 담가놓아도 쌀알이 저절로 달라붙거나 하지는 않는다. 고기나 채소는 삶아도 서로 달라붙으려고 하는 경우가 거의 없다. 그런데 왜 쌀을 밥으로 만들면 쌀알끼리 잘 달라붙는 밥풀로 변할까? 궁금하지 않은가? 도대체 쌀 속에 무슨 신비의 물질이 있길래 열을 받으면 끈끈이화반응을 일으킬 수 있다는 말인가?

그 이유는 전분을 이루고 있는 입자의 모양과 물이 이루는 반응에 달려 있다.

탄수화물의 일종인 전분은 아밀로스amylose, 아밀로펙틴amylopectin 같은 물질이 모여 있는 성분이다. 이런 물질들은 10만 배쯤 확대해서 보면 아주 작은 스프링이나 복잡하게 가지를 친 나뭇가지 같은 모양으로 생겼다. 쌀알이나 밀가루 속의 전분에는 이런 아밀로스, 아밀로펙틴이 서로서로 잘 달라붙은 모양으로 들어 있다.

이런 물질들이 들러붙는 이유는 수소결합 때문이다. 수소결합이라는 생소한 말을 쓰니까 신기한 현상 같지만 사실 우리 주변에서는 대단히 쉽게 일어나는 일이다. 수소결합은 물질 속에 들어 있는 수소 원자가 살짝 (+) 전기를 띠는 상태가 되는 경향이 있기 때문에, 그 상태로 다른 물질의 (-) 전기를 띠는 쪽으로 이끌려 슬며시 붙는 현상을 말한다. 모든 지구상의 생물 몸속에 있는 DNA나 단백질이 지금과 같은 모양을 갖고 있는 이유도 바로 수소결합의 이끌리는 성질 때문에, 약간씩 물질의 모양이 이리저리 이끌려 꼬이고 비틀리고 접혀 있기 때문이다. 바로 그런 방식으로 전분 속의 물질들도 수소결합을 이루어 서로 차곡차곡 붙어 있다.

그런데 전분을 물속에 넣으면, 물이 그 사이로 비집고 들어온다. 물은 H2O이므로, 수소 원자 둘과 산소 원자 하나로 되어 있는데, 바로 물의 수소 원자도 슬며시 (+) 전기를 띠는 상태가 될 수 있기 때문이다. 원래 전분을 이루는 물질들끼리 수소결합으로 붙어 있으면 좋을 만한 자리에, 물이 비집고 들어 와서 그 자리에 대신 붙는 듯한 현상이 일어날 수 있다.

만약 전분을 물에 넣고 열을 가하면 모든 화학반응은 온도가 높을 때 잘 일어나기 때문에 이런 현상은 더욱 활발해진다. 물은 전분 속 곳곳으로 파고들고, 그런 만큼 수소결합으로 뭉쳐 있던 전분을 이루던 물질들 사이사이에 물이 끼어들어 가면서 점점 뜯겨 나가고 풀려버린다. 이런 현상을 팽윤이라고 하는데, 곧 전분이 물에 부는 현상이다. 팽윤이 일어나면 전분 무게의 몇 배나 되는 물이 전분 안으로 들어온다. 반대로 이야기하면, 뭉쳐 있던 성분들이 온통 풀려나기 좋아진다는 이야기다.

이런 현상이 심하게 일어나서 물을 뺀다고 해도 도저히 수소결합으로 차곡차곡 붙어 있던 원상태로 되돌아올 수 없을 정도가 되면, 그게 바로 호화반응이 일어난 것이다. 보통 호화반응이 일어나면, 떨어져 나온 물질 가닥들이 이리저리 물속을 떠다닐 수도 있게 되고, 나중에는 엉뚱한 자리에 붙을 수도 있게 된다. 물에 온통 전분에서 떨어져 나온 조각들이 가득하고 그것이 이리저리 붙을 수 있는 상태가 되니, 그 지역은 풀처럼 된다. 밥알 근처에서 이 상황이 벌어지면, 밥알 주변이 찐득해져서 밥풀이 된다.

호화반응은 전분이 들어간 음식을 따질 때 대단히 중요한 현상이다. 밥을 몇 도에서 만들어야 맛있는가, 쌀과 보리를 섞어서 밥을 지으면 온도를 몇 도로 해야 하는가, 떡을 찔 때는 물을 얼마나 넣어야 하는가, 빵을 처음 만들면 보드라운데 왜 시간이 지나면 딱딱해지는가 등등 전분이 들어간 별별 음식에 관한 여러 가지 문제를 다 호화반응을 연구해서 분석하고 따지곤 한다.

예를 들어, 보리를 섞어 밥을 짓다 보면 보리에 찰기가 없고 굳은 느낌이 나서 밥맛이 떨어질 때가 많다. 이런 일이 일어나는 이유를 설명할 때에도, 보리는 그 속에 들어 있는 전분이 호화반응을 일으키기 어려운 구조이므로 더 높은 온도가 되어야 호화반응이 일어난다는 점을 지적한다. 즉 꽤 높은 온도까지 올라가야만 보리 속에서 수소결합을 이루고 있는 아밀로스와 아밀로펙틴이 뜯어지고 그 사이로 물이 끼어들며 변화하게 된다는 이야기다. 그 때문에 그냥 보통 방식으로 밥을 지으면 보리가 호화반응을 충분히 일으킬 만큼 뜨겁지가 않은 상황이 된다. 보리의 전분이 변화하며 끈끈하고 찰기가 있는 상태가 되지 않는다. 다시 말해서 밥맛이 없어진다.

반대로, 전분의 호화반응이 아주 잘 일어난 상황을 생각해보자. 전분에서 떨어져 나온 여러 물질이 물 안에 넉넉히 잘 퍼져서 물 전체를 걸쭉하게 만드는 일에 성공한 상황을 상상해보면 되겠다. 이 상태 그대로 열을 제거하고 식히면, 이 물질들은 서서히 식어갈 것이다. 그 상태에서 다시 최대한 수소결합을 일으키며 자기들끼리 붙으려 한다. 이 때문에 전분 덩어리는 도로 굳는다. 다만, 원래 차곡차곡 붙어 있는 물질들이 다 흩어진 사이로 물이 잔뜩 들어간 뒤에 굳는 것이다. 그러므로 그 상태로 굳으면 양은 불어나고, 촉촉한 습기를 갖게 되며, 질감은 아주 부드럽고 탱글탱글해진다. 이렇게 전분이 물을 품은 상태로 다시 굳는 것을 겔화[gelation]반응이라고 한다.

이 원리를 이용해 도토리묵을 만들 수 있다. 간단하게 이야기하면, 도토리 속에서 어떻게든 전분만을 뽑아낸다. 그 전분에 호화반응을 일으켜 풀처럼 만들고, 그 후 물을 품은 채 굳히는 겔화반응을 일으키면 된다. 도토리에는 어느 정도의 전분이 포함되어 있으므로 가능하다. 게다가 도토리 전분은 이런 반응을 꽤 잘 일으킬 수 있는 성질을 갖고 있다. 그러므로 딱딱한 씨앗 모양이라 도무지 먹을 수 없을 것 같은 도토리를 재료로 탱글탱글하고 말랑말랑한 음식을 제조할 수 있다. 옛 사람들도 그 덕택에 도토리묵을 만드는 데 성공했던 것이다.

도토리묵 먹기

한국인은 예전부터 도토리로 음식을 만들어 먹었다. 그러므로 도토리묵의 탄생도 상당히 먼 옛날에 이루어졌을 가능성을 상상해 볼 수 있다. 한국의 선사 시대 유적에서 사람이 도토리를 저장해 놓은 흔적이 종종 발견되는 편이므로, 어쩌면 도토리묵은 어떤 한식 못지않은 긴 역사를 자랑할지도 모른다. 『고려사절요』에는 고려 시대인 1298년에 백성들이 흉년에 고생한다는 소식을 듣고, 임금이 그 고통을 자기도 어느 정도는 같이 느끼겠다고 도토리를 반찬에 올리라고 했다는 기록이 보인다. 임금이 먹을 음식이었다면, 도토리로 만들 만한 요리 중에서는 아무래도 도토리떡이나 도토리묵이 등장하지 않았을까 싶다. 그 외에도 옛 글을 읽다 보면,

먹을 게 없어서 거친 음식이라도 먹었다라는 이야기를 할 때, "도토리를 먹었다"는 표현이 무척 자주 등장하는 편이다.

도토리로 묵을 만들자면, 우선 도토리를 물에 씻는 일부터 시작해야 한다. 이때 대개 물에 뜨는 도토리는 버리라고 한다. 이런 도토리는 그 속을 벌레가 파먹었거나 제대로 자라지 못해 너무 가벼운 것들이라고 보기 때문이다. 물속에 가라앉는 도토리만 골라내면 그 속에는 꽤 많은 전분이 들어 있다.

그러고 나면, 그 전분을 뽑아내기 위해 도토리를 갈아 으깬 후, 거기에 물을 섞고 천 같은 것으로 으깬 도토리를 걸러내는 작업을 해야 한다. 그러면 천의 미세한 구멍을 통해 도토리의 전분 가루만이 물과 함께 빠져나오고, 먹기 어려운 도토리 껍질과 나머지 부분은 천 속에 남는다. 남은 찌꺼기에 몇 번 물을 섞어서 다시 천으로 감싸 짜내듯이 걸러주면, 꽤 많은 전분이 물과 함께 바깥으로 튀어나온다.

그 가루와 함께 섞여 나온 물을 가만히 두고 그 안에서 가루만 가라앉을 때까지 잘 기다려야 한다. 그렇게 해서 물에 가라앉은 가루만 얻으면 이것이 도토리 전분이다. 이때 깨끗한 물을 좀 보태서 가루를 얻거나, 물에 가루를 다시 섞어가며 이 과정을 몇 번 반복하는 것도 좋다고 한다. 그 과정에서 물에 쓴맛을 내는 성분들이 어느 정도 녹아서 빠져나가기 때문이라고 하는데, 반대로 그렇게 하고도 빠져나가지 않은 도토리 향을 내는 여러 성분이 전분 사이에 약간 남아 있기 때문에 도토리묵은 단순한 탄수화물 맛, 전분 맛이 아니라 도토리묵만의 상쾌한 맛을 가질 수 있다.

도토리 전분을 얻으면 도토리묵 만드는 과정은 거의 끝난 것이나 다름없다. 이 상태의 도토리 전분을 확인하기 위해 현미경 관찰 실험을 한다면, 아직 호화반응이 일어나기 전이니 현미경에는 전분 입자마다 멋진 몰타 십자가 모양이 보일 것이다. 이제 남은 것은 전분과 물을 함께 넣어 호화반응을 일으켰다가 겔화반응을 일으키는 것뿐이다.

도토리 전분이 팽윤으로 물을 빨아들이므로 물은 전분의 네다섯 배 정도를 넣어주는 것이 좋다. 물을 넣은 채 열을 가하고 저어가면서 천천히 도토리 전분을 덥히다 보면, 어느새 호화반응이 일어나 도토리 전분과 물은 풀처럼 변한다. 전분 속에서 서로 붙어 있던 아밀로스와 아밀로펙틴이 이리저리 떨어져 나와 물속을 떠다니게 된다. 그러다 그 상태로 다시 이리저리 엉겨 붙을 것이다. 이런 상태에서는 아무리 현미경으로 보아도 몰타 십자가는 보이지 않는다.

호화반응이 충분히 일어나 꽤 빽빽해졌다 싶으면, 이제 만들고 싶은 모양의 틀 속에 그것을 갖다 붓고 식히면 된다. 그러면 그다음부터는 자연스럽게 전분을 이루는 입자들이 서로 긴밀히 달라붙으며 굳는 겔화반응이 일어난다. 겔화반응이 끝나면 묵은 완성된다. 이제 적당히 양념이 될 재료를 곁들여 먹는 일만 남는다.

도토리묵과 곁들여 먹는 정통파 양념장이라면 간장에 식초, 설탕, 참기름, 고춧가루를 섞어 만든 장이 많이 퍼지지 않았나 싶다. 거기에 파를 조금 썰어 넣어도 잘 어울린다. 이 양념장을 만들 때 고춧가루의 양을 잘 조절하면 고춧가루가 물을 먹으면서 양념장이 약간 빽빽하게 변화하게 되는데, 이걸 잘만 만들면 도토리묵과 딱 맞게 어울린다.

나는 이것저것 귀찮으면 그냥 도토리묵을 김치와 함께 먹기도 한다. 김치와 도토리묵만 있어도 상큼한 느낌이 괜찮다. 요즘은 딱히 도토리묵이 그렇게 저렴한 음식도 아니지만, 그래도 도토리묵은 산속에서 구한 재료로 특별히 귀한 것 없이 만들어 먹던 음식이라는 느낌은 아직 남아 있다. 그렇기에 무엇인가 너무 화려한 재료를 넣어 복잡한 요리를 만들어 먹기보다는, 그냥 남아 있던 김치와 곁들여 먹는 것이 특히 어울린다고 생각한다. 배추김치를 먹다 보면, 좋은 배춧속 부분은 다 먹고 나중에는 양념 자투리나 맛없는 부위만 남는 수가 있는데, 이런 김치 국물 속에 남은 양념만 있어도 도토리묵과 함께 먹기에는 좋다.

그마저도 없으면, 나는 도토리묵을 김에 싸 먹기도 한다. 조금 짜게 소금을 뿌려 짠맛이 나는 김이라면 도토리묵과 어우러져 꽤 괜찮은 맛이 난다. 특히, 바싹 말린 김을 구워서 함께 먹으면 김에 발라놓은 기름의 고소한 맛이 도토리묵과 잘 맞아 든다. 게다가 도토리묵은 수분이 풍부한 음식이기 때문에, 먹다 보면 자연스럽게 김이 도토리묵에 살짝 젖어 든다. 김이 물에 젖어 늘어지면서 풀리게 되면 그것은 그것대로 또 좋은 맛을 내는데, 아마도 김에 들어 있는 조미료 국물 성분인 글루탐산glutamic acid이 물에 녹아나는 것도 이유가 아닌가 싶다.

떠도는 이야기에 따르면 조선 시대 선조 임금이 도토리묵을 좋아했다고 한다. 나름대로 줄거리도 있다. 선조 임금이 임진왜란이 터져 고달프게 피난 다니던 시절에는 그렇게 입맛이 없었다고 한다. 도망 다니는 처지이니 온갖 걱정에 식욕이 떨어지기도 했을 것이고, 너무 몸이 피곤해서 밥을 잘 못 먹었을 수도 있다. 궁전에서 좋은 음식만 먹으며 살던 사람이 모든 물자가 부족하고, 반찬을 할 사람도 부족한 피난길에 식사를 하자니 맛있게 먹을 만한 것이 없어서 더 밥을 못 먹었을 수도 있다.

그때 어떤 사람이 선조 임금에게 도토리묵을 바쳤다고 한다. 그 사람도 넉넉한 형편은 아니었는데 임금이 왔다고 하니 뭐라도 바쳐야 할 것 같아서 없는 살림에 산에서 구한 도토리로 묵이라도 만들어 바친 것 아닌가 싶다. 얼마 전까지 온 나라에서 가장 화려한 음식일지라도 입에 안 맞으면 거절하던 임금 입장에서는 참 기가 찰 만큼 눈물 겨운 상황이지 않았을까?

그래서 그랬는지, 아니면 그런데도 그랬는지 모르겠지만, 임금이 그 도토리묵을 먹어보니 의외로 굉장히 맛있었다고 한다. 그 후로도 선조는 도토리묵을 자주 찾게 되었고, 이후 수라상에도

안 돼!
아직 겔화반응이
안 끝났다고!
임금의
반찬이냥!

도토리묵이 자주 올라갔다고 한다. 그때 상수리나무에서 떨어진 도토리 열매를 가지고 도토리묵을 쑤었는데, 그 나무에 상수리나무라는 이름이 붙은 것도 유독 수라상에 많이 오르는 재료가 떨어지는 나무였기 때문에, 수라나무라는 뜻으로 수리나무라는 식의 별명이 생겼고, 그 나무를 다른 이름으로는 상목, 상나무라고 하던 말이 그 별명과 합쳐져 상수리나무가 되었다고 한다.

이 전설이 얼마나 믿을 만한지는 모르겠다. 그렇지만, 선조 임금이 인생을 살다가 도토리묵을 한 번쯤 먹어보았다는 것까지는 있음 직하다. 그런데 조선에 고춧가루가 널리 퍼진 것은 조선 후기로 본다. 그렇다면 선조 임금이 맛있게 먹었던 도토리묵 요리를 어쩌면 김과 함께 곁들여 먹었을 가능성도 있지 않을까? 이 역시 아무 증거는 없다. 다만 가게에서 쉽게 도토리묵을 사 먹을 수 있는 요즘, 특별히 곁들여 먹을 것을 준비하기 귀찮아서 그냥 김과 도토리묵만 먹고 있을 때, 이런 게 임금님이 먹던 도토리묵 맛이었을지도 모른다고 생각하면서 먹으면 좀 더 맛있는 것 같기는 하다.

도토리는 어디에서 나올까

상수리나무가 선조 임금과 관련된 설화를 갖고 있기는 하지만, 그 나무에서 떨어진 열매만 도토리라고 하는 것은 아니다. 오히려 지역에 따라서는 상수리나무에서 떨어진 열매는 그냥 흔한 도토리가 아니라 약간 좋은 열매라는 식으로 생각하여 따로 "상수리나무 열매"라는 식으로 부르기도 하는 것 같다.

대체로 우리가 도토리라고 부르는 열매는 참나뭇과에 속하는 여러 나무에서 생기는 도토리 모양을 한 열매 중에 가공하면 먹을 수 있는 것을 두루두루 도토리라고 부르는 것 같다. 참나뭇과로 분류되는 여러 나무 중에, 특히 더 참나무라고 부를 만한 나무를 참나뭇속이라고 부르는데, 참나뭇속에 속하는 나무 중에 친숙한 것으로는 떡갈나무, 졸참나무, 상수리나무가 있다. 세 나무는 비슷하게 생겼고 그 열매로 묵을 만들 수 있으니, 이런 나무들을 대충 도토리나무라고 불러도 될 법하다.

영어로는 참나무를 오크oak라고 한다. 영어에서도 참나무라고 하면 한 가지 나무만 말한다기보다는 이런저런 참나뭇과의 나무들을 대충 오크 무리라고 부르는 것 같다. 그렇지만 넓게 보면, 도토리묵을 만드는 나무도 참나무고, 포도주를 담아 오크통에서 숙성시킨다고 할 때 그 나무도 참나무다. 영어에서 오크로 분류하는 나무들의 종류는 정말 다양하기 때문에, 집을 짓기 위해 사용하는 오크라든가, 배를 만들기 위해 사용하는 오크 등등 별별 특징을 가진 나무들이 다 오크로 불리고 있다. 예를 들어, 포도주병을 비롯해서 병마개를 만드는 재료로 많이 쓰는 코르크 역시, 오크 나무 중에 한 종류인 코르크참나무의 껍질을 잘 잘라낸 것이다. 그렇게 이름이 여기저기에 많이 사용되던 나무다 보니, 예전에 영어권 국가에는 멋진 오크 나무나 오크 나무로 지은 집이 있던 마을에 오크힐이라든가, 오크빌리지 같은 이름이 붙는 경우도 많았던 것 같다.

그러고 보면, 영국 사람들은 비슷비슷한 나무들을 묶어서 오크라고 부르는 느낌이라면, 한국인들은 비슷비슷한 열매들을 묶어서 다들 도토리라고 부르는 느낌 아닌가 싶다. 한국 문화는 당장 식재료로 활용할 것에 관심이 많은 문화 아니었나 싶기도 한데, 미국이나 캐나다에 오크힐, 오크빌리지가 이곳저곳에 있는 것에 비해 한국에 도토리마을, 도토리고개, 도토릿골 같은 지명이 없는 것은 약간은 아쉽다는 생각도 한번 해본다.

현대의 대한한국에서는 함부로 숲에 들어가서 아무나 도토리를 줍는 것이 금지되어 있는 만큼, 지금 도토리와 도토리 전분은 생산하고 가공해서 판매하는 상품이 되어 있다. 그러므로 앞으로는 정말로 도토리와 관련이 있는 곳에서 적극적으로 도토리라는 말을 지역 이름으로 사용해도 좋겠다는 생각이 든다. 도토리로 만든 음식은 다른 나라에서는 이 정도로 친숙한 경우가 흔하지는 않은 편이라, 한국의 개성을 드러내는 재미난 문화라고 생각한다.

별로 관계없는 두 분야의 지식이 만나는 이야기를 하나만 더 해보자. 휴대전화나 컴퓨터에 요즘 대단히 널리 사용되고 있는

ARM이라는 컴퓨터 반도체 칩 이야기다. ARM이라는 상표는 원래, 에이콘 컴퓨터Acorn Computers라는 영국 컴퓨터 회사에서 개발한 Acorn RISC Machine이라는 부품에서 시작된 것이다. 에이콘 컴퓨터에서 개발한 RISC 방식의 기계라는 뜻인데, 그 약자가 ARM이었고 나중에 단어를 조금 바꾸어 Advanced RISC Machine의 약자라는 뜻으로 의미를 바꾸었다.

에이콘 컴퓨터는 미국 애플 컴퓨터가 개인용 컴퓨터를 판매하며 돌풍을 일으키자 영국에서도 비슷한 사업을 해보자는 사람들에 의해 1970년대 말에 탄생됐다. 에이콘은 애플처럼 친숙하면서도 자연의 느낌이 드는 나무 열매를 회사의 상징으로 활용하는 이름이고, 동시에 A로 시작하는 단어라서 전화번호 목록에서 찾아볼 때 ABC순으로 보면 맨 앞에 나온다는 장점도 있다.

에이콘이라는 말은 바로 도토리라는 뜻이다. 그러니까 ARM은 거슬러 올라가보자면 도토리 기계라는 뜻이다. 작지만 성능이 뛰어난 최첨단 스마트폰을 보면서 떠올려보면 잘 어울린다는 생각도 든다.

★★★ 시식평: 안 먹어.

15

불고기

커피 원두 볶기와 불고기의 공통점

단백질과 아미노산은 생명의 재료

생명체의 몸은 주로 단백질protein로 되어 있다. 나처럼 살이 찐 사람들은 "내가 무슨 단백질 덩어리일까. 나에게는 지방이 너무 많지 않나"라고 걱정하지만, 몸에 있는 지방들조차 단백질 성분인 효소들이 음식과 화학반응을 일으켜 만들어낸 결과로 쌓인 것들이다. 뼛속에 들어 있다는 칼슘 계통의 물질이나 영양분으로 핏속에 들어 있다는 포도당도 마찬가지다. 칼슘계 물질이나 포도당이 곧 단백질은 아니다. 하지만 단백질이 만들어낸 결과물이다. 밥을 먹어서 몸에 밥이 들어오면 몸의 단백질 성분이 밥 속의 화학물질들을 가공해서 포도당이나 지방을 만들어낸다.

그러므로 단백질은 생명체의 기본이자 핵심 재료다.

생물은 모습과 습성에 따라 서로 다른 수백, 수천, 수만 가지의 서로 다른 단백질 성분으로 되어 있다. 어떤 단백질이 몸에 많이 들어 있느냐에 따라 생물 모양이 달라진다. 이 중에서도 다른 물질을 가공하는 화학반응을 일으켜주는 단백질을 효소enzyme라고 한다. 그러니까, 몸속 단백질 중에 효소로 분류되는 일부 단백질은 화학물질 가공 기술자의 역할을 한다는 이야기다.

학교에서 가장 먼저 배우는 효소인 아밀레이스amylase는 담백한 밀가루나 쌀알 성분이 분해되어 달짝지근한 포도당으로 바뀌는 화학반응이 일어나도록 만드는 물질이다. 참고로 빵이나 술을 만들 때 사용하는 효모는 효소와는 전혀 다른 것이다. 이름만 비슷할 뿐이다. 효소는 단백질의 한 종류지만, 효모는 미생물의 하나다. 굳이 효모와 효소 사이에 관계를 찾는다면, 효모가 사람이 음식을 만드는 데 유용하게 사용하는 효소를 몇 가지 품고 살아간다는 정도일 것이다.

그런데 단백질이라는 물질에는 재미난 점이 한 가지 있다. 온갖 물질을 만들어내고 몸의 갖가지 모양을 변화시키는 별별 단백질이 생물의 몸속에는 너무나 많이 있지만, 확대해서 구석구석을 살펴보면 자주 보이는 모양이 있다. 호기심을 느낀 학자들이 조사해보니 단백질의 모든 부위는 다른 단백질에서도 찾아볼 수 있는 더 작은 물질 덩어리 몇 가지가 서로 순서와 위치를 바꾸어 조합

방법만 달라지는 방식으로 만들어져 있었다. 마치 조립식 도구나 블록 장난감 같은 것이 몇 가지 있고 그것을 어떻게 조립하느냐에 따라 세상의 모든 단백질이 만들어진다는 식의 이야기였다.

현재까지 과학자들이 밝혀놓은 단백질 기본 재료가 되는 물질은 스무 가지가 있는데, 이 물질들을 아미노산amino acid이라고 한다. 다시 말해서, 생물의 몸은 스무 가지 아미노산만을 기본 재료로 그것을 어떻게 조합하느냐에 따라 몸속에서 모든 역할을 하는 물질들을 다 만들어낸다는 이야기다. 그러므로 지상의 모든 생명체는 스무 가지 아미노산의 조합이라고 해도 별 과장이 아니다.

꽃의 냄새를 맡아보면 온갖 아름다운 향기가 나는데, 그 다채로운 향기를 만들어내는 것도 바로 단백질, 그중에서도 효소다. 꽃 속에 있는 효소가 뿌리에서 빨아들인 영양분과 광합성으로 만들어낸 당분을 이리저리 가공하고 조합해서 향기로운 성분의 화학물질을 만들어내기 때문에 꽃향기가 난다. 이런 놀라운 일을 하는 효소도 스무 가지 아미노산을 이리저리 조합하면 만들 수 있다. 뿐만 아니라 생물 몸의 온갖 부위가 마찬가지다. 울긋불긋한 새의 몸 색깔을 나타내는 여러 색소를 만드는 물질도 스무 가지 아미노산을 조합해서 만든다. 독을 만들어내는 뱀의 독샘도, 누에가 뽑아내는 비단 같은 실도, 사람의 근육 역시도 모두 스무 가지 아미노산을 조립해서 만들 수 있다. 사람 근육과 꽃향기를 만드는 단백질의 차이는 스무 가지 아미노산을 어떤 순서로 몇 개씩 조립했느냐의 차이일 뿐이다. 거미 몸에서 거미줄을 만드는 데 필요한 단백질을 많이 구한 뒤에 분해해서 그 순서만 바꾸어 다시 잘 조립하면 사람의 손톱을 만들 수도 있다는 이야기다.

어떻게 이럴 수가 있을까?

이것은 세상의 모든 기계가 단 스무 가지 부품의 조합만으로 이루어져 있다는 상상과 비슷한 이야기다. 자동차든, 컴퓨터든, 비행기든, 모든 기계가 스무 가지 부품만으로 되어 있어서, 비행기를 분해한 뒤에 그 재료를 다시 조립하면 스마트폰을 만들 수 있다는 뜻이다. 세탁기가 고장 났을 때 태블릿PC 부품을 분해한 뒤에 그것을 세탁기에 넣으면 고쳐진다는 것과도 비슷하다.

이런 생각은 환상적이다. 세상의 생물은, 적어도 지구상의 생물은 정말 그렇다. 예를 들어 가축을 키우는 데 가축 몸에 아르기닌arginine이나 라이신lysine 같은 아미노산이 부족해지면 아미노산 보충제를 먹인다. 그런데 그 보충제 속의 아미노산 성분은 보통 세균의 몸에서 나온 것인 때가 많다. 태블릿PC 부품으로 세탁기를 고치기는 어렵지만, 생물은 세균의 몸에서 나온 아미노산을 다른 동물의 몸을 만드는 재료로 쓸 수 있다는 이야기다. 참고로 사람의 경우에는 스무 가지 아미노산 중에 몸의 단백질을 이루는 재료로 꼭 필요한데도 저절로 만들어지지 않아서 오직 다른 식물이나 동물을 잡아먹는 방법으로 구해야만 하는 것들이 있다. 바로 이런 아미노산을 필수아미노산이라고 한다. 건강식품 광고를 보면 “필수아미노산 함유”라고 적혀 있는 것이 있는데, 그게 바로 그 뜻이다.

더 이상한 이야기를 하나 하자면, 지구의 생물들을 이루고 있는 그 아미노산들의 모양을 확대해서 보면 하필이면 한 방향으로만 휘어 있다. 왜 한 방향으로만 휘어 있는지 아직까지 정확한 이유를 모른다.

이것을 교과서에서는 “생물 몸속 아미노산이 광학적 이성질체 중에서 한쪽으로만 선택적인 구조를 갖고 있다”라고 묘사하고 있다. 적당히 단순화해서 이야기하자면, 절대다수의 아미노산이 굳이 왼쪽 방향으로 휘어 있다는 뜻이다. 꼭 왼쪽으로 휜 아미노산만 사용해야 하는 특별한 이유는 없다. 그런데도 다들 왼쪽으로 휜 아미노산만 골라잡아 자기 몸을 만든다. 사람이나 원숭이 같은 특별한 동물만 그런 것이 아니라, 식물이든 동물이든 세균이든 다들 특이하게도 왼쪽으로 휜 아미노산만 자신의 몸을 만드는 재료로 사용한다.

이것은 정말 공교롭고도 이상한 일이다. 비유해보자면, 전국의 모든 학교에서 영어 선생님들을 조사해봤더니 특이하게도 모두 왼손잡이라는 현상이 발견되었는데, 거기서 그치는 것이 아니라 그게 너무 이상해서 전 세계 다른 나라들, 모든 학교의 영어 선생님들도 다 조사해봤더니 하나같이 왼손잡이로 드러났다는 정도로 이상한 일이다.

나는 대학원생 때 뉴질랜드에서 오신 슈베르트페거Peter Schwerdtfeger 교수님이 하시는 세미나에서 이런 것이 있다는 사실을 처음 알게 되었다. 다른 나라 말로 하는 세미나를 듣고 신기하고 재미있어서 진심으로 빠져들었던 첫 번째 순간이어서 생생히 기억하고 있다. 그 교수님의 설명에 따르면, 어떤 학자들은 반쯤은 장난으로 혹시 외계인들이 지구에 찾아와서 생명체를 처음 만들어주고 갔는데, 그때 그 외계인들이 왼쪽이 재수가 좋다는 믿음을 갖고 있다는 식의 이상한 관습이 있어서 하필 왼쪽으로 휜 아미노산만 사용하기로 마음먹었고, 그 때문에 후손들도 처음 태어난 조상을 닮아 다 왼쪽으로 휜 아미노산만으로 되어 있는 것은 아닌가 하는 상상을 하기도 한다고 했다.

아미노산에 대해서는 그런 이상한 사실 말고도, 그것을 재료로 놀랄 만한 도전을 한 과학자도 예전부터 많았다. 이번에 소개해 볼 것은 단백질의 기본 재료인 아미노산을 사람 손으로 만들어보고, 그 아미노산을 붙여서 단백질을 인공적으로 만들어보자는 도전이다.

아미노산 만들기까지는 크게 어려울 것은 없다. 아미노산은 그냥 우연히 저절로 만들어지기도 하는 물질이다. 심지어 최근에는 우주를 돌아다니고 있는 혜성에서 아미노산이 발견되었다는 이야기도 들린다. 그렇다면 우주 저편 어느 황량한 외계 행성에도 아미노산 정도는 이리저리 굴러다닐 가능성이 있다. 어떤 일이 일어나서 그 아미노산이 연결되면 단백질이 될 것이고, 그 단백질들이 잘 뭉친다면 생명체가 탄생한다. 만약 사람 손으로 그런 일을 해낼 수 있다면, 흙덩이와 돌가루를 재료로 생명을 만들어내는 일과 비슷한 일을 해내는 셈이다.

당장 생물을 만들어내는 일을 시도하기란 너무 어렵다. 단백질 하나를 잘 만드는 것도 어려운데, 아주 간단한 생물이라고 하더라도 수백 가지의 단백질을 만들어야 한다. 그래서 일단 학자들은 아미노산을 두셋 정도 조립해서 간단하고 작은 단백질을 만드는 일부터 시작했다. 이런 아주아주 작은 단백질은 몸속의 흔한 단백질에 비해서는 너무 작다. 그래서 보통 이런 것들은 단백질이라고 부르지도 않고 펩타이드peptide라고 부른다.

그렇지만 조그마한 단백질 조각, 그러니까 펩타이드만 자유자재로 만들 수 있다고 하더라도 굉장한 성과다. 예를 들어 아미노산 51개를 잘 골라서 순서에 맞게 연결하면 인슐린insulin이라는 펩타이드를 만들 수 있다. 인슐린은 귀중한 물질이다. 인슐린만 싼값에 자유자재로 만들 수 있으면 세상의 수많은 사람을 고생시키는 당뇨병을 치료할 돌파구가 열린다.

19세기 말 20세기 초에 바로 이런 일에 처음 손을 대어 성공을 거둔 사람이 있었다. 독일의 위대한 화학자 헤르만 에밀 피셔가 그 장본인이다.

피셔를 위대한 화학자라고 부르는 것은 전혀 과장이 아니다.

한국의 이성규 기자는 피셔를 두고 「일생이 전성기였던 화학자」라는 글을 쓴 적이 있다. 이 역시 큰 과장이 아닌 평가다. 피셔는 노벨상도 수상했다. 피셔가 사람 손으로 아미노산을 조립해 간단한 단백질의 조각이라고 할 수 있는 펩타이드를 만드는 실험에 성공한 것은 이미 노벨상을 받은 후였다. 노벨상을 받은 후에도 노벨상을 받을 만한 업적을 남긴 셈이다. 피셔 같은 화학자가 몇 명 더 있어서 후대에도 활약했다면, 어쩌면 정말로 우리는 자유자재로 아미노산을 연결하고 조립하는 방법을 개발해서 몸에 필요한 물질이 있으면 뭐든 마음대로 만들어내는 기술을 갖게 되었을지도 모른다.

그런데, 도대체 이 모든 것이 불고기와 무슨 상관이 있을까?

그 이유는 피셔의 놀라운 실험을 보고 감명받은 프랑스의 화학자가 자기도 비슷한 실험을 해보려고 했기 때문이다. 그 프랑스 화학자의 이름은 바로 루이 카미유 마이야르다. 고기 굽는 데 관심이 많은 사람이라면 한 번쯤은 언급하는 마이야르 반응을 발견한 바로 그 마이야르다.

마이야르 반응의 등장

어린 시절 마이야르는 대단히 훌륭한 학생이었다. 16세 무렵에 대학에 입학했다고 하는데, 당시는 지금보다 대학 입학이 조금 빠른 시대임을 감안한다고 하더라도 이것은 감탄할 만한 기록이다. 그는 괜찮은 학자로 훌륭하게 성장한 듯 보인다. 석사 학위까지는 과학 분야를 전공했는데, 나중에는 의학 박사가 되었다. 그는 의사로 활동하면서 동시에 과학 연구도 하는 학자의 삶을 살고자 했던 것 아닌가 싶다.

그런 배경으로 짐작해볼 때, 마이야르가 처음 마이야르 반응을 발견한 계기도 고기 굽기나 음식을 연구하기 위해서는 아니었던 것 같다. 그보다는 사람 몸을 치료하는 약을 만드는 방법을 개발하거나, 사람이 병에 걸리는 원인을 연구하기 위해서 여러 화학 반응을 연구했던 것으로 보인다. 그 과정에서 마이야르는 피셔가 했던 것처럼 아미노산을 연결해 단백질 조각을 만드는 등의 실험을 했는데, 그 과정을 조금 다르게 시도해보았다. 그는 무엇인가 다른 물질을 섞은 채로 실험을 하면서 아미노산 둘을 연결하려고 했다. 아마 그러면 아미노산이 더 잘 연결될 수도 있을 것 같다고 생각하지 않았나 싶다.

그러다가 엉뚱하게도 아미노산끼리 연결되는 것이 아니라 아미노산이 당분과 연결되는 현상을 겪게 되었다. 원래는 피셔를 흉내 내어 아미노산끼리 조립해서 펩타이드를 만들어보려다가 실패해서 그런 결과가 나왔는지, 아니면 실험을 하다 보니 그런 현상도 궁금해져서 일부러 해보았는지는 잘 모르겠다. 확실한 것은 마이야르가 그런 이상한 결과가 나왔다고 해서 그냥 실패했다고 실험을 때려치우는 것이 아니라, 그에 대해 꼼꼼하게 조사하고 확인해서 무슨 일이 일어났는지 살펴본 뒤, 정리해서 보고했다는 것이다.

그렇게 해서 마이야르는 단백질의 재료인 아미노산과 당분이 서로 달라붙는 화학반응이 일어난다는 사실을 과학계에 발표했다. 때는 1912년이었다. 그것이 마이야르 반응의 발견이라는 사건이었다. 처음에는 그냥 뭐 그런 일도 일어날 수 있겠구나 하는 정도로 큰 주목을 받지 않고 넘어갔던 모양이다.

그 후 마이야르 반응은 약 40년간 묻혀 있었다. 다시 주목받은 것은 1953년 미국의 존 호지라는 학자의 공이었다. 1940년대 제2차 세계대전을 치르면서, 미국 정부는 군인들을 위해 간편하게 대량 생산할 수 있으면서도 맛이 좋은 가공식품을 만드는 연구에 애를 쏟고 있었다. 그 분위기 속에서 존 호지는 맛을 좋게 하려면 도대체 어떤 화학물질이 필요한지 연구하게 되었다. 그는 미국 농무부에 배속되어 있는 학자였다고 하는데, 그렇다 보니 여러 농산물을 요리하는 과정을 파헤치는 데 관심이 많았던 것 같다.

호지는 요리하는 도중에 마이야르 반응이 일어나면 온갖 다양하고 새로운 물질이 많이 생겨날 수 있다는 점을 알아냈다. 식재료 속에는 당분도 있고 단백질이 있으니 아미노산도 있을 것이다. 불에 굽고 볶는 요리를 하다 보면, 그 성분들이 이리저리 뒤섞이는 가운데 서로 화학반응을 일으킬 기회가 생긴다. 더군다나

대부분의 물질은 높은 온도에서 더 화학반응을 잘 일으키는 성질이 있다. 음식을 익히는 과정은 바로 그런 높은 온도를 만들어준다. 그러면 화학반응이 더 잘 일어나도록 부추기는 셈이다.

그런 과정에서 마이야르 반응이 일어나고 아미노산과 당분이 조합되면 새로운 물질이 탄생한다. 어떤 아미노산이 어떤 당분과 어떻게 조합되느냐에 따라 생겨날 수 있는 물질은 다양하다. 그렇게 탄생한 물질은 다시 뜨거운 불길 속에서 또 한 번 변형되거나 파괴되면서 더욱 다양한 물질로 변화할 수 있다. 동시에 더욱 다채로운 물질이 탄생한다. 그중에는 군침 도는 냄새를 풍기는 갖가지 물질도 있다.

이런 과정을 통해 음식은 맛있어진다. 얼마나 다양한 물질이 생겨나는지, 여러 음식이 마이야르 반응을 일으키면서 정확히 어떤 물질들이 어떻게 만들어내는지는 아직도 비밀로 남아 있는 영역이 적지 않다. 단, 워낙 여러 물질을 만들어낼 수 있기 때문에 마이야르 반응이 과하게 일어나면 몸에 좋지 않은 성분이 생겨날 가능성도 조금씩 높아진다.

고기를 구울 때 마이야르 반응이 잘 일어나야 맛있게 고기를 구울 수 있다는 말은 잘 알려져 있다. 고기 속에는 단백질이 많으니 아미노산도 많을 것이다. 또한 동물의 몸엔 피가 돌기 마련인데, 피의 중요한 역할이 온몸에 당분을 공급해주는 것이니 자연히 동물 고기에는 당분도 꽤 들어 있을 거라고 짐작해볼 수 있다.

그러므로 고기를 굽는 것은 마이야르 반응이 일어날 좋은 기회가 된다.

그렇다고 해서 마이야르 반응이 고기에서만 일어나는 것은 아니다. 마이야르 반응은 대체로 120도 이상의 온도에서 일어난다고 하므로, 그 온도 이상으로 온도를 높이는 요리에서는 사실 어지간한 재료를 쓰는 곳에서는 다 일어날 수 있다.

하다못해 볶음밥을 만든다고 해도 마이야르 반응은 일어난다. 쌀 같은 곡식 속에는 당분인 탄수화물만 있는 것이 아니라 단백질도 어느 정도 들어 있다. 곡식 중에서도 콩에는 특별히 단백질이 많이 들어 있다고 하는데 쌀 속 단백질의 양도 무시할 수준은 결코 아니다. 그러므로 밥을 볶는 과정에서도 마이야르 반응이 일어날 기회는 충분하다. 그런 식으로 자연의 생물을 활용하는 온갖 재료에는 마이야르 반응을 일으킬 수 있는 재료가 들어 있다. 노릇노릇하게 빵을 굽거나, 도넛을 튀길 때 나는 기막힌 냄새를 만들어내는 데에도 마이야르 반응은 한몫한다. 마이야르 반응은 불을 사용하는 요리에서 모든 것을 맛있게 만드는 가장 결정적인 단계라고 칭송해도 될 정도다.

심지어 커피 원두를 한 번 볶아서 맛을 더 좋게 만드는 로스팅 과정 역시 마이야르 반응이 역할을 하는 것으로 알려져 있다. 커피도 생물인 이상 그 몸의 중요한 부분에는 단백질이 꽤 많이 들어 있을 수밖에 없다. 자연히 커피를 볶으면 단백질의 재료인 아미노산과 당분이 화학반응을 일으키며 새로운 물질들을 만들어내는 마이야르 반응이 일어난다. 마이야르 반응이 향기가 좋은 물질을 많이 만들어내는 방향으로 잘 일어나면 커피 맛이 그만큼 더 좋아질 것이다.

이런 식이다 보니, 뭔가 굽고 지지고 볶을 때 나는 고소한 냄새가 나는 요리라면 그것은 거의 다 마이야르 반응과 상관이 있다고 해도 좋다. 심지어 깨를 볶을 때 나는 냄새조차도 마이야르 반응 때문에 생긴 물질이 섞인 냄새다. 한국에서는 신혼부부가 정답게 사는 모습을 보고 "이 집에서는 깨 볶는 냄새가 고소하게 난다"라는 표현을 쓰는데, 화학에 정통한 부부에게라면 "이 집이 반응기라면 이 반응기 속에서는 마이야르 반응의 반응 상수가 정말 크구나"라는 말을 대신 써도 좋을 것이다.

백종원 선생의 요리법을 보다 보면, 된장찌개 같은 찌개 요리를 하기 전에 거기에 들어가는 양파, 파, 마늘 같은 채소를 한 번 볶아서 넣는 방법을 권하는 것을 종종 볼 수 있다. 이것은 무엇 때문일까? 여기에서도 역시 마이야르 반응이 큰 역할을 한다. 된장찌개는 물에 재료를 넣고 끓여서 만드는 음식이다. 물은 100도에서 끓는다. 마이야르 반응이 잘 일어나기 시작하는 온도보다는 물이 끓는 온도가 낮다. 그렇기 때문에 국이나 찌개 요리를 하는 물 속에서는 마이야르 반응이 잘 일어나지 않는다. 그렇다면 마이야르 반응이 만들어내는 온갖 화려한 맛과 향을 국이나 찌개

요리에서 즐기기는 어렵다는 뜻이다. 국물에 여러 가지 맛이 우러나와 뒤섞이는 맛을 즐길 수는 있지만 대신에 마이야르 반응의 오묘한 맛은 포기해야 한다.

그런데 찌개 재료를 물에 넣기 전에 따로 높은 온도에서 한 번 볶아준다면? 재료에서 마이야르 반응이 일어나며 온갖 먹음직스러운 물질이 생겨난다. 그 상태의 재료를 찌개에 넣어주면, 찌개에도 마이야르 반응이 만들어낸 맛을 더할 수 있다. 이것이 맛있는 찌개의 비법이다.

고기 굽기의 이론

마이야르 반응이 한국에서 많은 사람에게 알려진 이유를 따지다 보면 『외식의 품격』, 『한식의 품격』 같은 책을 쓰신 이용재 선생의 역할도 빼놓기는 아쉽다. 2000년대 초만 해도 스테이크를 구울 때 겉면을 빨리 구워서 단단하게 한 뒤에 스테이크를 만들면 고기의 육즙을 안에 가둘 수 있어서 맛이 좋다는 설명이 대단히 많이 언급되었다. "육즙을 가둔다"는 말은 거의 모든 요리 방송에서 항상 나오는 표현이었다. 유명한 요리책에도 과거에는 나왔던 이야기다. 그러니 어느 정도 잘 알려진 뿌리가 있는 말이라고도 볼 수가 있다.

그러나 이용재 선생은 스테이크 요리의 맛은 육즙을 가둔다는 생각과 결정적인 관련이 없다는 점을 꽤 신랄하게 지적했다. 육즙을 가두는 방법으로 요리를 하든 그러지 않든 사실 육즙의 양은 별 차이가 나지 않았다는 실험 결과가 있다는 사실도 알렸다. 육즙을 가둘 수 있다는 요리 방법을 사용해도 실제로 육즙이 별로 가두어지지 않을지도 모른다는 뜻이다.

그러면서 이 선생은 고기 굽는 맛을 더 중요하게 결정하는 것은 어느 부위에서 얼마만큼 어떻게 마이야르 반응이 일어나는가의 문제라고 설명했다. 그러니까, 어떤 특유의 방법을 사용해서 고기를 구운 덕분에 스테이크가 더 맛있어졌다면, 그것은 육즙이 가두어지는 것과는 큰 관계는 없고, 대신 그런 요리 방식 덕택에 마침 마이야르 반응이 필요한 형태로 잘 일어나 가장 좋은 향을 풍기는 물질들이 생겨 곳곳에 잘 배어들었기 때문일 가능성이 높다.

스테이크가 아니라고 해도 고기 요리의 맛을 마이야르 반응을 빼놓고 설명하기란 어렵다. 사람의 혀가 정교하게 다양한 맛을 느끼는 데에는 한계가 있다. 시고, 짜고, 달고, 쓴맛과 통증과 비슷한 매운맛, 뭐라 말하기 힘든 묘한 감칠맛 등의 몇 가지가 혀가 느낄 수 있는 맛의 전부다. 열 손가락으로 꼽을 정도다. 그 밖에 사과 맛, 배 맛, 딸기 맛, 포도 맛 같은 온갖 맛은 사실 음식이 풍기는 향을 코로 느끼는 것과 혀로 느끼는 맛이 조합되어 생기는 감각이다. 직접 코로 향기를 맡기도 하고 입과 코가 연결되어 있으므로 먹으면서도 향을 같이 느낀다. 코는 혀와 달리 온갖 다양하고 다채로운 향기를 대단히 정밀하게 느낄 수 있다. 거기에 묘한 맛이 숨어 있을 수밖에 없다.

그리고 높은 온도로 고기를 요리할 때, 고기에서 생겨나는 마이야르 반응이 사람의 코를 자극하는 수많은 냄새의 원인 물질을 만들어낸다. 그 물질 중 몇몇은 정말 군침 도는 향기를 낼 수 있다. 이것이 바로 길거리에서 고깃집을 지나다가 갑자기 맡게 되는 냄새가 그토록 감동적인 이유다.

불고기의 탄생

한식을 대표하는 고기 요리로는 불고기를 빼놓을 수 없다. 요즘은 주로 달짝지근한 맛이 도는 양념을 바른 뒤에 구워서 먹는 고기 요리, 특히 쇠고기 요리를 대체로 불고기라고 부르는 것 같다.

집에서 해 먹을 때는 간단하게 팬에 볶듯이 불고기를 만들기도 하고, 가게 같은 곳에서는 직접 숯불에 닿게 해서 불고기를 굽기도 한다. 전골 같은 느낌으로 국물이 어느 정도 있도록 만드는 불고기도 있다. 어느 쪽이든 불고기 역시 적당한 마이야르 반응이 일어날 때 훌륭한 냄새와 함께 정말 맛있게 먹을 수 있는 음식이 된다.

특히 불고기는 파, 양파 같은 재료를 더해 양념을 묻혀 굽기 때문에, 이런 양념과 다른 재료 속에 들어 있는 당분과 고기의 아미노산이 추가로 일으키는 색다른 마이야르 반응을 일으키는 것을 더욱 기대해볼 수도 있다.

집에서 불고기를 대충 해 먹을 때를 기준으로 생각해보면, 정반대 방향의 장점도 있다. 불고기에는 달고 짠 강한 양념이 묻어 있기 때문에, 그다지 정교하게 마이야르 반응을 일으키는 재주가 없는 나 같은 사람이 만들어도 양념 맛으로 어느 정도는 먹을 만하게 만들 수 있다. 마찬가지로 그다지 값비싼 고기를 쓰지 않아도 그럭저럭 괜찮게 먹을 만하다는 장점도 있다.

얼마 전까지만 해도 "불고기"라는 요리 이름이 1950년대까지 쓰이지 않았다는 설이 꽤 널리 퍼져 있었다. 온라인으로 누구나 옛날 신문 기사를 단숨에 검색해볼 수 있게 된 요즘은 이런 주장이 좀 약해졌다. 1930년대 신문에서도 불고기라는 단어가 보이기 때문이다. 그렇게 생각해보면, 조선 시대에 한문으로 표현된 불로 구워 먹는 고기 음식에 대한 몇 가지 기록은 우리말 불고기를 한자로 옮겨놓은 것인지도 모른다.

다만 정황을 보면 20세기 초에는 불고기라는 말이 지금과 같은 몇 가지 특정한 형태의 음식을 가리킨다기보다는 고기를 불에 구워 먹는 방식의 여러 가지 요리를 뭉뚱그려서 그냥 불고기라고 부른 것 아닌가 싶다. 요리법이나 특별한 불고기의 양념 맛에 대한 묘사는 찾아보기가 어려운 편이기 때문이다.

어쩌면 20세기 초까지만 해도, 스테이크 비슷한 고기 구이나 삼겹살 소금구이 같은 음식도 다 불고기라고 부르는 사람이 꽤 많았을 가능성도 있지 않을까? 사실 지금도 간장불고기, 고추장불고기, 소불고기, 돼지불고기, 뚝배기불고기, 바싹불고기라는 식으로 꽤나 달라 보이는 여러 가지의 한국식 고기 요리들이 불고기로 통칭되고 있는 형편이다. 그러니, 과거에는 불고기라고 부르는 음식의 범위가 더 넓고 애매했다고 해도 그러려니 할 만하다.

그 와중에도 고기를 맛있게 구워 먹는 여러 방법 중에 한국식 고기 요리라고 할 만한 어떤 독특한 특징은 있었던 것 같다. 일본에는 한국의 불고기와 비슷한 점이 있는 야키니쿠焼肉라는 음식이 있는데, 야키니쿠가 한식과 비슷하거나 한식과 뿌리에서 겹치는 점이 있을 거라고 무심코 생각하는 일본인들이 있다. 일본은 긴 세월 동안 불교 관습이 강한 편이어서 고기를 먹는 문화가 약한 편이었다. 그렇기 때문에 한국에 비해 일본은 쇠고기나 돼지고기를 먹는 문화가 덜 발달해 있었다. 그런데, 현대에 들어와서 야키니쿠 같은 음식이 탄생한 것은 아무래도 이웃나라 한국의 문화가 들어왔기 때문이 아니냐는 식으로 일본인이 지레짐작하는 것은 아닐까?

물론 역으로 한국 요리 역시 일본에서 개발된 여러 가지 양념장 만드는 방법이라든가 일본식 요리 기법의 영향을 받았을 것이다. 그 과정에서 현대 불고기 요리법도 다양해지며 변화했을 것이다. 그 후, 광복을 거쳐 1950년대가 되면서 한식에 대한 관심이 높아지고, 한국 요리법이 책으로 정리되어 나오는 일이 많아졌다. 그 과정에서 점차 불고기는 지금 우리가 아는 형태에 가깝게 정해진 듯하다.

신문 기사나 불고기 홍보 자료를 보면, 궁중 음식인 너비아니가 불고기에 많은 영향을 끼친 것으로 보인다는 말도 자주 나온다. 너비아니라는 말은 원래는 뭐가 되었든 넓적하게 썰어내는 모양을 일컫는 말이었던 것 같다. 너비아니라는 요리도 고기를 넓적하게 썰어서 양념해 굽는 요리니까 그런 이름이 붙은 듯하다. 상상해보자면, 약간 화려하게 준비해서 먹는 고기구이 요리를 대부분 불고기라고 부르던 시절에는 너비아니도 그냥 불고기의 한 종류라고 생각하지 않았을까?

그런데 너비아니 방식으로 만드는 불고기가 맛있다는 사실이 사람들에게 퍼지면서 곧 그렇게 만든 불고기가 점점 가장 대표적인 불고기로 자리 잡았고, 그러면서 현재 우리가 생각하는 불고기가 불고기의 대표가 되었다고 보면 어떨까?

불고기라는 음식은 강한 양념 맛에 고기 자체의 맛이 덮여버린다고 생각해서 별로 좋아하지 않는 사람도 내 주변에는 있다. 나는 그런 만큼 어떤 양념을 써서 어떻게 요리하느냐에 따라 각양각색으로 다양하게 찾아 즐겨볼 수 있는 요리라는 점이 불고기의 멋이라고 생각한다.

불고기가 맛있다고 소문난 가게가 있으면 그 가게는 어떤 특이한 양념을 사용하는지 가서 체험해볼 수 있다. 또는 독특한 재료를 넣어 새로운 맛의 양념을 넣은 불고기를 찾아 도전해보는 재미도 있다. 집에서 불고기를 만들 때에도 값싼 고기로 부담 없이 준비하면서 이런저런 다양한 재료를 넣어보며 양념 맛을 개선해서 음식 맛을 이리저리 꾸며볼 수 있다. 불고기 양념은 기업에서 양산품으로 만들어 가게에서 파는 것들도 있는데, 그런 양념들 중에 어떤 것을 얼마나 넣어야 가장 맛있는지 실험해보는 것도 재미있다.

불고기의 여러 종류 중에서 집에서 내가 가장 많이 만들어본 것은 흔히 제육볶음이라고 하는 것이다. 돼지고기를 한자어로 저육猪肉이라고 하는데, 그 발음이 변해서 제육이라는 말이 생긴 것으로 보인다. 이렇게 생각하면 제육볶음이라는 말은 돼지고기볶음이라는 뜻이다. 과거에 돼지불고기, 돼지고추장불고기라고 하던 음식을 살펴보면, 요즘 우리가 제육볶음이라 부르는 음식과 크게 다르지 않아 보인다. 나는 그래서 제육볶음도 불고기의 변형된 한 형태라고 보기에 큰 무리가 없다고 생각한다.

요즘은 다양한 양념을 구하기 쉬워졌다. 특히 불고기 양념의 단맛을 내는 설탕, 물엿, 배즙, 배를 갈아서 만든 음료 같은 재료도 어렵지 않게 구할 수 있다. 조선 시대에 궁중에서 너비아니를 드실 임금님에 비해본다고 해도 현대의 양념 재료는 더 풍부하다. 그렇다면 양념이야말로 우리의 장점이다. 그 장점을 잘 살리자면 재료는 비교적 값싼 돼지고기를 사용하면서도, 양념을 다채롭게 팍팍 써서 만드는 제육볶음 같은 요리가 적합하다. 잘만 하면, 임금님도 맛보기 쉽지 않았던 맛을 집에서 경험할 수 있을지도 모른다.

되도록 얇게 썰어놓은 돼지고기를 구한 뒤 거기에 물을 약간

붓고 물엿을 넣은 다음 이리저리 저어가며 익힌다. 고기가 익었다 싶으면 거기에 고추장과 간장을 넣고, 썰어놓은 양파, 파, 다진 마늘, 고추와 함께 버무려 볶다가, 양파와 파가 충분히 익었다 싶으면 막판에 고춧가루를 넣어 맛있어 보일 때까지 더 볶은 뒤 완성하는 것이 내가 만드는 제육볶음 요리법이다. 파를 좀 넉넉히 넣는 것 외에 나머지는 입맛대로 조절하면 된다. 고추가 싫으면 고추는 빼도 되고, 단맛이 더 필요하면 물엿을 많이 넣어도 좋으며, 너무 단것이 싫다면 반대로 적게 넣으면 된다. 원한다면 후춧가루나 참기름을 막판에 뿌려도 좋다.

물엿 대신에 다른 달콤한 재료를 써도 된다. 나는 꿀을 넣어 불고기를 만든다는 조리법을 본 적도 있다. 설탕을 써도 안 될 것은 없다. 그러나 설탕은 당분 중에서 비환원당으로 분류된다. 하필이면 비환원당은 당분 중에서도 마이야르 반응을 바로 일으키지 않는다. 이 때문에 나는 불고기를 만들 때에는 어쩐지 설탕 대신 다른 달콤한 재료를 쓰고 싶어 하는 편이다. 그러나 그게 크게 중요해 보이지는 않는다. 설령 설탕에서 마이야르 반응이 일어나지 않는다고 해도, 고기 내부와 다른 재료 속에도 당분은 있다. 결국 마이야르 반응은 일어나게 된다. 그러므로 어느 쪽이든 열심히 볶아가면서, 마이야르 반응이 잘 일어나 맛있는 냄새가 부엌 가득 퍼져나가기를 기다리면 된다.

★★★ 시식평: 좀 안 맵게.

16

햄버거

최고의 햄버거로 가는 길

햄버거 고기 빚기

패티라고도 하는 햄버거의 핵심 부분은 갈아놓은 고기를 뭉쳐서 만든다. 그렇기 때문에 여러 가지 자투리 고기를 모아서 햄버거를 만들 수 있고, 조금 맛없는 고기라도 다른 양념과 함께 잘 버무리기만 하면 그럭저럭 맛있게 만들 수도 있다. 한국에서는 버거나 햄버거라고 하면, 그 고기에 다른 여러 가지 재료를 함께 샌드위치로 만들어 먹는 것을 말하는 경우가 많은데, 미국에서는 그 고기만을 버거라고 부르는 경우도 많은 것 같다.

갈아놓은 고기를 뭉치면 뭉쳐진다. 양파나 다른 몇 가지 채소를 잘게 썰고 갈아 넣은 것과 뭉쳐보면 그 모든 것들을 찰흙이나 밀가루 반죽 비슷하게 빚어서 어떤 모양이든 만들 수도 있을 정도다. 그렇게 해서 동그란 공 모양을 만들기도 하고, 그 공 모양을 눌러서 넙적한 햄버거 고기 모양으로 만들 수도 있다.

혹시 왜 고기를 갈아놓으면 반죽처럼 뭉쳐지는지 궁금하다고 생각해본 적이 있는가? 만약 그런 생각을 해본 적이 있고, 그 후에 그 답을 알아내기 위해서 이것저것 찾아보거나 잠시라도 궁리해보았다면, 그것은 훌륭한 과학 정신이라고 생각한다. 혹시, 고기를 갈면 뭉쳐지는 이유를 나름대로 알아내고, 그것이 맞는지 확인하고 싶어서 어떤 실험이든 해보았다면, 그런 분은 이미 과학기술인으로서 어느 정도 행동하고 있다고 높이 평가할 만하다.

이것은 신기하고 따져볼 만한 가치가 있는 문제다. 왜 고기를 갈아놓으면 잘 뭉쳐질까? 그냥 고기 두 조각을 겹쳐지게 던져놓고 기다린다고 해서 그 고기들이 달라붙지는 않는다. 불고기를 만들기 위해 사놓은 고기 조각들을 던져놓고 손으로 꾹 누른다고 해서 서로 연결되어 뭉쳐지는 현상이 잘 발생하지는 않는다. 어차피 고기를 잘라놓은 것은 마찬가지 아닌가? 왜 그냥 적당히 잘라놓은 고기에 비해 갈아놓은 고기는 더 잘 달라붙을까?

밀가루나 달걀을 조금 섞으면 더 잘 달라붙기는 한다. 어떤 사람들은 달걀을 적당히 섞어서 버무리는 것이 좋은 햄버거 고기를 만드는 방법이라고 말하기도 한다. 그렇지만 그런 물질이 있어야만 갈아놓은 고기가 뭉쳐지는 것은 아니다. 그런 것이 거의 없어도 갈아놓은 고기는 그 전에 비해서는 더 잘 뭉쳐진다. 게다가 그렇게 뭉쳐진 상태로 열을 가해서 익히면 그대로 덩어리져 확실히 굳어버리기까지 한다.

그렇다면, 고기를 잘게 갈아놓는 행동이 무엇인가 상황을 바꾸어 고기끼리 붙게 만드는 풀 역할을 하는 물질을 생겨나게 했다고 보아야 한다. 혹은 고기를 가는 작업이 그런 물질이 잘 활동할 수 있는 환경을 만들어주었다고 짐작할 수밖에 없다.

한 가지 당연하게 생각해볼 수 있는 일은 고기를 잘게 가는 과정에서 고기 한 조각 한 조각의 부피가 작아졌다는 점이다. 그렇다면 그 만큼, 그 부피에 대해 노출된 표면은 더 넓어진다. 커다랗고 두꺼운 고깃덩어리라면 겉에 노출되는 부위가 그 큰 덩어리의 겉면뿐이지만, 만약 잘게 갈아버린다면 고기의 내부에 있던 그 모든 조각이 다 겉에 노출된다. 노출된 넓이가 훨씬 더 많아진다.

다시 말해서, 고기를 가는 일은 과학과 공학 분야의 온갖 영역에서 널리 사용되는 표면적 대 부피비 문제다. 무슨 반응이건 표면적 대 부피비를 따져 표면적이 늘어나면 훨씬 더 빠르게, 잘 일어난다. 물질의 양을 나타내는 부피에 비해, 물질이 외부와 닿을 기회가 되는 표면적이 그만큼 늘어난 것이므로 외부와 반응이 잘 일어날 수밖에 없다. 굵은 소금보다 가는 소금이 빨리 물에 녹고, 각설탕보다 곱게 빻은 설탕이 빨리 물에 녹는 것도 같은 이치다. 이런 원리는 워낙 널리 사용되기 때문에, 나는 『괴물 과학 안내서』라는 책에서 전설과 상상 속 괴물의 습성을 상상하는 데에도 표면적 대 부피비 문제를 따지는 원리를 활용한 적이 있다.

그러므로 고기를 잘게 갈아버리면 고기에 있는 약간의 엉겨 붙을 수 있는 성분이 그 만큼 더 활발히 반응할 수 있게 된다. 고기 속에는 그런 성분들이 있다. 촉촉한 수분도 있고, 끈끈한 지방도 있다. 단백질 중에서도 약간 들러붙는 성질을 가진 것이 있을 것이다. 이 모든 것이 잘게 갈리면 더 강한 효과를 띠게 된다. 고기를 갈아 잘게 부수는 과정에서 몇 가지 성분은 고기 재질 속에 갇혀 있다가 풀려서 새어 나오기도 할 것이다. 그중 서로를 달라붙게 하는 성분들은 고기를 곱게 갈수록 표면적 대 부피비, 그러니까 한 조각의 크기에 비해 드러나는 부분이 많아지고 반응은 더 활발해져서 서로가 서로를 더 잘 붙게 할 것이다.

햄버거 고기를 만들 때 고기를 너무 굵게 갈아서 사용하면 서로 잘 붙지가 않아 익혔을 때 흩어지며 퍼석해진다. 반대로 고기를 너무 곱게 간 뒤에 익혀버리면 고기가 굳게 달라붙어 너무 딱딱한 느낌이 난다. 그 이유를 따지고 들어가면, 결국 표면적 대 부피비 문제로 설명할 수 있을 거라고 본다.

고기를 갈았을 때, 고기 조각을 서로 잘 달라붙게 하는 물질로 특히 많이 언급되는 물질은 마이오신이라고도 표기하는 미오신myosin이라는 물질이다. 미오신은 동물 몸에서 흔히 발견되는 몇 가지 단백질 성분을 합해서 일컫는 말이다. 특히 근육에서 대단히 중요한 역할을 하는 물질이다. 근육 속에서 교묘히 연결되어 있는 미오신은 주위에서 아데노신삼인산adenosine triphosphate이라는 물질이 화학반응이 일어날 때 그 모양이 움찔거리며 비틀리는 성질이 있다. 그런 움직임이 대단히 많은 숫자가 모이면 근육의 움직임이 된다. 즉 사람이나 동물의 근육 움직임은 수많은 미오신이 아데노신삼인산을 만나 움찔거리는 화학반응을 일으키는 현상이 원인이다. 사람이 걸어 다니고, 말을 하기 위해서 혀를 움직이고, 밥을 먹기 위해서 손과 턱을 움직이기 위해 근육을 이용해서 힘을 쓸 때마다, 항상 아데노신삼인산의 화학반응으로 미오신 덩어리가 꿈틀거리는 화학반응이 일어난다. 그 화학반응이 우리 삶의 모든 움직임을 만든다.

그런데 미오신은 물에 녹아 나오기도 하고, 녹아 나왔다가 서로 엮여서 연결되며 굳기도 한다. 미오신은 길이가 0.001밀리미터 정도 되는 짧고 가느다란 실 모양으로 생긴 물질이라서 잘만 엮이면 서로 엉키며 굳기 좋은 물질이다. 고기를 잘게 갈아놓으면, 근육 속에 있던 미오신이 분리되어 녹아 나오는 일이 일어날 가능성은 더 높아질 것이다. 이것은 햄버거 고기가 서로 달라붙고 연결되어 굳게 하기에 좋은 역할을 할 수 있을 듯하다.

게다가 미오신은 짭짤한 소금물에 특별히 더 잘 녹아 나오는 경향이 있다. 그러므로 햄버거 고기를 뭉칠 때, 그 속에 소금기가 있다면 미오신이 녹아 나오면서 모든 것이 전체적으로 더 끈적해

고기를 갈면
노출되는 면적이 넓어지고,
미오신이 많이 나와서 잘 뭉쳐지지.
미오미오.
통고기
간 고기
패티

질 기회를 얻을 것이다. 그대로 익히면 미오신은 열기에 꿈틀거리다가 서로 엉키면서 굳는다. 따라서 적당한 소금기와 미오신이 함께 있으면 갈아놓은 고기를 더 잘 뭉치게 할 수 있다. 일부러 소금을 섞어서 고기를 뭉쳐놓으면 미오신이 더 많이 녹아 나오게 할 수도 있다.

버거 조리법을 보다 보면, 소금을 미리 섞지 말고 모양을 다 잡은 다음에 나중에 겉면에만 뿌리라고 하는 경우도 있다. 미오신이 너무 많이 녹아 나오면 아주 튼튼하게 엉켜 굳을 것이기에 햄버거 고기가 딱딱해지거나 탱탱해져서 맛없어지는 것을 우려하기 때문이다.

부엌에 널려 있는 기적의 검

요즘에는 전기로 작동되는 고기 가는 기계도 많이 퍼져 있지만, 여전히 손으로 돌려서 고기를 가는 도구도 있다. 햄버거 고기 등을 만들기 위한 이런 기계나 도구를 고기 분쇄기라고도 하고, 영어를 써서 미트 그라인더meat grinder라고 부르기도 한다. 갈아놓은 고기를 흔히 민스mince라고 하는데, 그래서 고기 분쇄기를 민서mincer라고 할 때도 있다.

초등학교 1학년 무렵의 어린 시절에 나는 집에 있는 고기 분쇄기를 분해하고 조립하는 것을 재미있다고 생각했다. 손잡이를 돌리면 톱니바퀴가 맞물려 고기를 갈아주는 칼날이 2단계에 걸쳐 돌아가는 도구였는데, 누구나 분해하고 조립하기 간편한 구조로 되어 있었다. 그럴 수밖에 없는 것이, 이런 기계는 갈아놓은 고기가 사이에 끼이거나 묻어 나오면 깨끗하게 씻어야 하므로 분해하기가 간편해야 한다. 또한 고기를 가는 날이 무뎌지면 갈아야 하고, 갈아놓은 고기가 나오는 크기를 조절하려면 고기가 나오는 구멍이 넓어지거나 좁아지도록 부품을 갈아 끼워서 쓸 수도 있어야 한다. 그런 이유 때문에라도 이런 기계는 분해와 조립이 편하게 만들어질 수밖에 없다.

그렇다 보니, 그 고기 분쇄기가 그때 집에 있는 기계나 도구 중에 내 손으로 잘 분해했다가 그대로 조립할 수 있는 유일한 진짜 기계였다. 물론 항상 분해하고 조립하며 노는 블록 장난감 같은 것도 집에 있기는 했지만, 그런 것들은 말 그대로 그냥 장난감일 뿐이었다. 쓸 수 있는 진짜 도구는 아니다. 고장 난 전자제품 따위를 어디에선가 주워 온 것도 집에 있기는 했다. 그런 것을 내 마음대로 분해하거나 쪼개볼 수도 있었다. 그렇지만 그것은 그냥 고장 난, 부서진 물건일 뿐이었고 내가 그걸 분해하거나 조립해서 제대로 움직이게 만들 수는 없었다. 하지만 고기 분쇄기는 진짜로 잘 쓸 수 있는 도구였다. 그걸 분해하고 재조립하는 것은 뭔가 보람찬 일 같았다.

사실 그때 나는 그게 뭐에 쓰는 도구인지도 몰랐다. 몇 년이나 지난 후에야 어머니께서 그걸로 고기를 가는 것을 현장에서 목격하곤, "저게 저런 용도였구나. 그래서 그 안에 칼날이 들어 있었구나" 하면서 감탄했다. 한참 그것을 재미있게 갖고 놀 때에는 그냥 뭔지 모를 도구이지만 내 손으로 조각조각 분해했다가 조립해서 원래대로 되돌릴 수 있다는 그 사실만을 알고 갖고 놀았다. 돌이켜보면, 변신하며 합체하는 로봇이나 SF 속 기계의 모습을 상상하며 그 쇳덩어리를 분해하고 조립했던 것 같기도 하다. 괜히 분해와 조립 작업을 하면서 내가 뭔가 기술자가 된 것 같은 기분에 재미있어하기도 했다.

20번, 50번, 100번? 나는 고기 분쇄기를 무척 자주 분해하고 조립해보았다. 손잡이 부분만을 분리해서 그것만 몽둥이처럼 들고 다니거나, 맨 끝에 간 고기가 나오는 동그란 부분만을 비행접시라도 되는 양 들고 날아다니는 흉내를 내기도 했던 것 같다. 그렇게 갖고 노는 동안 나는 그 고기 분쇄기의 색깔과 무게가 숟가락이나 젓가락과 비슷하다는 사실을 자연히 알게 되었다. 재질이 비슷해 보였다. 무엇인지는 모르지만, 둘 다 같은 은빛의 깨끗한 쇠로 되어 있었다.

당연히 이런 도구의 주재료는 철이다. 이웃인 중국이나 일본 음식과는 다르게 한국에서는 유별나게도 금속으로 숟가락과 젓가락을 만들어 사용한다. 한식에서 숟가락을 애용하는 것은 이미 조선 시대부터 독특한 문화로 뿌리내리고 있어서, 250년 전 조선 후기의 기행문인 박지원의 『열하일기』를 읽다 보면 중국 청나라에서 친해진 사람 집에서 밥을 먹다가 박지원이 중식에는 숟가락이 없어 당황한 일이 기록되어 있다. 박지원은 국물을 떠먹는 용도로 놓여 있던 숟가락 비슷하게 생긴 도구 하나를 보고 그것으로 밥을 떠먹으려고 하다가 모양이 먹는 데 적합하지 않아 고생하기도 한다. 알고 보니 그것은 조선의 숟가락보다는 오히려 국자에 가까운 용도였다고 되어 있다.

20세기 초까지만 해도 한국인이 사용하는 쇠로 만든 숟가락, 젓가락의 주재료는 철이 아니었다. 그럴 수밖에 없는 것이, 철은 수분과 산소가 있으면 녹이 잘 스는 물질이다. 튼튼하고 쉽게 구할 수 있기 때문에 철은 장군들이 쓰는 검과 갑옷에서부터 농민들이 사용하는 농기구까지 대단히 널리 사용되기는 한다. 그러나 항상 물에 적셔지고 공기 중에 노출되어 사용되는 요리용으로 철을 쓰면 너무 쉽게 녹이 슨다. 그나마 요리 과정에서 쓰는 도구에는 산소가 닿지 않도록 기름칠을 해서 쓴다든가 하는 방법을 생각해볼 수도 있지만, 직접 입에 넣어 맛을 보는 식기에 기름칠을 하면 기름 맛을 같이 보게 될 것이다.

그래서 과거에는 놋쇠를 많이 사용했다. 놋쇠는 구리에 다른 성분을 섞어 만든 물질인데, 요즘에는 보통 구리에 아연을 섞어 만든 재료를 말한다. 한자어로 유기라고도 한다. 놋쇠로 만든 도구, 특히 놋쇠로 만든 그릇을 쓰는 것은 한동안 조선의 독특한 문화라고 할 정도로 널리 퍼져 있었다. 그러나 구리나 아연은 철만큼 흔한 금속이 아니고 그러면서도 철을 이용할 때만큼 튼튼하고 편하게 쓰도록 만들기는 어렵다. 그렇기에 입에 직접 들어가는 숟가락, 젓가락과 밥그릇, 국그릇 정도를 놋쇠로 만들어 쓰는 것은 괜찮았지만, 솥이나 요리용 칼 나아가 고기 분쇄기 같은 모든 요리 도구를 놋쇠로 만들기란 쉽지만은 않았다.

고기 분쇄기 같은 도구를 쇠로 만들기 위해서는 날카롭고도 튼튼한 성질을 갖고 있어야 한다. 튼튼하다고 하는 성질은 묘한 것이다. 과학기술인이 경도hardness라고 부르는 성질이 강하면 잘 구부러지거나 휘지는 않아서 튼튼한 것 같지만 대신에 너무 휘는 성질이 없기 때문에 잘 깨지고 부러지는 문제가 생긴다. 대체로 철 속에 탄소 성분이 지나치게 많이 섞여 있으면 경도가 너무 높아져서 잘 깨지고, 반대로 탄소 성분이 전혀 없으면 경도가 너무 낮아지기 때문에 제품이 휜다. 그래서 철 속에 탄소 양이 적절하게 들어 있어야만 칼이나 분쇄기 날로 쓸 수 있을 정도로 날카롭고 안 구부러지면서도 잘 깨지지 않게 된다.

숯이나 석탄으로 철을 녹여서 가공하려고 하면, 철에 탄소가 지나치게 많이 들어가게 되어 딱딱하기는 하지만 잘 깨지는 철이 만들어진다. 현대에는 이런 철을 대개 주철cast iron이라고 한다. 철을 녹여서 틀에 부어 제품을 만드는 방식, 즉 주조에 적합한 철이라는 뜻으로 붙은 이름인 것 같다. 옛날에 무쇠라고 부르던 재질도 대개 주철에 해당한다.

그런데 주철에서 여러 가지 방법으로 탄소를 없애주되, 조금의 탄소는 들어 있도록 만들어주면, 딱 쓰기 좋은 철을 만들 수 있다. 이런 철을 강철이라고 하고, 줄여서 강steel이라고도 부른다. 겁이 없고 감정이 잘 동요되지 않는 사람을 보고 "심장이 무쇠로 되어 있다"라고 할 때가 있는데, 무쇠는 그렇게까지 튼튼한 물질은 아닌 셈이다. 무쇠로 된 심장은 물렁하지는 않지는 잘 깨진다. "강철심장"이 그보다는 더 용기 있는 사람이라고 할 수 있다.

탄소 외에 다른 성분이 별로 없는 강철을 탄소강carbon steel이라고 부르기도 한다. 현재의 기준으로는 탄소가 0.035~1.7퍼센트 사이인 철을 보통 탄소강이라고 한다. 백제 지역에서 발견된 유물을 살펴보면, 고대의 한국인은 탄소를 빨아들여 줄여줄 수 있는 탈탄제라는 물질을 살짝 같이 섞어주는 방식으로 현대의 탄소강에 최대한 가까운 철을 만들고자 했던 것 같다. 운이 좋으면 이런 방식으로 꽤 좋은 칼을 만들 수 있었을 것이고, 그런 운 좋은 사람이 잘 만든 튼튼한 칼을 보검이라고 부르면서 대대로 물려주기도 했을 것이다.

그러다 19세기 후반에 들어, 영국의 기술인들이 전로converter라는 설비를 이용하는 새로운 방법을 개발하면서 좋은 품질의 강철을 대량 생산할 수 있게 되었다. 강철로 만든 다리, 고층 건물, 철로 만든 자동차의 행렬이 가득한 현대 도시의 풍경은 바로 이때부터 가능해졌다. 강철 속의 탄소는 많아야 1.7퍼센트밖에 안 되지만 그 미묘한 양에 따라 성질이 제법 많이 변해서, 탄소의 양이 많을수록 고탄소강, 중탄소강, 저탄소강으로 나누어 말하기도 한다. 요즘도 요리용으로 사용하는 좋은 칼은 강철, 즉 탄소강으로 만드는 것들이 꽤 있고 그중에서 "이 칼은 고탄소강으로 만들었다"면서 파는 것들이 있다.

아무리 탄소강이라고 하더라도 녹이 스는 문제는 해결되지 않는다. 녹이 슬면 잘 부스러지기도 하고 점점 제품이 약해진다. 옛사람들은 이런 것이 어쩔 수 없는 세상의 원리라는 식으로 생각했던 것 같다. 예를 들자면, 온 세상의 모든 것은 따지고 보면 불, 물, 나무, 쇠, 흙의 기운으로 나뉘는데, 쇠는 상해서 녹이 슬고 흙의 기운처럼 변해가는 것이 자연스러운 기운의 흐름이라는 식으로 믿었던 것 같다.

하지만 더 이상 세상의 물질을 그런 식으로 나누는 방법은 사용되지 않는다. 그런 만큼, 20세기 초반에는 스테인리스강stainless steel, 즉 녹슬지 않는 강철을 만드는 방법이 실용화되었다. 옛날 사람들은 철을 사용하는 이상 녹슬 수밖에 없다는 것이 피할 수 없는 숙명이고 그게 자연의 섭리라고 몇천 년 동안 믿었건만, 그 한계는 깨어졌다. 자연의 이치를 초월하는 것이 기적이라면, 스테인리스강이야말로 기적의 금속이고, 집 안에 흔히 굴러다니는 스테인리스강 식칼이야말로 기적의 칼이다.

특히 한국인은 자연의 이치를 초월하는 이 금속을 대단히 좋아하여 아주 짧은 시간 동안에 생활 깊숙이 도입했다. 스테인리스강 제품이 대중화되던 1970년대 전후로는 거의 모든 식기와 주방 재료가 스테인리스강으로 바뀌었다. 한국인이 얼마나 스테인리스강을 좋아하는지, 한국에서는 흔히 스테인리스강이라는 말을 줄여서 스텐이라고 부르기도 한다. 이렇게 말하면 스테인stain이라는 뜻이 되어 녹이 안 스는 재료가 아니라 정반대로 그냥 녹이라는 의미가 된다. 그렇거나 말거나, 한국인들 사이에서는 그냥 "스텐 그릇" "스텐 젓가락"이라고 하면 오해 없이 통한다. 한국에서는 고관대작의 집 요리 도구에서부터, 무료 급식소의 젓가락까지 모든 용도에 너무나 광범위하게 스테인리스강이 사용되고 있기 때문이다.

스테인리스강은 철에 크로뮴을 약 11퍼센트 정도 섞어서 만드는 물질이다. 이렇게 만든 금속은 녹이 생기려고 할 때 크로뮴 부분이 먼저 아주 빠르게 살짝 녹슬어 그 이상의 변질을 막는 보호막을 이룬다. 그러므로 스테인리스강 제품을 사용하면 크로뮴 계통의 녹 보호막으로 자동으로 재료가 덮여 녹이 생기지 않는다. 여기에 탄소 등의 다른 성분을 섞어주면 추가로 성질을 조절할 수 있다. 그 덕분에 스테인리스강을 이용하면 강하고 날카롭고 잘 부서지지 않으면서도 녹슬지 않는 제품을 만들 수 있다. 가정용 칼을 만들거나 조리 도구를 만드는 데는 최고의 재료다. 당연히 가정에서 사용하는 고기 분쇄기의 부품도 스테인리스강으로 되어 있다.

참고로 한국에서 크로뮴을 활용한 제품을 만들 때에는 중국산과 함께 남아프리카공화국산을 수입해서 쓰는 경우가 꽤 많다. 좋은 한정식 집에서는 다채로운 메뉴를 정갈하게 차려두고, 태극 모양 등의 전통 무늬가 새겨져 있는 숟가락과 젓가락을 한국 전통 느낌이 물씬 나게 가지런히 놓아두기 마련인데, 그 숟가락과 젓가락에는 멀리 인도양 건너 아프리카 대륙 끝, 줄루족의 땅에서 가져온 재료가 들어 있을 거라는 뜻이다.

햄버거 재료 쌓는 순서

나는 햄버거를 좋아하는데, 역시 패스트푸드점 햄버거가 제맛이라고 생각한다. 특히 나는 "쿼터파운더 치즈"라는 햄버거가 단순하면서도 햄버거의 맛이 풍성하여 맛만 따지면 좋다고 생각한다. 다만 이름에 파운드라고 하는 SI단위가 아닌 단위가 사용된다는 점이 영 볼 때마다 찝찝한 기분이었다. "파운더"라는 단어를 보면, 어쩐지 햄버거 먹다 잘못해서 사이로 새어 나온 케첩과 소스가 바지에 떨어져 낭패를 본 듯한 그런 찝찝한 느낌이 떠오른다.

1990년대 인기 영화 중에 〈펄프 픽션〉이라는 게 있다. 이 영화에는 존 트라볼타와 사무엘 L. 잭슨이 조직폭력배 단짝으로 나오는데, 둘이 행패 부리러 가는 길에 자동차 안에서 잡담하는 장면이 나온다. 트라볼타는 잭슨에게 자기가 유럽에 다녀왔다면서 유럽과 미국의 다른 점에 대해 이것저것 괜히 이야기를 늘어놓는다. 그는 미국에서는 쿼터파운더 위드 치즈라고 하는 햄버거를 유럽에 가면 미터법을 쓰기 때문에 로열 위드 치즈라고 부른다고 말한다. 그러고 나서 사무엘 L. 잭슨이 "그럼 빅맥은 뭐라고 하는데?"라고 물어보면, 존 트라볼타는 "빅맥은 빅맥인데, 그렇지만 '르 빅맥'이라고 부르지"라고 대답한다.

영화 본론과는 아무 상관도 없는 장면이고, 딱히 무슨 대단히 웃기거나 기발한 농담이 숨어 있는 장면도 아니다. 그렇지만 이상하게도 이 대화는 많은 사람에게 인기가 있다. 어찌나 인기가 있는지, 이 영화의 음반을 사면 위 대화가 음악 앞에 그대로 들어 있을 정도다.

한국에서도 쿼터파운더를 로열이라는 이름으로 바꾸어 판다면 상쾌한 마음으로 먹을 수 있겠건만. 나는 그런 변화가 오기 전에는 하는 수 없이 로열을 기초로 다른 재료를 더 넣어 조금 더 현란하게 만든 "1955 버거"라고 하는 것을 자주 먹는 수밖에 없겠다고 생각하고 있다.

그런저런 생각을 하던 중, SNS에 햄버거에 대한 글을 쓰다가 문득 한 가지 기이한 사실을 알게 되었다. 그것은 휴대전화 회사와 SNS 사이트별로 햄버거를 표현하는 아이콘 모양을 서로 다르게 그려놓았다는 사실이다. 문자를 타이핑하기 위해 전화를 사용하다가 간단한 그림 기호 아이콘을 입력하기 위해서 햄버거 모양을 골라보면, 그 모양이 사이트마다 다르게 나타난다. 단지 색깔이 조금 다르다거나 그림 모양이 약간씩 다른 정도가 아니라 아예 햄버거 빵 속에 재료를 배치하는 순서가 달랐다.

예를 들어, 아이폰에서 햄버거 모양을 문자 메시지로 주고받았을 때 보이는 햄버거 그림은 위에서부터 아래순으로 토마토, 치즈, 고기, 상추, 즉 양상추 순서로 재료가 놓여 있다. 토마토-치즈-고기-상추 순이니 각 재료의 앞 글자만 따서 줄여서 말하자면, 토치고상 버거라고 부를 수 있겠다.

그런데 갤럭시 폰이나 안드로이드 운영체제 전화기에서 햄버거 모양을 보면, 위에서 아래로 상추-토마토-치즈-고기 순서로 되어 있는 모양, 즉 상토치고 버거가 나온다.

트위터에서 같은 모양을 입력해 글을 올리고 나서 보면 토상치고 버거가 나오고, 페이스북에서 같은 모양을 입력해 글을 올리고 나서 보면 치고상토 버거가 나온다.

그러니까 토치고상, 상토치고, 토상치고, 치고상토 버거로 저마다 다 모양이 다르고 재료를 쌓아놓은 순서가 다르다.

이 네 가지 중 도대체 무엇이 과연 진정으로 옳은가를 두고 나는 고민에 빠졌다. 이러한 사실을 SNS에 올리고 사람들로부터 투표도 받아보았는데, 꽤 많은 사람에게 이 문제가 이야깃거리로 퍼져나갔다. 그러면서 여러 사람이 같은 고민에 빠졌다. 별것 아닌 문제라고 생각할 수도 있지만, 그런 만큼 재미 삼아 생각해보자면 또 누구나 깊이 생각해볼 만한 문제다. 그때 내가 만든 투표에 참여한 건수도 3000건 이상이었다.

그 와중에 이 문제가 이미 몇 년 앞서서 미국에서 한번 화제가 된 논쟁이라는 사실도 알게 되었다. 한국 사람이 김치를 한국인의 상징처럼 여기는 문화가 있듯이, 미국인은 햄버거, 특히 치즈가 들어간 햄버거를 미국인의 상징처럼 여기는 문화가 있지 않나 하는 생각도 들었다.

발단은 2017년 가을, SNS에서 한 사람이 구글의 기본 햄버거 아이콘이 이상하다고 지적하면서부터였다. 그는 당시의 모양은 상추-토마토-고기-치즈 순서였는데, 그는 이것은 틀렸으며 상추-토마토-치즈-고기 순서로 바뀌어야 상식적이라고 주장했다. 그러니까 치즈를 바닥에 두고 그 위에 고기를 올리는 것은 너무나 이상한 햄버거 만드는 방식이고, 반대로 고기를 바닥에 두고 그 위에 치즈를 올려야만 맞는다고 이야기한 것이다. 이 주장은 순식간에 퍼져나가며 많은 사람들 사이에 논쟁을 일으켰고, 어떤 것이 진정한 햄버거냐를 두고 다양한 이론이 제기되기도 했다.

결국 얼마 후, 구글에서는 회의를 거쳐 지적받은 대로 모양을 바꾸었다. 이것이 인상적인 사건이라고 생각했는지, 이듬해 2018년, 구글에서 중요한 문제를 바로잡았다면서 구글 대표로 기술 발표를 했던 선다 피차이 선생이 신제품 발표 행사에서 이 사실을 공표하기도 했다. 농담 삼아 이야기한 것이기는 했지만, 그만큼 흥미 있는 이야깃거리였다는 뜻일 것이다.

그렇다면, 과연 정말로 맛있는 햄버거를 쌓는 순서는 무엇이어야 할까? 우선 대부분의 햄버거 고기에서는 상당한 양의 기름과 수분, 즉 육즙이 흘러나온다는 사실을 생각해볼 필요가 있다. 그렇다면 그 육즙이 햄버거를 먹는 손에 넘치거나 줄줄 흐르는 일을 막는 것이 중요하다. 또한 최대한 육즙의 그 먹어 마땅한 맛을 놓치지 않고 즐기게 해주려면 육즙을 받아주는 부분이 있어야 한다. 그러므로 햄버거 고기가 맨 아래 빵에 가장 가까운 쪽에 와야 한다. 고기에서 나온 육즙은 빵에 스며들면서 바깥으로 흘러나가지 않게 된다.

고기 다음으로 쉽게 결정할 수 있는 것은 치즈다. 햄버거는 보통 고기가 따뜻한 상태에서 만들고 따뜻한 음식에 치즈를 곁들여 먹는다면 치즈가 약간 녹은 채로 맛이 섞이기를 바라는 것이 보통이다. 만약, 이 의견에 반대해서 치즈가 녹지 않는 게 좋다고 생각한다면 다른 모양으로 만들어야 한다. 그렇지 않다면 따끈한 햄버거 고기에 바로 닿도록 치즈를 올리는 것이 마땅하다. 치즈돈까스나 치즈미트볼처럼 치즈와 고기를 같이 먹는 음식이 있는 것을 보아도, 치즈와 고기는 함께 붙은 자리에 배치되는 것이 좀 더 보편적이다.

이렇게 하면, 고기는 이미 맨 아래에 놓았으므로 치즈는 바로 그 위에 갈 수밖에 없다. 즉 마지막이 "-치고"로 끝나는 버거가 대체로 옳다. 이렇게 보면, 트위터의 토상치고 버거나 안드로이드의 상토치고 버거, 둘 중 하나가 맞지 않나 싶다.

토마토와 상추의 배치는 좀 더 어려운 문제다. 나는 양상추를 생으로 먹을 때는 아삭한 감촉이 살아 있을수록 더 좋게 쳐주는 경향이 있다는 점에 초점을 맞추어보고자 한다.

채소 재료를 음식에 사용하다 보면 얼마 지나지 않아 재료가 시드는 것을 볼 수 있다. 고기나 곡식은 그렇게 빨리 상태가 변하지 않는데, 채소는 이상하게도 빠르게 시드는 느낌이다. 채소가 이렇게 빠르게 상태가 변하는 가장 큰 이유는 꺾인 채소에서는 빠르게 수분이 빠져나가기 때문이다. 채소가 꺾이면 물을 빨아들이고 뿜어내며 움직이면서 몸속에 수분을 유지하는 기능이 제대로 동작하지 않아 기회만 되면 수분이 빠져나오고 마른다.

이런 현상이 눈에 뜨일 정도로 심하게 나타나는 이유는 채소에는 수분이 그만큼 많이 들어 있어서 수분이 품질에 큰 영향을 미치기 때문이다. 양상추 중에 수분 함량이 높은 것은 무려 재료 무게의 95퍼센트가 수분이라고 한다. 식혜나 우유에는 당분, 단백질, 지방 같은 성분이 5퍼센트 이상 들어가 있다. 그러니까 양상추는 식혜나 우유보다도 더 물에 가까운 재료다.

그 정도로 수분이 중요하기 때문에, 채소는 냉장고에 넣어 보관하더라도 습도가 너무 낮으면 금방 수분이 말라 시들게 된다고 한다. 반면에 얼마 전에 유행했던 요리 지식 중에, 시든 채소라도 섭씨 50도 정도의 약간 뜨거운 물에 집어넣고 시간을 보내면 채소를 잠깐 싱싱하게 살아나게 할 수 있다는 이야기가 있었다. 열기 때문에 채소의 물구멍이 열리게 되고, 거기로 다시 수분이 들어 가서 채소가 원래 모습을 되찾을 수 있다고 한다.

그렇다면 양상추를 아삭하게 유지하도록 하기 위해서는 어떻게든 수분을 지키는 것이 중요할 것이다. 토마토 아래에 양상추를 주면 토마토에서 내려오는 수분을 양상추가 받을 수 있고 양상추에서 날아가려는 수분을 토마토가 받아줄 수 있다. 그런데 양상추 아래에 토마토를 넣으면 그 밑에 깔린 고기의 열기를 토마토가 막아주어 상추의 수분 증발 등 여러 반응을 늦추어주는 효과가 있을 것이다. 그러므로, 토마토-상추 순서냐, 상추-토마토 순서냐, 양쪽 다 나름대로의 이론은 있다.

내 경험으로는 토마토가 수분을 양상추에 주는 효과보다는 토마토가 고기를 막는 벽이 되어주는 것이 상추에 더 도움이 되는 것 같다. 내가 SNS에 이에 대한 글을 올렸을 때, "temp"라는 분도 같은 뜻을 표현해주셨다. 그렇다면, 표준 방식의 햄버거는 상추-토마토-치즈-고기, 즉 상토치고 버거가 되어야 한다.

1955 버거에는 치즈가 안 들어가기는 하지만, 상추를 맨 위에 둔다는 점은 일치하고, 치즈 와퍼도 상토치고 버거에 속한다. 그

러니 햄버거를 만들 때 "상토치고"를 외워두는 것은 괜찮은 방법이라고 생각한다. 내가 올린 글에서 사람들로부터 받은 투표의 결과 역시 상토치고 버거를 지지한 사람들이 47.1퍼센트로 가장 많았다.

★★★ 시식평: 고기만 먹으면 안 될까?

참고 자료

※ 한국어 자료와 외국어 자료로 구분해 각각 가나다, ABC순으로 정렬했습니다.

강한철, 「라부아지에의 화학혁명」, 『사이언스올』, 2011.12.8.

강호진 이준경 임재각, 「가수량을 달리한 떡볶이용 가래떡의 품질특성」, 『한국식품영양과학회지』 41, no. 4 (2012): 561-565.

고양 600년 기념 국제학술회의, 「고양 가와지볍씨와 아시아 쌀농사의 조명」, 고양시 한국선사문화연구원 고양 600년 기념 국제학술회의, 2013.12.4.

곽재식, 「생각의 깊이 어울림의 참맛」, 『KDN LIFE』 Vol. 158 (2021)

권윤경, 「프랑스 혁명과 아이티 혁명의 역사적 유산, 그리고 프랑스의 식민지 개혁론: 프랑수아 앙드레 이장베르의 정치 경력을 통해 본 프랑스의 노예제폐지론, 1823-1848」, 『프랑스사 연구』 28 (2013): 85-121.

권태룡, 「고추산업의 국내외 현황과 전망」, 『식품문화 한맛한얼』 1, no. 4 (2008): 23-28.

김관 정혜민 정향숙 박홍연, 「X-ray 회절법에 의한 쌀의 취반시 호화도 측정」, 『한국농화학회지』 26, no. 4 (1983): 266-268.

김대환, 「맛(味)과 식민지조선, 그리고 광고: 아지노모도(味の素) 광고를 중심으로」, 『OOH 광고학연구』 5, no. 3 (2008): 119-143.

김매순, 『열양세시기』 한국세시풍속사전 공개본 (1819).

김미희 유명님 최배영 안현숙, 「『규합총서』에 나타난 농산물 이용 고찰(The study of the uses of agricultural products in the Kyuhap-Chongseo)」, 『한국가정관리학회지』 21, no. 1 (2003).

김범준, 「라면 끓는 시간은 왜 더딜까」, 페이스북 포스트, 2021.1.28.

김상순 정혜민 김성곤, 「우리나라 쌀의 호화양상」, 『한국농화학회지』 27(2) (1984): 135-137.

김영아 이혜수, 「객관적·주관적 검사방법에 의한 도토리묵의 텍스쳐 특성 연구」, 『한국식품조리과학회지』 3, no. 2 (1987): 68-74.

김영아 이혜수, 「응력완화 검사(stress relaxation test)에 의한 도토리묵의 물리적 특성」, 『한국식품조리과학회지』 1, no. 1 (1985): 53-56.

김영언, 「들깨의 볶음조건에 따른 들기름의 이화학적 특성 및 산화안정성 변화」, 『Bulletin of Food Technology』 10, no. 2 (1997): 89-100.

김우기, 「오메가-3 지방산의 시장현황 및 항염증작용 연구현황」, 『식품과학과 산업』 46, no. 4 (2013): 30-33.

김인환 이영철 정숙영 조재선 김영언, 「들깨의 볶음 조건에 따른 들기름의 산화 안정성 변화」, 『Applied Biological Chemistry』 39, no. 5 (1996): 374-378.

김종덕 고병희, 「고추(번초(番椒), 고초(苦椒))의 어원(語源) 연구」, 『한국의사학회지』 12, no. 2 (1999): 147-167.
김종서 등, 이재호 등(번역), 『고려사절요』, 한국고전번역원 공개본 (1452).
김준희 임현철 오왕규, 「"조선무쌍신식요리제법(朝鮮無雙新式料理製法)"에 수록된 떡의 종류 및 조리법에 관한 고찰」, 『한국외식산업학회지』 10, no. 4 (2014): 55-67.
김향숙, 「떡 · 한과의 품질향상을 위한 조리과학적 고찰」, 『한국조리과학회지』 15 (2002): 559-574.
김현지, 「[장수기업, 이것이 달랐다]대상그룹」, 『동아일보』, 2009.10.24.
김형근, 「라부아지에의 업적은 아내의 손에서-과학자의 명언과 영어공부 (109) 라부아지에 ③」, 『사이언스 타임스』, 2008.9.5.
나영선 정재홍 이정훈 오혁수 박영배 조동민 이태영 조성호, 「발효고기 떡볶이의 해외시장 현지화를 위한 메뉴개발과 마켓테스트」, 『Culinary Science & Hospitality Research』 20, no. 2 (2014): 183-198.
농식품백과사전, 「소맥지대」, 『농식품백과사전』, 농림수산식품교육문화정보원.
대한제당협회, "HOME 〉 설탕백과 〉 감미료의 당도 비교" 대한제당협회 홈페이지.
도가와 신스케, 김수희(번역), 『나쓰메 소세키 평전』, AK커뮤니케이션즈 (2018).
동아일보 편집부, 「좋은 제품으로 국가에 기여… 국민 식탁 책임진 '맛의 선각자' [한국 산업계의 파이오니어]대상그룹 故 임대홍 창업주」, 『동아일보』, 2016.11.1.
모은희, 「[똑! 기자 꿀! 정보] 시든 채소 '50도' 더운물이 살린다?」, KBS NEWS, 2015.5.11.
박경란, 「돈육(豚肉) 조리법의 문헌적 고찰: 조선시대부터 근대까지의 조리서를 중심으로」, 『한국생활과학회지』 26, no. 5 (2017): 471-493.
박미용, 「정복은 순간이지만, 미터법은 영원하리라 과학 최고 보물, kg 원기 탄생 스토리」, 『사이언스 타임스』, 2009.5.29.
박성래, 「과학과 이성 (2)」, 『과학과 기술』 14, no. 8 (1981): 39-41.
박윤정, 「세계인이 함께 즐기는 라면, 알고 먹으면 더 맛있다!」, 『동아일보』, 2021.6.23.
박지원, 이가원(번역), 『열하일기』 한국고전번역원 공개본 (1783).
박태식, 「고대 한반도에서 재배된 벼의 전래 경로에 대한 고찰」, 『한국작물학회지(KOREAN J. CROPSCI)』 54 (2009): 1.
박현우, 「영양적, 산업적 이용을 위한 콩기름의 지방산 조성 변화」, 『한국육종학회 학술발표회지』 2013 (2013): 14-14.
박호영 최희돈 김윤숙, 「설탕 대체재 연구 동향」, 『식품과학과 산업』 49, no. 3 (2016): 40-54.
배재현 안희춘 김상우, 「240W 급 고출력 LED 집어등의 광학적 특성」, 『해양환경안전학회지』 19, no. 6 (2013): 681-687.
백두현, 「조선시대 한글 음식 조리서로 본 전통 음식 조리법의 비교-떡볶이」, 『식품문화 한맛한얼』 2, no. 3 (2009): 69-76.

백종원, 「된장찌개 '1'(제일 쉬운 버전)」, 백종원의 요리비책(Paik's Cuisine), 2020.3.5. https://www.youtube.com/c/paikscuisine
법제처, "계량법 [시행 1961. 5. 10.] [법률 제615호, 1961. 5. 10., 제정]" 법제처 국가법령정보센터 홈페이지.
서한기, 「식약처 식품첨가물 MSG는 평생 먹어도 안전」, 연합뉴스, 2014.4.6.
석차옥, 「구글 알파폴드, 인공지능이 과학기술의 패러다임을 바꾼다」, 『지식의 지평』 31 (2021): 85-94.
성현, 권오돈 등(번역), 『용재총화』, 한국고전번역원 공개본 (1525).
송수진 홍기운 김학선 이종호, 「R을 활용한 오피니언 마이닝 분석에 대한 연구-피자 프랜차이즈 기업을 중심으로」, 『Culinary Science & Hospitality Research』 24, no. 9 (2018): 30-38.
송영호 고상섬 하동명 정국삼, 「식용 유류의 연소특성」, 『한국화재소방학회 학술대회논문집』 (2009): 460-466.
아지노모도 광고, 「아지노모도 광고」, 『동아일보』 4면 소형 광고, 1931.12.17.
안창모, 「타자를 위한 건축과 그 속의 우리건축」, 『Korean Architects』 8 (2006): 66-74.
오세백, 「프로그램 단위오차 탓에…화성 궤도위성 실종사건」, 사이언스온, 2012.10.12.
오택윤 심길보 서영일 권대현 강수경 임치원, 「영양성분을 고려한 고등어, Scomber japonicus 자원 이용과 관리 방안」, 『수산해양기술연구』 52, no. 2 (2016): 130-140.
우마미 정보센터, 「우마미의 발견자 이케다 키쿠나에」, 우마미 정보센터 홈페이지.
유학열, 「금산깻잎 6차산업화 방안 연구」, (2017) 충남연구원.
유혜선, 「고고 자료의 잔존 지방 분석(Analysis of Organic Residues from Archaeological Objects)」, 『한국문화재보존과학회: 학술대회논문집』 (2003): 38-41.
윤순옥 김효선 황상일, 「경포호의 식물규소체(phytolith) 분석과 Holocene 기후변화」, 『대한지리학회지』 44, no. 6 (2009): 691-705.
윤희운, 「과학자 김상욱이 던진 "라면은 찬물에 끓여야"…농심의 대답은」, 『조선비즈』, 2021.2.8.
이경아, 「아이티혁명·독립전쟁과 근대 국제관계의 형성: 탈식민주의 불균등결합발전론의 시각」, 『국제정치논총』 61, no. 3 (2021): 7-46.
이경훈 배봉성 박창두 이건호 박성욱, 「LED 집어등 파장별 고등어의 유집효과 및 유영행동 특성」, 『한국어업기술학회 학술대회논문집』, 수산해양기술연구원 (2010): 147-150
이규진 조미숙, 「문헌에 나타난 불고기의 개념과 의미 변화」, 『韓國食生活文化學會誌』 25, no. 5 (2010): 508-515.
이규진, 「불고기의 역사적 계보 연구-맥적, 설야멱, 너비아니에 대한 문헌고찰을 중심으로」, 『한국식생활문화학회지』 34, no. 6 (2019): 671-682.
이규진, 「제육볶음」, 『한국의식주생활사전』.
이기정 이수용 김용노 박장우 심재용, 「건조가열이 전분과 콩단백질 혼합물의 호화 및 노화특성과 조직감에 미치는 영향」, 『한국식품과학회지』 36, no. 4 (2004): 568-573.

이덕희, 「이승만과 하와이 감리교회, 그리고 갈등: 1913~1918」, 『한국기독교와 역사』 21 (2004): 103-126.
이덕희, 「초기 하와이 한인들에 대한 견해」, 『한국기독교와 역사』 30 (2009): 183-212.
이솜, 「[삼성이야기〈22〉] 이병철의 아픈손가락 미풍… 미원과 '조미료 혈전' 벌이다」, 『천지일보』, 2022.1.28.
이용호, 「하와이 이민과 '인하공과대학'의 설립」, 한국기록학연구 3 (2001): 139-177.
이융조 박태식 하문식, 「한국 선사시대 벼농사에 관한 연구: 고양 가와지 2 지구를 중심으로」, 『성곡논총』 25, no. 1 (1994): 927-980.
이융조, 「고생하던 어느날 교수님 까만 흙이 보여요」, 『중부매일』, 2005.6.9.
이융조, 「고양 가와지볍씨박물관의 오늘과 내일」, 『박물관학보』 31 (2016): 117-149.
이인의 이혜수 김성곤, 「찹쌀떡의 저장중 텍스쳐 변화」, 『한국식품과학회지』 15, no. 4 (1983): 379-384.
이종민, "철의 종류" 「철 이야기」, 포스코경영연구원, 2009.9.21.
이준식 조세영 최성기, 「[특집: 불포화지방산의 생리적 기능과 건강 심포지움] 콩기름의 식품산업에서의 이용」, 『식품산업과 영양』 1(2), (1996): 27-36.
이준식, 「식용유지 가공 공정기술의 현황과 발전 방향」, 『식품과학과 산업』 23, no. 2 (1990): 31-40.
이지성, 「[임대홍 대상그룹 창업주 별세] 국산 조미료시대 연 '발효박사'…대상을 글로벌 바이오 기업으로, 『서울경제』, 2016.4.6.
이진영 김문정 최은옥, 「볶은 참기름의 제조 및 저장 중 토코페롤과 리그난 함량 변화 및 산화 특성 연구」, 『한국식품과학회지』 40, no. 1 (2008): 15-20.
이진주, 「소개합니다… 세월 · 정성으로 버무린 맛집계 '유명인사'」, 『조선닷컴』, 2014.3.11.
임경빈, 「광양김시식지(光陽—始殖地)」, 『한국민족문화대백과사전』 (1998).
임두원, 『튀김의 발견』, 부키 (2020).
임번삼, 「우리나라 발효조미료 산업의 발달사」, 『식품과학과 산업』 52, no. 1 (2019): 68-83.
임번삼, 「우리나라 조미료산업(調味料産業)의 현황(現況)」, 『韓國食生活文化學會誌』 5, no. 3 (1990): 399-414.
장병진, 「'멸치 풍년=고등어 풍년' 작년엔 안 통했다… 올해는?」, 『부산일보』, 2021.5.25.
장세용, 「[우리 이장님] 익산시 황등면 황등리 차하마을 장춘기씨」, 『전북일보』, 2003.4.26.
장수지, 「[무엇이든 물어보세요] '청양고추'를 먹을 때마다 외국계 회사에 '로열티'를 지급한다는 게 사실인가요?」, 『한국농정신문』, 2020.6.14.
전경하, 「[우리 식생활 바꾼 음식 이야기] 끝내주는 한 그릇의 은밀한 '한 꼬집'」, 『서울신문』, 2017.5.29.
전자신문 편집부, 「[디스플레이]넘버원 주역들-PDP: 삼성SDI」, 『전자신문』, 2007.5.15.
전지현, 「'연구광' 임대홍, 백색가루 비밀 캐낸 韓 조미료 개척자 한국 식품산업 이끈 원로 경제인 향년 97세로 별세」, 『프라임경제』, 2016.4.6.
정영구, 「唐代 인도제당법의 전래와 중국의 전통 제당기술: 敦煌文書 「Pelliot Chinois 3303V°」의 분석을 중심으로」, 『역사와 세계』 50 (2016): 203-235.
정영섭, 「[식품업체의 동향] 발효공학이 빚어낸 식탁위의 혁명」, 『식품산업과 영양』 5, no. 2 (2000): 70-74.
정인하, 「한국의 건축가-김수근 (1)」, 『건축사(Korean Architects)』 9 (1995): 56-63.
정학근, 「LED 집어등 기술의 특징 및 현황」, 『전기 전자 재료(Electrical & Electronic Materials)』 25, no. 7 (2012): 38-44.
정한경, 「부산의 대표어종 '고등어'를 활용한 부산브랜드 관광상품 개발」, 『디지털디자인학연구』 12, no. 3 (2012): 361-374.
정희남, 「호화에 의한 국내산 쌀 품종의 이화학적 특성」, 『한국식품저장유통학회지』 27, no. 5 (2020): 574-581.
조건희 박훈상, 「신당동 떡볶이 '진짜 원조' 마복림 할머니 별세… 며느리도 몰랐던 맛, 다섯 며느리가 잇는다」, 『동아일보』, 2011.12.17.
조경진, 「달콤 쌉싸름한 설탕의 역사와 라틴아메리카—시드니 민츠의 『설탕과 권력』 서평」, 『Translatin』 15 (2011).
조계찬, 「김여준」, 『한국민족문화대백과사전』 (1996).
조민제, 「부산고등어축제 29일부터 3일간」, 『다이내믹부산』 제1446호, 2010.10.27.
조선일보 편집부, 「韓国 최초의 人造食品 곧 登場」, 『조선일보』 4면, 1970.9.1.
조성미, 「[입맛뒷맛] 식탁위 대표적 '신화'…육즙을 가둘 수 있을까」, 연합뉴스, 2020.4.18.
조은주 이선미 이숙희 박건영, 「배추김치의 표준화 연구」, 『한국식품과학회지』 30, no. 2 (1998): 324-332.
조재선, 「한국에 있어서 고추의 식품학적 가치와 문화」, 『동아시아식생활학회지』 12, no. 2 (2002): 156-161.
조지원, 「100년 전 英 연구원이 우연히 발견한 스테인리스강…비누부터 귀걸이까지 '무한 활용'」, 『조선비즈』, 2017.10.1.
조희진, 「아지노모도의 현지화전략과 신문광고-1925~39 『동아일보』를 중심으로」, 『사회와역사』 108 (2015): 43-79.
지이현 한규원 최예진 손정숙 김지헌, 「떡볶이 프랜차이즈 산업의 분석과 그에 따른 선제적 대응 방안: 국대떡볶이를 중심으로」, 『프랜차이즈경영연구』 4, no. 2 (2014): 27-47.
최광식, 「참나무 구과를 가해하는 해충」, 한국조경수협회 (2006): 9-11.
최상호 고상진 이승범 김효숙, 「블루베리-쌀 천연발효종과 자광미 가루를 첨가한 우리밀 식빵의 품질 특성」, 『동아시아식생활학회지』 24, no. 6 (2014): 883-895.
최수웅, 「재일한민족 영화에 나타난 '불고기'의 이야기가치 연구」, 『인문콘텐츠』 32 (2014): 195-217.

최윤아, 「튀기면 '과학'도 맛있다」, 『한겨레신문』, 2020.7.24.
최춘언, 「참깨의 역사(歷史)와 과학(科學)」, 『식품공업』, 138 (1997): 17-29.
통계청, 「2021년 고추, 참깨, 고랭지감자 생산량조사 결과」, 대한민국 정책브리핑(www.korea.kr), 2021.11.22.
한경선 김기숙, 「경단 조리법의 표준화를 위한 조리과학적 연구 (IV)-첨가하는 물의 양과 소금의 양을 중심으로」, 『한국식품조리과학회지』 10, no. 1 (1994): 71-75.
한복진, 「한국음식에서 참깨와 참기름의 전통적 이용」, 『동아시아식생활학회 학술발표대회논문집』 (2004): 145-174.
한정은 신대식, 「냉장고 속 재료 싱싱 보관법 수분 유지해 신선하게」, 『여성동아』, 2008.4.18.
허균 신승운(번역), 『도문대작』, 한국고전번역원 공개본 (1611년경).
홍용식 유영한 이훈복, 「한국산 참나무류 6종 종자의 주요 영양염류 농도의 계절적 변화」, 『한국환경생태학회지』 24, no. 3 (2010): 286-292.

Aedo, Carlos, Antoni Buira, Leopoldo Medina, and Marta Fernández-Albert. "The Iberian vascular flora: richness, endemicity and distribution patterns." *The vegetation of the Iberian Peninsula*, 101-130. Springer, Cham, 2017.
Alburquerque, J. A., J. Gonzálvez, D. Garcıa, and J. Cegarra. "Agrochemical characterisation of "alperujo", a solid by-product of the two-phase centrifugation method for olive oil extraction." *Bioresource technology* 91, no. 2 (2004): 195-200.
Ali, Akbar, Aamir Shehzad, Moazzam Rafiq Khan, Muhammad Asim Shabbir, and Muhammad Rizwan Amjid. "Yeast, its types and role in fermentation during bread making process-A." *Pakistan Journal of Food Sciences* 22, no. 3 (2012): 171-179.
Allen, John S. *The omnivorous mind: Our evolving relationship with food*. Harvard University Press (2012).
AlQuraishi, Mohammed. "AlphaFold at CASP13." *Bioinformatics* 35, no. 22 (2019): 4862-4865.
Ames, Jennifer M. "Applications of the Maillard reaction in the food industry." *Food Chemistry* 62, no. 4 (1998): 431-439.
Amoore, John E., and L. Janet Forrester. "Specific anosmia to trimethylamine: the fishy primary odor." *Journal of Chemical Ecology* 2, no. 1 (1976): 49-56.
Baag, Sung Jun, and Yuong-Nam Lee. "Bone histology on Koreaceratops hwaseongensis (Dinosauria: Ceratopsia) from the Lower Cretaceous of South Korea." *Cretaceous Research* 134 (2022): 105150.

Bao, Yulong, Eero Puolanne, and Per Ertbjerg. "Effect of oxygen concentration in modified atmosphere packaging on color and texture of beef patties cooked to different temperatures." *Meat science* 121 (2016): 189-195.

Benito, Manuel, Gemma Jorro, Celia Morales, Antonio Peláez, and Agustín Fernández. "Labiatae allergy: systemic reactions due to ingestion of oregano and thyme." *Annals of Allergy, Asthma & Immunology* 76, no. 5 (1996): 416-418.

Bernklau, Isabelle, Christian Neußer, Alice V. Moroni, Christof Gysler, Alessandro Spagnolello, Wookyung Chung, Mario Jekle, and Thomas Becker. "Structural, textural and sensory impact of sodium reduction on long fermented pizza." *Food chemistry* 234 (2017): 398-407.

Block, Eric. "The chemistry of garlic and onions." *Scientific American* 252, no. 3 (1985): 114-121.

Bogner, Agnes, P-H. Jouneau, Gilbert Thollet, D. Basset, and Catherine Gauthier. "A history of scanning electron microscopy developments: Towards "wet-STEM" imaging." *Micron* 38, no. 4 (2007): 390-401.

Bole, Kristen. "David Julius Wins Nobel Prize for Work on Pain Sensation From Spider Venom to Chili Peppers, Julius Explores All Avenues to Understand the Neuroscience of Pain." *Campus News*, UCSF, 4/OCT/2021.

Bolinger, Dwight L. "The life and death of words." *The American Scholar* (1953): 323-335.

Breton, Bernie C. *The early history and development of the scanning electron microscope*. Cambridge University Engineering Department (2004).

Brierley, Andrew S. "Diel vertical migration." *Current Biology* 24, no. 22 (2014): R1074-R1076.

Buay, D., S. K. Foong, D. Kiang, L. Kuppan, and V. H. Liew. "How long does it take to boil an egg? Revisited." *European Journal of Physics* 27, no. 1 (2005): 119.

Buccini, Anthony F. "On Spaghetti alla Carbonara and Related Dishes of Central and Southern Italy." In Eggs in Cookery. Proceedings of the Oxford Symposium on *Food and Cookery* (2006): 36-47. 2007.

Casey, G. "The Inspiring and Surprising History and Legacy of American Lager Beer." *MBAA Technical Quarterly* 57, no. 1 (2020): 9-18.

Choe, E., and D. B. Min. "Chemistry of deep-fat frying oils." *Journal of food science* 72, no. 5 (2007): R77-R86.

Císarová, Miroslava, Lukáš Hleba, Dana Tančinová, Mária Florková, Denisa Foltinová, Ivana Charousová, Kristína Vrbová, Matěj Božik, and Pavel Klouček. "Inhibitory effect of essential oils from some Lamiaceae species on growth of Eurotium spp. isolated from bread." *Journal of Microbiology, Biotechnology and Food Sciences* 2021 (2021): 857-862.

Ciurzynska, Agnieszka, and Andrzej Lenart. "Freeze-drying-application in food processing and biotechnology-a review." *Polish Journal of Food and Nutrition Sciences* 61, no. 3 (2011).

Covington, M. (2004). "Omega-3 fatty acids." *American family physician*, 70(1), 133-140.

Davis, Richard S., Pauline Barat, and Michael Stock. "A brief history of the unit of mass: continuity of successive definitions of the kilogram." *Metrologia* 53, no. 5 (2016): A12.

Fogliano, Vincenzo, and Inès Birlouez-Aragon. "Maillard Reaction: an ever green hot topic in food and biological science." *Food & Function* 4, no. 7 (2013): 1000-1000.

Forster, Martin Onslow. "Emil Fischer memorial lecture." *Journal of the Chemical Society, Transactions* 117 (1920): 1157-1201.

Gélinas, Pierre. "Gas sources in chemical leavening and other baker's yeast substitutes: lessons from patents and science." *International Journal of Food Science & Technology* 57, no. 2 (2022): 865-880.

Ghimire, Bimal Kumar, Ji Hye Yoo, Chang Yeon Yu, and Ill-Min Chung. "GC-MS analysis of volatile compounds of Perilla frutescens Britton var. Japonica accessions: Morphological and seasonal variability." *Asian Pacific Journal of Tropical Medicine* 10, no. 7 (2017): 643-651.

Gobbetti, M. "The sourdough microflora: interactions of lactic acid bacteria and yeasts." *Trends in Food Science & Technology* 9, no. 7 (1998): 267-274.

Gobbetti, M., M. De Angelis, Aldo Corsetti, and R. Di Cagno. "Biochemistry and physiology of sourdough lactic acid bacteria." *Trends in Food Science & Technology* 16, no. 1-3 (2005): 57-69.

Goldman, Jason G. "On Capsaicin: Why Do We Love to Eat Hot Peppers?." *SCIENTIFIC AMERICAN*, 30/NOV/2011.

Good, William E. "Recent advances in the single-gun color television light-valve projector." *Simulators and Simulation II: Design, Applications and Techniques* 59 (1975): 96-99.

Goodman, Murray, Weibo Cai, and Nicole D. Smith. "The bold legacy of Emil Fischer." *Journal of Peptide Science: An Official Publication of the European Peptide*

Society 9, no. 9 (2003): 594-603.

Guiraldenq, Pierre, and Olivier Hardouin Duparc. "The genesis of the Schaeffler diagram in the history of stainless steel." *Metallurgical Research & Technology* 114, no. 6 (2017): 613.

Halder, An, A. Dhall, and A. K. Datta. "An improved, easily implementable, porous media based model for deep-fat frying: Part I: Model development and input parameters." *Food and Bioproducts Processing* 85, no. 3 (2007): 209-219.

Halpern, Bruce P. "What's in a name? Are MSG and umami the same?." *Chemical senses* 27, no. 9 (2002): 845-846.

Hellwig, Michael, and Thomas Henle. "Baking, ageing, diabetes: a short history of the Maillard reaction." *Angewandte Chemie International Edition* 53, no. 39 (2014): 10316-10329.

Hoffman, Charles, T. R. Schweitzer, and Gaston Dalby. "The chemistry and technology of bread baking." *Journal of Chemical Education* 18, no. 10 (1941): 466.

Holappa, Lauri. "Historical overview on the development of converter steelmaking from Bessemer to modern practices and future outlook." *Mineral Processing and Extractive Metallurgy* 128, no. 1-2 (2019): 3-16.

Huang, Baokang, Yanlin Lei, Youhong Tang, Jiachen Zhang, Luping Qin, and Juan Liu. "Comparison of HS-SPME with hydrodistillation and SFE for the analysis of the volatile compounds of Zisu and Baisu, two varietal species of Perilla frutescens of Chinese origin." *Food Chemistry* 125, no. 1 (2011): 268-275.

Jeong, Chang-Ho, Ki-Hwan Shim, Young-Il Bae, and Jine-Shang Choi. "Quality characteristics of wet noodle added with freeze dried garlic powder." *Journal of the Korean Society of Food Science and Nutrition* 37, no. 10 (2008): 1369-1374.

Jordt, Sven-Eric, and David Julius. "Molecular basis for species-specific sensitivity to "hot" chili peppers." *Cell* 108, no. 3 (2002): 421-430.

Jumper, John, Richard Evans, Alexander Pritzel, Tim Green, Michael Figurnov, Olaf Ronneberger, Kathryn Tunyasuvunakool et al. "Highly accurate protein structure prediction with AlphaFold." *Nature* 596, no. 7873 (2021): 583-589.

Kasen, Daniel, Brian Metzger, Jennifer Barnes, Eliot Quataert, and Enrico Ramirez-Ruiz. "Origin of the heavy elements in binary neutron-star mergers from a gravitational-wave event." *Nature* 551, no. 7678 (2017): 80-84.

Katsumura, Yosuke, and Hisaaki Kudo. "Radiation: types and sources." *Radiation Applications*, 1-6. Springer, Singapore, 2018.

Keeffe, W. M. "Recent progress in metal halide discharge-lamp research." *IEE Pro-*

ceedings A (Physical Science, Measurement and Instrumentation, Management and Education, Reviews) 127, no. 3 (1980): 181-189.

Kim, Gap-Don, Han-Sul Yang, and Jin-Yeon Jeong. "Comparison of characteristics of myosin heavy chain-based fiber and meat quality among four bovine skeletal muscles." *Korean Journal for Food Science of Animal Resources* 36, no. 6 (2016): 819.

Kita, Agnieszka, Grażyna Lisińska, and Grażyna Gołubowska. "The effects of oils and frying temperatures on the texture and fat content of potato crisps." *Food chemistry* 102, no. 1 (2007): 1-5.

Knight, Franklin W. "The Haitian Revolution." *The American Historical Review* 105, no. 1 (2000): 103-115.

Kopp, Carlo. "The Sidewinder Story; The Evolution of the AIM-9 Missile." *Australian Aviation* 1994, no. April (1994).

Kumar, Praveen. "Role of gluten protein in the food products of living beings and its effect on their body both physicochemical and metabolically reactions." *International Research Journal of Commerce Arts and Science* 5, no. 3 (2014): 65-83.

Kurihara, Kenzo. "Umami the fifth basic taste: history of studies on receptor mechanisms and role as a food flavor." *BioMed Research International* 2015 (2015).

Kwak, Chung Shil, June Hee Park, and Ji Hyun Cho. "Vitamin B12 content using modified microbioassay in some Korean popular seaweeds, fish, shellfish and its products." *Korean Journal of Nutrition* 45, no. 1 (2012): 94-102.

Lay, Brian, Richard S. Moss, Shahid Rauf, and Mark J. Kushner. "Breakdown processes in metal halide lamps." *Plasma Sources Science and Technology* 12, no. 1 (2002): 8.

Lovett, Joseph R., Matthew J. Derry, Pengcheng Yang, Fiona L. Hatton, Nicholas J. Warren, Patrick W. Fowler, and Steven P. Armes. "Can percolation theory explain the gelation behavior of diblock copolymer worms?." *Chemical Science* 9, no. 35 (2018): 7138-7144.

Masella, Piernicola, Alessandro Parenti, Paolo Spugnoli, and Luca Calamai. "Influence of vertical centrifugation on extra virgin olive oil quality." *Journal of the American Oil Chemists' Society* 86, no. 11 (2009): 1137.

Mc Carty, R. D. "Thermodynamic properties of liquid-vapor parahydrogen and liquid-vapor oxygen." No. NASA-CR-69250. 1965.

McDowell, Erin Jeanne. "How to Substitute Flours Can't find all-purpose flour? Out of whole-wheat? Here's what you can use instead." *The New York Times*, 16/APR/2020.

Miller, Brian J., Henry J. Harlow, Tyler S. Harlow, Dean Biggins, and William J. Ripple. "Trophic cascades linking wolves (Canis lupus), coyotes (Canis latrans), and small mammals." *Canadian Journal of Zoology* 90, no. 1 (2012): 70-78.

Munroe, Randall. "Can You Boil an Egg Too Long?." *New York Times*, 9/JUN/2020.

Nagendrappa, Gopalpur. "Hermann emil fischer: life and achievements." *Resonance* 16, no. 7 (2011): 606-618.

Neilson, J. D., and R. I. Perry. "Diel vertical migrations of marine fishes: an obligate or facultative process?." *Advances in Marine Biology*, vol. 26, 115-168. Academic Press, 1990.

Nepomuceno, Priam. "Air Force eyes buying more FA-50 aircraft." *The Philippine News Agency*, 14/JUN/2022.

Nowak, Dorota, and Ewa Jakubczyk. "The freeze-drying of foods—The characteristic of the process course and the effect of its parameters on the physical properties of food materials." *Foods* 9, no. 10 (2020): 1488.

O'Donnell, Mary Ellen. "Applying Six Sigma to Areas Outside of Manufacturing in the Space Industry: Lessons Learned from Applying Raytheon Six Sigma to PATRIOT Missile Software and Systems Engineering." *Space* 2005 (2005): 6764.

Olesen, Kjeld, Troels Felding, Claes Gjermansen, and Jørgen Hansen. "The dynamics of the Saccharomyces carlsbergensis brewing yeast transcriptome during a production-scale lager beer fermentation." *FEMS yeast research* 2, no. 4 (2002): 563-573.

Osepchuk, John M. "The history of the microwave oven: A critical review." In *2009 IEEE MTT-S International Microwave Symposium Digest* (2009): IEEE 1397-1400.

Park, N. H. "General outline and status of application for freeze-drying." *The Magazine of the Society of Air-Conditioning and Refrigerating Engineers of Korea* 24, no. 3 (1995): 338-345.

Perry, Linda, Ruth Dickau, Sonia Zarrillo, Irene Holst, Deborah M. Pearsall, Dolores R. Piperno, Mary Jane Berman et al. "Starch fossils and the domestication and dispersal of chili peppers (Capsicum spp. L.) in the Americas." *Science* 315, no. 5814 (2007): 986-988.

Phares, Alain J., and John H. Durnin. "Dimensional Analysis in Stem Teaching." *Technology, Instruction, Cognition & Learning* 10, no. 3 (2016).

Popkin, Barry M., Kristen E. D'Anci, and Irwin H. Rosenberg. "Water, hydration, and health." *Nutrition reviews* 68, no. 8 (2010): 439-458.

Ringkob, T. P., D. R. Swartz, and M. L. Greaser. "Light microscopy and image analysis of thin filament lengths utilizing dual probes on beef, chicken, and rabbit myofibrils." *Journal of animal science* 82, no. 5 (2004): 1445-1453.

Salvador, A., P. Varela, T. Sanz, and S. M. Fiszman. "Understanding potato chips crispy texture by simultaneous fracture and acoustic measurements, and sensory analysis." *LWT-Food Science and Technology* 42, no. 3 (2009): 763-767.

Seo, Won Ho, and Hyung Hee Baek. "Characteristic aroma-active compounds of Korean perilla (Perilla frutescens Britton) leaf." *Journal of agricultural and food chemistry* 57, no. 24 (2009): 11537-11542.

Shah, P., Grant M. Campbell, S. L. McKee, and C. D. Rielly. "Proving of bread dough: Modelling the growth of individual bubbles." *Food and Bioproducts Processing* 76, no. 2 (1998): 73-79.

Sicard, Delphine, and Jean-Luc Legras. "Bread, beer and wine: yeast domestication in the Saccharomyces sensu stricto complex." *Comptes Rendus Biologies* 334, no. 3 (2011): 229-236.

Simopoulos, Artemis P. "Omega-3 fatty acids in health and disease and in growth and development." *The American journal of clinical nutrition* 54, no. 3 (1991): 438-463.

Smith, Cyril Stanley. "The discovery of carbon in steel." *Technology and culture* 5, no. 2 (1964): 149-175.

Smith, Monica M. "The Devil Is in the Details: Researching an Inventor's Biography." *LEMELSON CENTER for the Study of Invention and Innovation*, Smithsonian Institution, 16/NOV/2016.

Smithsonian Institution. "Americans Cultivated And Traded Chili Peppers 6,000 Years Ago." *ScienceDaily*. www.sciencedaily.com/releases/2007/02/070215144334.htm (accessed June 23, 2022).

Somoza, Veronika, and Vincenzo Fogliano. "100 years of the maillard reaction: why our food turns brown." *Journal of Agricultural and Food Chemistry* 61, no. 43 (2013): 10197-10197.

Speroni, Francisco, Natalia Szerman, and Sergio Ramon Vaudagna. "High hydrostatic pressure processing of beef patties: Effects of pressure level and sodium tripolyphosphate and sodium chloride concentrations on thermal and aggregative properties of proteins." *Innovative Food Science & Emerging Technologies* 23 (2014): 10-17.

Struyf, Nore, Eva Van der Maelen, Sami Hemdane, Joran Verspreet, Kevin J. Verstrepen, and Christophe M. Courtin. "Bread dough and baker's yeast: An uplifting synergy." *Comprehensive Reviews in Food Science and Food Safety* 16, no. 5 (2017): 850-867.

Sudalayandi, Kannappan. "Efficacy of lactic acid bacteria in the reduction of trimethylamine-nitrogen and related spoilage derivatives of fresh Indian mackerel fish chunks." *African Journal of Biotechnology* 10, no. 1 (2011): 42-47.

Sugiura, M. "Review of metal-halide discharge-lamp development 1980-1992." *IEE Proceedings A: Science, Measurement and Technology* 140, no. 6 (1993): 443-449.

Tabata, Mamoru. "Genetics of monoterpene biosynthesis in Perilla plants." *Plant Biotechnology* 17, no. 4 (2000): 273-280.

Tran, TT Mai, Xiao Dong Chen, and Christopher Southern. "Reducing oil content of fried potato crisps considerably using a 'sweet' pre-treatment technique." *Journal of food engineering* 80, no. 2 (2007): 719-726.

Walther, Andrea, Ana Hesselbart, and Jürgen Wendland. "Genome sequence of Saccharomyces carlsbergensis, the world's first pure culture lager yeast." *G3: Genes, Genomes, Genetics* 4, no. 5 (2014): 783-793.

Williams, Charles D. H. "Home 〉 Our Teaching 〉 Resources 〉 CDHW 〉 Egg 〉 The Science of Boiling an Egg" University of Exeter, Physics and Astronomy Homepage.

Wolrath, Helen, Hans Borén, Anders Hallén, and Urban Forsum. "Trimethylamine content in vaginal secretion and its relation to bacterial vaginosis." *Apmis* 110, no. 11 (2002): 819-824.

Xia, Chao, Pingping Wen, Yaming Yuan, Xiaofan Yu, Yijing Chen, Huiqing Xu, Guiyou Cui, and Jun Wang. "Effect of roasting temperature on lipid and protein oxidation and amino acid residue side chain modification of beef patties." *RSC advances* 11, no. 35 (2021): 21629-21641.

Yamaguchi, Shizuko, and Kumiko Ninomiya. "Umami and food palatability." *The Journal of nutrition* 130, no. 4 (2000): 921S-926S.

Zhang, Benshan, Sushil Dhital, Enamul Haque, and Michael J. Gidley. "Preparation and characterization of gelatinized granular starches from aqueous ethanol treatments." *Carbohydrate polymers* 90, no. 4 (2012): 1587-1594.

Zhang, Yan, Dmitry A. Rodionov, Mikhail S. Gelfand, and Vadim N. Gladyshev. "Comparative genomic analyses of nickel, cobalt and vitamin B12 utilization." *BMC genomics* 10, no. 1 (2009): 1-26.

곽재식의 먹는 화학 이야기

2022년 8월　1일 1판 1쇄 발행
2022년 9월 20일 1판 2쇄 발행

지은이 곽재식
펴낸이 한기호
기획·책임편집 도은숙
편집 정안나, 유태선, 염경원, 김미향, 강세윤, 김현구
디자인 늦봄
일러스트 희
마케팅 윤수연
경영지원 국순근
펴낸곳 북바이북
출판등록 2009년 5월 12일 제313-2009-100호
주소 04029 서울시 마포구 동교로12안길 14, 2층(서교동, 삼성빌딩 A)
전화 02-336-5675 팩스 02-337-5347
이메일 kpm@kpm21.co.kr
홈페이지 www.kpm21.co.kr

ISBN 979-11-90812-43-6 (03430)

- 책값은 뒤표지에 있습니다.
- 잘못된 책은 구입처에서 교환해드립니다.
- 북바이북은 한국출판마케팅연구소의 임프린트입니다.